高职高专“十二五”规划教材

单片机原理与应用

SINGLE CHIP MICROCOMPUTER PRINCIPLES AND APPLICATIONS

主　编　刘云朋　邢文生
　　　　王　浩

副主编　赵新蕖　田海丽
　　　　段向东　龙意忠

主　审　靳孝峰

内容提要

本书依据高等职业学校单片机课程教学内容的基本要求和实际需要编写而成。本书以51系列单片机为主要对象，从系统组成和工程实践角度出发，详细介绍了51系列单片机的结构、指令系统、汇编及C语言程序设计，并对应用系统设计、开发、调试做了较深入的讨论。本书主要内容包括绪论、51单片机的硬件结构、C51程序设计、单片机的I/O口编程、单片机的中断系统、单片机的定时器/计数器、51单片机串行接口、单片机与外部设备的总线技术、单片机应用系统设计技术、单片机汇编指令系统及编程共10章内容。且书中给出了大量的例题和习题，书后给出了附录，以便于学生自学。

本书适合高职高专计算机、信息技术、电子、电气及自动化等专业作为“单片机原理及应用”课程教材使用，也作为普通高等学校应用型本科相关专业的教材以及工程技术人员的技术参考书使用。

图书在版编目(CIP)数据

单片机原理与应用/刘云朋，邢文生，王浩主编. —天津：天津大学出版社，2012.6(2017.7重印)

高职高专“十二五”规划教材

ISBN 978-7-5618-4340-6

Ⅰ.①单… Ⅱ.①刘…②邢… Ⅲ.①单片微型计算机—高等职业教育—教材 Ⅳ.①TP368.1

中国版本图书馆CIP数据核字(2012)第069758号

出版发行 天津大学出版社
地　　址 天津市卫津路92号天津大学内(邮编：300072)
电　　话 发行部：022—27403647
网　　址 publish.tju.edu.cn
印　　刷 廊坊市海涛印刷有限公司
经　　销 全国各地新华书店
开　　本 185mm×260mm
印　　张 17.5
字　　数 437千
版　　次 2012年6月第1版
印　　次 2017年7月第2次
定　　价 37.00元

前　言

单片机应用日益广泛，已成为现代电子系统中最重要的智能化核心部件。为了尽快推广单片机应用技术，为科技人员在单片机软件、硬件的开发与应用方面打下良好的基础，特编写此书作为教材和自学参考书。本书依据高等学校单片机技术课程教学内容的基本要求而编写，编写时充分考虑到单片机技术的飞速发展，加强了单片机技术新理论、新技术和新器件及其应用的介绍。本书既有严密完整的理论体系，又具有较强的实用性。本书的编写原则是知识够用、知识点新、应用性强，以利于理解和自学。

本书是高等职业学校规划教材之一。本书参考教学学时为64学时，可以根据教学要求适当调整教学学时。本书具有以下特点：

①反映了单片机技术的新发展，以51单片机为主讲解，并适当介绍52子系列单片机；

②以C语言为准讲解，适当介绍了汇编指令和汇编语言；

③考虑到单片机产品的资源越来越丰富，删去了存储器及I/O口的扩展内容，详细介绍了串行总线技术；

④大量的实例简单易懂、适用性强，软、硬件齐全，使读者能够在软件和硬件两个方面相结合的基础上更加深入地掌握其技术，以达到举一反三的目的，为掌握51单片机硬软件使用的技巧、单片机的开发和应用以及学习其他单片机打下坚实的基础；

⑤理论与实践紧密结合，相辅相成，某些理论内容则有意让读者通过实践来掌握，以调节教学节律，利于深化理解及实际技能的提高；

⑥内容编排上，顺序合理，逻辑性强，可读性强，力求简明扼要、深入浅出、通俗易懂，读者更易学习和掌握。

本书以编者多年来从事单片机教学和应用系统开发的经验与体会为基础，并参阅大量的同类书籍编写而成。参加本书编写的人员均为长期从事单片机技术教学的一线教师，具有丰富的教学经验。本书由焦作大学靳孝峰教授组织编写，负责制定编写要求和详细的内容编写目录，并对全书进行统稿和定稿。焦作大学刘云朋、邢文生和威海职业学院王浩担任主编；河南机电高等专科学校赵新蕖、郑州城市职业学院田海丽、郑州旅游职业学院段向东、信阳农业高等专科学校龙意忠担任副主编。王浩、王春霞、刘晓莉对书中所有程序和实训内容进行了验证。其中，第1、2章及附录由赵新蕖编写，第3、5章由龙意忠编写，第4章由田海丽编写，第6、7章由刘云朋编写，第8、9章邢文生编写，第10章由段向东编写。

本书的编写得到了天津大学、郑州大学、焦作大学、威海职业学院、河南机电高等专科学校、郑州城市职业学院、郑州旅游职业学院、信阳农业高等专科学校等兄弟院校的大力支持和热情帮助，天津大学出版社的工作人员为本书的成功出版付出了艰辛的劳动。编者在此对为本书成功出版作出贡献的所有工作人员表示衷心的感谢。同时对本书所用参考文献的作者表示诚挚的谢意。

教材中一定还有许多不完善之处，敬请读者批评指正，以便不断改进。有兴趣的读者可以发送邮件到jxfeng369@163.com、jzxws@126.com与作者进一步交流，也可以发送邮件到hxj8321@126.com与策划编辑进行交流。（本教材配有课件）

编者

2012年5月

目　　录

第 1 章　绪论

本章要点

了解什么是单片机。

熟悉 51 单片机的功能。

了解单片机系统的开发过程。

1.1　什么是单片机

什么是单片机？这是很多初学者在刚开始接触单片机的时候经常问的问题。用专业术语讲，单片机就是在一块半导体芯片上集成了 CPU、存储器及输入输出接口的芯片，这样该芯片就具有了计算机的功能，因而被称为单片微型计算机，简称单片机。单片机与计算机一样有处理信息的功能，能够按照编制的程序来处理事件。生活中许多设备的智能控制部分都是由单片机来实现的，例如豆浆机、微波炉、电子血压计、自动洗衣机等。单片机的智能处理能力给我们的生活带来方便，并且应用越来越广泛。

单片机实质上是一个芯片，它的结构与指令功能都是根据工业控制要求设计的，故又称为微控制器(Micro-Controller Unit，简称 MCU)。单片机的一块芯片上集成了 CPU、RAM、ROM、定时器/计数器、并行 I/O 接口、中断控制器和串行接口等部件，从而构成了微型计算机系统。单片机具有结构简单、控制功能强、可靠性高、体积小、价格低等特点。

一台能够工作的计算机包括下面几个部分：CPU、内存、硬盘、I/O 口。在计算机上，这些硬件是独立的，并使用主板将它们连接起来。而对于单片机来说，这些部分被集成在一块集成电路芯片中。

下面是单片机结构与计算机结构的比较：

①CPU——负责对数据进行计算，与计算机的 CPU 功能一样；

②ROM——程序存储器，用于程序存储，相当于计算机的硬盘；

③RAM——数据存储器，用于数据存储，相当于计算机的内存；

④I/O 口——输入输出引脚，用于信息收集和输出。

小知识

在个人计算机中，上述这些器件被分成若干部分，安装在被称为主板的印刷线路板上。而对于单片机，这些器件被做到一块集成电路芯片中，所以就称为单片机。

51 单片机包含了微型计算机应该有的基本部件，因此它本身就是一个简单的微型计算系统，具有智能处理能力。

图 1.1 所示是 AT89S51 单片机的实物图，可以看出单片机是一块芯片，有许多引脚，有

多种封装形式。

(a)　　(b)

图 1.1　AT89S51 单片机的实物图

现在单片机的种类和型号很多。MCS－51 单片机是 INTEL 公司的一个系列单片机的总称，以其典型的结构、完善的总线、特殊功能寄存器的集中管理方式、位操作系统和面向控制的指令系统，为单片机的发展奠定了良好的基础。

INTEL 公司将 MCS－51 单片机的核心技术授权给了其他很多公司，现在已经有 50 多个芯片公司拿到生产 8051 内核单片机的版权。由于只有 8051 内核不足以形成价格和技术的竞争力，因此各个公司都附加了一些功能进行销售，比如 USB 接口、集成 A/D 和 D/A 转换器、片内 Flash 存储器、追加 FPGA 和片上系统(System on Chip，SoC)、高速等功能。

小知识

51 系列单片机家族核心都是基于 8031 内核的，很多单片机是在此核心上进行了性能扩展或减少。

如 89C51 把程序存储器放在内部，AT89S52 增加了 RAM，W77E58 改变了时钟时序。

又如 PHILIPS 公司生产的 8XC552 系列单片机对多个部分进行了增强：多 1 个附加的 16 位定时器/计数器，并配有 4 个捕捉寄存器和比较寄存器；增加了 8 路 10 位片内 A/D 转换器；增加了 2 路 8 位分辨率的脉冲宽度调制解调器输出 PWM；增加了 1 个 8 位并行 I/O 口和 1 个与 A/D 合用的输入口；集成有 I^2C 串行总线口；增加了内部监视定时器 WDT；中断源是 15 个；有 56 个特殊功能寄存器。

8051 是 MCS－51 系列单片机的典型品种。众多单片机芯片生产厂商以 8051 为基核开发出的 CHMOS 工艺单片机产品统称为 80C51 系列。

当前常用的80C51系列产品主要有ATMEL公司的89C51、89C52、89C2051、89C4051、89S51,INTEL公司的80C31、80C51、87C51、80C32、80C52、87C52, PHILIPS公司的P87(89)x系列,台湾WINBOND公司的W77(78)x系列、CYGNAL公司的C8051Fx系列,国内有中晶STC等。虽然这些产品在某些方面有一些差异,但基本结构相同。

ATMEL公司将ATMEL特有的Flash技术与51单片机内核结合在一起,推出了AT89C51系列单片机(现升级为AT89S51、AT89S52)。AT89系列单片机不但具有一般51单片机的所有特性,而且其Flash程序存储器可以用电擦除方式瞬间擦除、改写,写入单片机的程序还可以进行加密,能够对单片机进行上千次编程。AT89S51已成为国内比较流行的单片机之一。

AT89S51工作电压为4～6 V,通常封装为DIP40或PLCC44,工作频率最高为33 MHz,有4 KB Flash程序存储器、256 KB数据存储器、2个定时器/计数器、看门狗电路、ISP编程。本教材以AT89S51单片机来完成一系列的实验。

小知识——现在的单片机能够进行千次以上编程

51系列单片机都是以51内核为基础,51系列的单片机都支持51内核最基本的功能。本教材只讲授51基本内核,程序可以移植到任何51系列的单片机上。

89C51含有4 KB的EPROM,而89S52含有8 KB的Flash程序存储器。8 KB Flash一般已经够用,通常无须外扩程序存储器。

Flash程序存储器理论上可写入次数为1 000次以上,可以满足用户的实际需要。

1.2 单片机的标号信息及封装形式

1.2.1 单片机的标号信息

生产单片机的厂商很多,单片机的型号更多。在单片机上面有产品的标号,通过该标号能知道单片机的基本信息。例如图1.1(a)所示的单片机上的标号为AT89S51－24PC,其每部分的含义如下:

AT——前缀,表示芯片生产厂家,AT为ATMEL公司生产的产品;

8——表示该芯片为8051内核芯片;

9——表示内部含Flash E^2PROM存储器;

S——表示该芯片含有可串行下载功能的Flash存储器,即具有ISP可在线编程功能,89C51中的"C"表示该器件为CMOS产品,还有如89LV52和89LE58中的"LV"和"LE"都表示该芯片为低电压产品(通常为3.3 V电压供电);

5——固定不变,表示51内核的单片机;

1——表示该芯片内部程序存储空间的大小,"1"为4 KB,"2"为8 KB,"3"为12 KB,即该数乘上4 KB就是该芯片内部程序存储空间大小;

24——表示芯片的最高工作频率,单位为MHz;

PC——表示芯片的封装形式和芯片的环境级别。

表1.1举例说明了AT89S51芯片上标号所表示的含义。可以看出,同样的AT89S51芯

片，封装形式、最高工作频率、芯片使用级别是不一样的。对于初学者，购买芯片时要注意芯片上的标号是否适合工程的需要，特别是封装形式。

表 1.1　AT89S51 芯片上标号的含义

标号	最高工作频率	供电电压范围	封装形式	芯片级别
AT89S51－33AC	33 MHz	4.0～5.5 V	44 脚 TQFP	商用(0～70 ℃)
AT89S51－24JC	24 MHz	4.0～5.5 V	44 脚 PLCC	商用(0～70 ℃)
AT89S51－24PC	24 MHz	4.0～5.5 V	40 脚 DIP	商用(0～70 ℃)
AT89S51－24AI	24 MHz	4.0～5.5 V	44 脚 TQFP	工业级(0～85 ℃)
AT89S51－24PI	24 MHz	4.0～5.5 V	40 脚 DIP	工业级(0～85 ℃)

1.2.2　单片机的封装形式

常见的单片机封装形式有如下几种。

1. 双列直插式封装（Dual Inline Package，DIP）

DIP 是指双列直插形式的封装。绝大多数中小规模的集成电路芯片都采用这种封装形式，其引脚数一般不超过 100 个。如图 1.1(a)所示，采用 DIP 封装的 CPU 芯片有两排引脚，需要插入到对应的芯片插座上，也可以直接插入电路板上进行焊接。

2. 带引线的塑料芯片封装（Plastic Leaded Chip Carrier，PLCC）

PLCC 是指带引线的塑料芯片形式的封装，是表面贴型封装形式之一，外形呈正方形，引脚从封装的四个侧面引出，呈丁字形，如图 1.1(b)所示，外形尺寸比 DIP 封装小得多。该封装具有外形尺寸小、可靠性高的优点，适合用于 SMT 表面安装技术的布线。

3. 塑料方型扁平式封装(Quad Flat Package，QFP)和塑料扁平组件式封装(Plastic Flat Package，PFP)

QFP 与 PFP 两者可统一为 PQFP(Plastic Quad Flat Package)，QFP 封装的芯片引脚之间距离很小，引脚很细，一般大型或超大型集成电路采用这种封装形式。该形式封装的芯片必须采用 SMD(表面安装设备技术)将芯片与主板焊接起来。采用 SMD 安装的芯片不必在主板上打孔，一般在主板表面上有设计好的相应引脚的焊点。

单片机还有其他多种封装形式，在此不再赘述，封装材料一般为金属、陶瓷和塑料。

1.3　单片机的优点

单片机具有独特优点，在实际中得到广泛应用。一块单片机芯片就是一台计算机，因其价格低、体积小，可以承担一些计算机不适合完成的工作。其优点可以归纳为以下几个方面。

1. 优异的性能价格比

高性能、低价格是单片机最显著的特点。为了提高速度和执行效率，有些单片机采用了 RISC 和 DSP 的设计技术，使单片机的性能明显优于同类型微处理器，单片机内存 RAM/ROM 的存储和寻址能力都有很大突破。另外，单片机用量大、适用范围广、通用性好，各生产公司都在提高性能的同时能够进一步降低价格。

2. 集成度高、体积小、质量轻、可靠性高

单片机是尽可能地把工程应用所需要的各种功能部件都集成在一块芯片内，因此体积很小。单片机内部采用总线相互连接，大大提高了单片机的可靠性和抗干扰能力。另外，其体积小、质量轻，对于强磁场环境易于采取屏蔽措施，适合在恶劣环境下工作。

3. 控制功能强

单片机体积虽小，但“五脏俱全”，它非常适合于控制工程。为了满足工业控制要求，单片机的指令系统中有很丰富的转移指令、逻辑操作指令以及位处理指令。单片机的逻辑控制功能及运行速度均高于同一档次的微型计算机。

4. 低电压、低功耗

单片机大量用于便携式产品和家用消费类产品，因此其低电压、低功耗特性尤为重要。许多单片机已可以在2.2 V电压下运行，有的已能在1.2 V或0.9 V电压下工作，一粒纽扣电池就可以使之长期工作。

单片机的独特优点使其得到了迅速推广及应用。目前，单片机已成为测量控制应用系统中的优选机种和新电子产品的关键部件。世界各大电气厂商、测控技术企业、机电行业，竞相把单片机用于产品更新，作为实现数字化、智能化的核心部件。随着单片机性能的提高和功能的增强，现已广泛应用于家用电器、机电产品、办公自动化产品、机器人、儿童玩具、航天器等领域。

1.4 单片机系统的组成及单片机的应用领域

1.4.1 单片机系统的组成

单片机可以实现什么功能？主要应用在哪些领域？以上两个问题是必须了解的知识。

单片机是一种控制芯片，加上电源、传感器、液晶显示器、电机驱动等外围应用电路就成了单片机控制系统。在控制系统中，单片机用来完成开关量和模拟量的采集，再计算和处理，然后输出控制信号来控制设备，如图1.2所示。

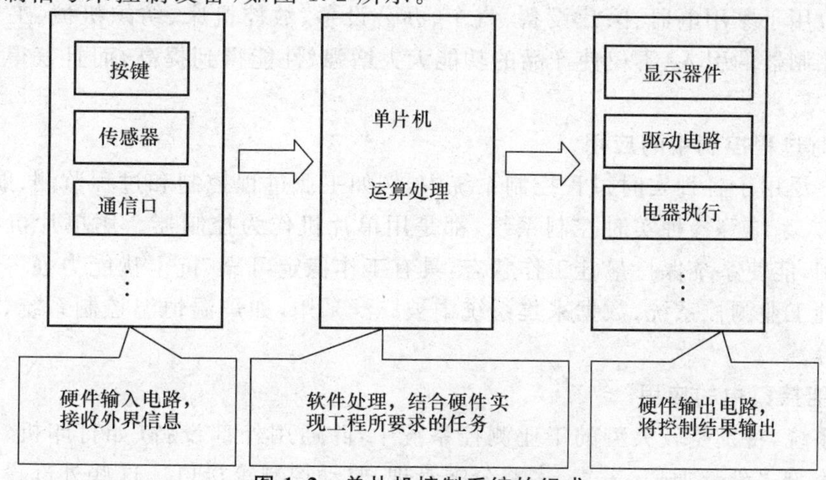

图1.2 单片机控制系统的组成

单片机应用系统是以单片机为核心，加上输入、输出、显示、控制等外围电路，能实现某种功能的系统。单片机应用系统由硬件部分和软件部分组成，硬件是应用系统的基础，软件则在硬件的基础上对其资源进行合理调配和使用，两者结合完成应用系统所要求的任务，二者相互依赖、缺一不可。

单片机能够干什么？

单片机与计算机一样，都能够对收集到的信息按照控制要求进行处理，并将处理结果输出。与计算机不一样的是单片机信息的输入、输出都是通过单片机的引脚来实现。

单片机已经无处不在，已经渗透到生活的方方面面。单片机的特点是集成度高、体积小，内部结构是普通计算机系统的简化。在增加一些外围电路之后，就能成为一个完整的智能系统。比如，常见的电子秤，内部就安装了一块单片机，再加上传感器、显示器和其他附加电路，就形成了一个单片机应用系统。

1.4.2 单片机的应用领域

单片机是应工业测控需要而产生的，在军事及家用电器等各个领域均得到了广泛的应用。单片机的典型应用领域如下。

1. 在智能仪器仪表中的应用

由单片机构成的智能仪器仪表，集测量、处理、控制功能于一体，具有各种智能化功能，如存储、数据处理、查找、判断、联网和语音等。智能仪器仪表具有数字化、智能化、多功能化、精度高以及硬件结构简单等优点。通过用单片机软件编程技术，使长期以来测量仪表中的误差修正、线性化处理等难题迎刃而解。智能仪器仪表具有很好的性能价格比，代表了仪器仪表的发展趋势。目前各种传感器、变送器、控制仪表已普遍采用单片机应用系统。

2. 在机电一体化中的应用

机电一体化是机械工业的发展方向。机电一体化产品是指集机械技术、微电子技术、计算机技术于一体，具有智能化特征的电子产品。单片机与传统机械产品相结合，使传统机械产品的结构简化、控制智能化，构成了新一代机电一体化产品。目前，利用单片机构成的智能产品已广泛应用于家用电器、医疗设备、汽车、办公设备、数控机床、纺织机械、工业设备等行业。单片机控制器的引入，不仅使产品的功能大大增强、性能得到提高，而且获得了良好的使用效果。

3. 在实时过程控制中的应用

单片机广泛用于各种实时过程控制系统中，例如工业过程控制和过程监测、航空航天、尖端武器、机器人系统等各种实时控制系统，都是用单片机作为控制器。用单片机实时进行数据处理和控制，能使系统保持最佳工作状态，具有工作稳定可靠、抗干扰能力强等优点。目前单片机在各种工业测控系统、数据采集系统中被广泛采用，如炉温恒温控制系统、电镀生产自动控制系统等。

4. 在智能接口中的应用

计算机系统，特别是较大型的工业测控系统中，除通用外部设备（如打印机、键盘、磁盘、CRT）外，还有许多外部通信、采集、多路分配管理、驱动控制等接口。这些外部设备与接口如果完全由主机进行管理，势必造成主机负担过重，降低运行速度，接口的管理水平也不可能提高。如果用单片机进行接口的控制与管理，单片机与主机可并行工作，会大大地提高系统的运行速度。同时，由于单片机可对接口信息进行加工处理，可以大量减少接口界面的通信密度，极大地提高接口控制管理水平。在一些通用计算机外部设备上已实现了单片机的键盘管理、打印机控制、绘图仪控制、硬盘驱动控制等。

5. 在日常生活中的应用

目前国内外各种家用电器普遍采用单片机代替传统的控制电路。例如洗衣机、电冰箱、空调机、微波炉、电视机、音响以及许多高级电子玩具都配有单片机，从而提高了自动化程度，增强了功能。当前家电领域的主要发展趋势是模糊控制，单片机是形成模糊控制的最佳选择。众多模糊控制家电产品的出现将使人们的日常生活更加方便舒服、丰富多彩。

6. 在办公自动化领域中的应用

在现代办公室中，办公自动化设备多采用单片机。例如计算机中的键盘和磁盘驱动器以及打印机、绘图仪、复印机、传真机和电话机等。

7. 在功能集散系统中的应用

多功能集散系统是为了满足工程系统多种外围功能的要求而设置的多机系统。所谓功能集散，是指工程系统中可以在任意环节上设置单片机功能子系统，体现了多机系统的功能分布。其中由计算机作为主机，许多单片机系统作为下位机。单片机采集控制信息上传给计算机，计算机处理数据后发出控制命令，单片机接收控制命令并执行。

1.5 学习51系列单片机的原因

51系列单片机的CPU是8位处理器，其处理速度不高、结构简单。而现在的单片机种类层出不穷，功能也越来越强，好像51系列的单片机已经不符合现在的发展需求了，但为什么还要学习51系列单片机呢？原因有以下两点。

①在实际的控制工程中，并不是任何需要控制的场合都要求使用高性能的计算机系统，关键是看CPU是否能够满足控制要求。对于大部分的智能控制系统，51单片机能够满足控制系统的功能需求，所以51单片机推出四十多年，依然没有被淘汰，并且还在不断地发展中。51单片机有价格优势和丰富的开发资源，使其成为单片机的主流机型。8位的51单片机在以后很长的一段时间内还有存在的空间。单片机具有很好的性能价格比。计算机的CPU很贵，单片机集成了这么多器件，价格会很贵吗？实际上单片机的价格从几元到几十元人民币。单片机的体积也不大，一般是用40引脚的DIP40封装，当然功能强一些的单片机也可能引脚比较多，功能少的只有4个引脚。

②51系列单片机是一个通用的单片机，其内部的结构及工作原理与其他的单片机都是相通的。如果熟悉51单片机的结构和编程，以后使用其他型号的单片机时，只需要一个了解及熟悉的过程。

1.6 单片机系统的开发过程

通常开发一个单片机系统可按以下6个步骤进行。

①明确系统设计任务，完成单片机及其外围电路的选型工作。进行应用系统设计时，应先进行需求分析，根据应用需要确定系统规模，然后选择单片机的型号、存储器的容量以及外围接口芯片的型号。

②设计系统原理图和PCB板，仔细检查PCB板后送工厂制作。常用的设计软件为Protel 99，在Protel下先设计原理图，然后转换为PCB图，根据PCB图由PCB板生产厂家加工PCB板。

③完成器件的安装焊接。将元器件焊接在PCB板上形成应用系统的目标板，设计人员要对目标板电路进行调试与测试，保证硬件电路正确。

④根据硬件设计和系统要求编写应用程序。

⑤在线调试软硬件。

⑥使用编程器烧写单片机应用程序，独立运行单片机系统。

进行单片机实验时，需要的硬件工具、软件开发环境见表1.2。在实际学习中可以购买51单片机实验板，实验板已经将单片机、编程器、电源、数码管、储存器、液晶显示器、发光二极管等器件安装到电路板上，可以通过实验板练习单片机的所有功能。

表1.2　进行单片机实验时需要的硬件工具和软件开发环境

器　件	功　能	备　注
Keil C软件	编程	免费下载
计算机	程序的输入、调试、编译	
5 V直流电源	单片机的电源	计算机的USB口能够提供5 V的电源，可以将USB连线进行改装
51单片机	实验芯片	如AT89S51
外围元器件	实现输入、输出操作	如二极管、数码管、液晶显示器、传感器
编程器	将计算机编译好的程序写到单片机中	
其他工具	万用表、焊接工具	

1.7　如何学好单片机

很多单片机初学者问“怎样才能学好单片机?”在这里依据自己多年的经验说明一下。

①单片机的选型。现在用得比较多的是51系列单片机，其内部结构简单、用的人较多、资料也比较全，非常适合初学者学习，所以建议将51单片机作为入门级的芯片。以后可以学习PIC系列、AVR系列的单片机。

②学习单片机需要实际的开发板。单片机系统属于软硬件结合的系统，需要连接许多外围器件(如传感器、液晶显示器、电机等)。如果只看教材，使用单片机的仿真软件来学习单片机，是不可能学好单片机的。只有把硬件设备摆出来，亲自焊接外围器件，亲自编程操作这些硬件，才会有深刻的体会，才能理解单片机的功能。

学习单片机，要重视理论和实践的结合，理论知识以后各章会详细说明，而动手实践尤其重要。关于实践器材，有两种方法可以选择。

方法一：购买一块单片机的学习板，不要求那种价格高、功能特别全的。对于初学者来说，建议有跑马灯、数码管、独立键盘、矩阵键盘、A/D和D/A、液晶显示器、蜂鸣器、I^2C总线、温度传感器等器件即可。如果上面提到的这些功能都能熟练应用，可以说对单片机的操作你已经入门了，剩下的就是练习设计外围电路，不断地积累经验。

方法二：自己购买元器件及编程器，焊接简单的最小系统板。对于初学者来说，如果焊接成功，对硬件就会有一定了解。

有了单片机学习板之后就要多练习，按照教材指定的顺序进行练习。

③软件和硬件哪个是学习单片机的基础？

学习单片机要兼顾软件和硬件，既要熟悉单片机的结构和指令系统，又要有一定的编程技巧。对于不同专业，对软件和硬件的要求有所不同，电子、电气等专业硬件和软件同样重要；信息及计算机类专业，作者认为软件是学好单片机的基础，因为这些专业一般都采用C语言编程，对单片机的结构及指令可以不做过多的理解。另外单片机的硬件是固定的，如驱动三相电机、温度传感器、变频器、液晶显示器、串行通信等。这些硬件如何与单片机连接以及单片机如何发出控制信号操作硬件，互联网上都能找到详细的资料，按照上面连接即可。

而如何编程组织这些硬件的工作过程是由工程现场决定的。如何组织程序，并使硬件按照我们的要求进行工作，这是单片机工程的大部分工作。具体的软件知识包括以下几个方面：系统分析，即分析系统控制的总体功能；控制思路，即设计如何使用单片机中断、定时器、串口通信等单片机资源来操作外围器件；绘制流程图，即根据控制思路绘制出主流程图、中断流程图；编辑C语言代码。

上面的软件知识是计算机类专业的专业课程，因此计算机专业学习单片机更有优势。因此许多高校将嵌入式专业归类到软件学院，如北京航空航天大学、北京理工大学。

④学习单片机开发是很枯燥的，需要有信心、恒心以及能坚持到底的精神。

习 题

1. 什么是单片机？
2. 简述单片机的功能及应用。
3. 比较计算机与单片机结构的共同点。
4. 说出单片机系统的开发过程。
5. 说出单片机开发时需要的硬件工具和软件开发环境。

第 2 章 51 单片机的硬件结构

本章要点

掌握 51 单片机的内部组成及各部分功能。
掌握 51 单片机的管脚功能。
理解 51 单片机的存储器结构。
理解 51 单片机的时钟电路与复位电路。
掌握 51 单片机最小系统的构建方法。

51 系列单片机的产品主要区别在存储器容量大小、有无 ROM、定时器/计数器和中断源的数目以及制造工艺等方面，它们的内部结构及引脚完全相同。本章以 AT89S51 为例介绍 51 单片机的硬件结构、性能、工作原理等。

2.1 51 单片机引脚定义及功能

51 单片机有 40 个引脚，如图 2.1(a)所示，从正面看，器件一端有一个半圆缺口，这是单片机正方向的标志。图 2.1(b)所示为 51 单片机的逻辑符号。

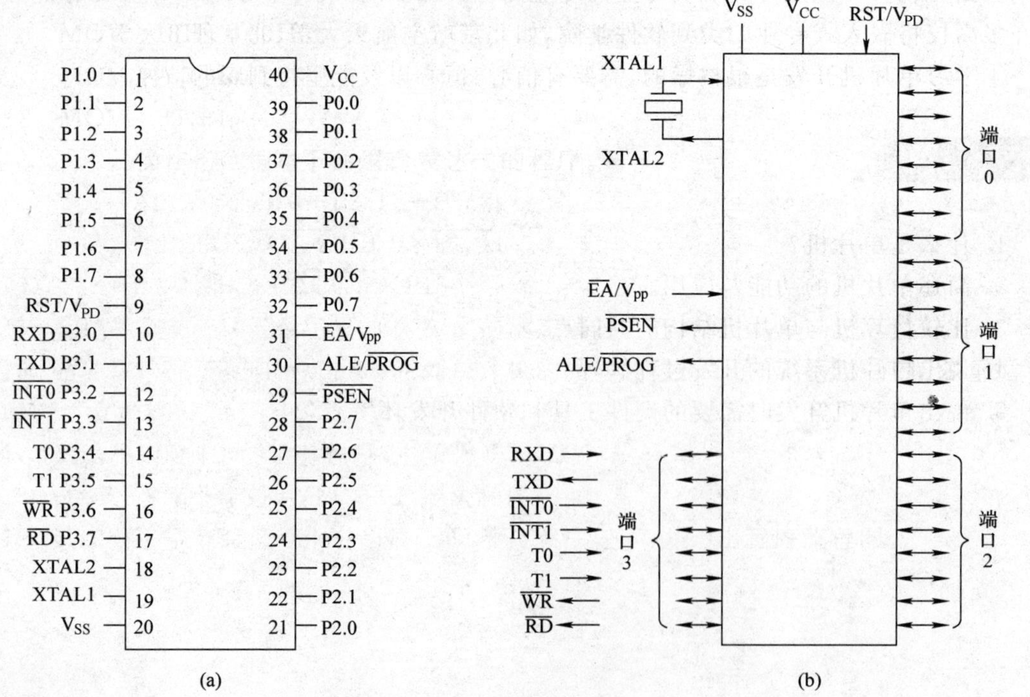

图 2.1 51 单片机的引脚排列

小知识

1. 图 2.1 是 DIP40 封装，单片机还有 PLCC44、TQFP44 封装。

2. 虽然基于 51 内核的单片机在引脚数目、封装形式等方面都不一定相同，但它们的引脚功能是相同的。其中用得较多的是 40 脚 DIP 封装的 51 单片机，也有 20、28、32、44 等不同引脚数的 51 单片机。注意不要认为只有 40 脚的 DIP 封装芯片才是 51 单片机。

3. 无论哪种 IC 芯片，它的表面有表示第 1 引脚序号的标志。标志可能是凹进去的小圆坑、用颜色标志的一个小标记（如“△”、“○”或“∪”标记等）、半圆缺口等，标记所对应的引脚就是这个芯片的第 1 引脚，然后逆时针方向数下去就是每个引脚的序号。必须识别第 1 引脚并且防止单片机接反，DIP40 封装的单片机接反后会使单片机发热并损坏。

51 单片机有 40 个引脚，按功能可分为 4 类：I/O 端口、电源、时钟、控制，引脚功能介绍如下。

2.1.1　输入/输出类引脚（并行 I/O 端口）

51 单片机有 32 个 I/O 端口，构成 4 个 8 位双向端口，分别是 P0、P1、P2、P3。

1. P0 口的组成与功能

（1）P0 口的结构

P0 口既能用作通用 I/O 口，又能用作地址/数据总线。在访问外部存储器时，P0 口是一个真正的双向数据总线口，并分时送出地址的低 8 位。图 2.2 所示是 P0 口的一位结构图，它包含两个输入缓冲器、一个输出锁存器以及输出驱动电路、输出控制电路。输出驱动电路由两只场效应管 V_1 和 V_2 组成，其工作状态受输出控制电路的控制。输出控制电路包括与门、反相器和多路开关 MUX。

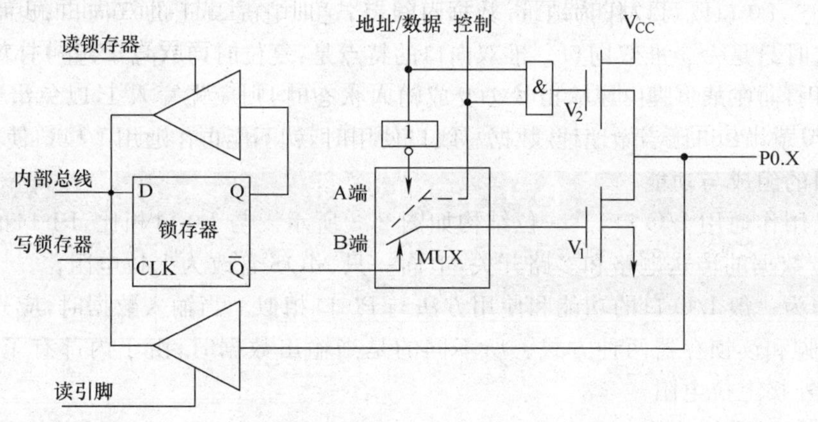

图 2.2　P0 口的一位结构

（2）P0 口作为通用 I/O 口

P0 口作为通用 I/O 口使用时，CPU 令控制信号为低电平。这时多路开关 MUX 接通 B 端，即输出锁存器的 $\overline{Q}$ 端。同时使与门输出低电平，场效应管 V_1 截止，因而输出级为开漏输出电路。

1)作为输出口

当用 P0 口输出数据时,写信号加在锁存器的时钟端 CLK 上,此时与内部总线相连的 D 端的数据经反相后出现在 $\overline{Q}$ 端上,再经 V_2 管反相,于是在 P0 口引脚上出现的数据正好是内部总线上的数据。由于输出级为开漏电路,所以用作输出口时应外接上拉电阻。

2)作为输入口

当 P0 口用于输入数据时,要使用端口中的两个三态输入缓冲器之一。这时有两种工作方式:读引脚和读锁存器。

当 CPU 执行一般的端口输入指令时,“读引脚”信号使缓冲器开通,于是端口引脚上的数据经过缓冲器输入到内部总线上。

当 CPU 执行“读—修改—写”一类指令时,“读锁存器”信号使缓冲器开通,锁存器 Q 端的数据经缓冲器输入内部数据总线。

在 P0 口作为输入口使用时,必须首先向端口锁存器写入 1。这是因为当进行读引脚操作时,如果 V_2 是导通的,那么不论引脚上的输入状态如何,都会变为低电平。为了正确读入引脚上的逻辑电平,先要向锁存器写“1”,使其 $\overline{Q}$ 端为 0,V_2 截止。该引脚成为高阻抗的输入端。

(3)P0 口作为地址/数据总线

P0 口还能作为地址总线低 8 位或数据总线,供系统扩展时使用。这时控制信号为高电平,多路开关 MUX 接通 A 端。这时有两种工作情况:一种是总线输出,另一种是外部数据输入。作为总线输出时,从“地址/数据”端输入的地址或数据信号通过与门驱动 V_2,同时通过非门驱动 V_2,结果在引脚上得到地址或数据输出信号。

P0 口作为数据总线输入数据时,从引脚上输入的外部数据经过读引脚缓冲器进入内部数据总线。对于 80C51、87C51 单片机,P0 口能作为 I/O 口或地址/数据总线使用。

综上所述,P0 口既可以作为地址/数据总线口,这时它是真正的双向口;也可作为通用的 I/O 口,但这时只是一个准双向口。准双向口的特点是:复位时,锁存器均置 1,8 个引脚可当一般输入线使用,而在某引脚由原输出状态变成输入状态时,则应先写入 1,以免错读引脚上的信息。一般情况下,P0 口已当做地址/数据总线口使用时,就不能再作通用 I/O 口使用。

2. P1 口的组成与功能

P1 口只用作通用 I/O 口,其一位结构如图 2.3 所示。与 P0 口相比,P1 口的一位结构图中少了地址/数据的传送电路和多路开关,上面一只 MOS 管改为上拉电阻。

P1 口作为一般 I/O 口的功能和使用方法与 P0 口相似。当输入数据时,应先向端口写 1。它也有读引脚和读锁存器两种方式。所不同的是当输出数据时,由于内部有了上拉电阻,所以不需要再外接上拉电阻。

3. P2 口的组成与功能

当系统中接有外部存储器时,P2 口可用于输出高 8 位地址,若当做通用 I/O 口使用,P2 口则是一个准双向口。因此 P2 口能用作通用 I/O 口或地址总线,其一位结构如图 2.4 所示。

(1)作为通用 I/O 口

当控制信号为低电平时,多路开关接到 B 端,P2 口作为通用 I/O 口使用,其功能和使用方法与 P1 口相同。

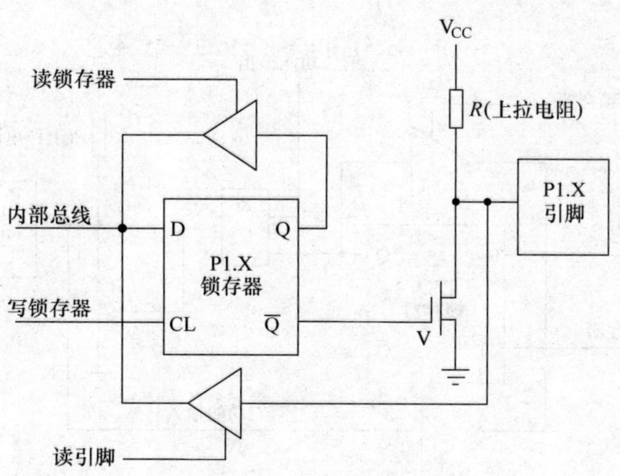

图 2.3　P1 口的一位结构

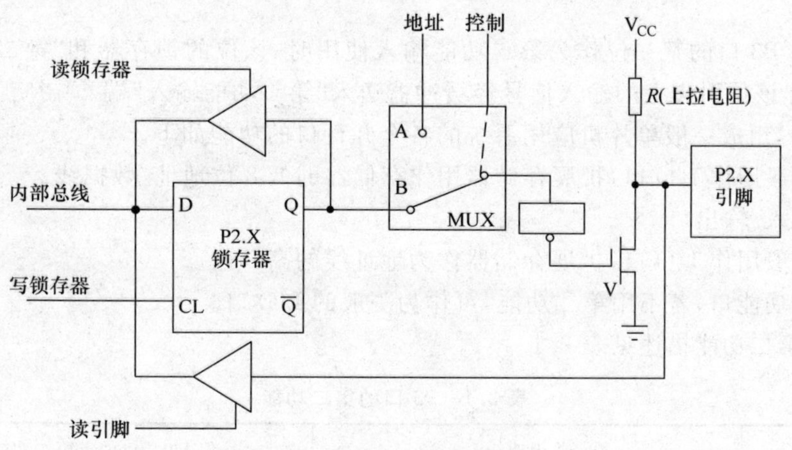

图 2.4　P2 口的一位结构

(2)作为地址总线

当控制端输出高电平时,多路开关接到 A 端,地址信号经反相器、场效应管 V 从引脚输出。这时 P2 口输出地址总线高 8 位,供系统扩展使用。

对 80C51、87C51 单片机,P2 口能作为 I/O 口或地址总线用。

4. P3 口的组成与功能

P3 口能作通用 I/O 口,同时每一引脚还有第二功能。P3 口的一位结构如图 2.5 所示。

(1)作为通用 I/O 口

当“第二功能输出”端为高电平时,P3 口用作通用 I/O 口。这时与非门对于输入端 Q 来说相当于非门,位结构与 P2 口完全相同,因此 P3 口用作通用 I/O 口时的功能和使用方法与 P2 口、P1 口相同。

(2)用作第二功能

当 P3 口的某一位作为第二功能输出使用时,应将该位的锁存器置 1,使与非门的输出状态只受“第二功能输出”端的控制。“第二功能输出”端的状态经与非门和驱动管 V 输出到该

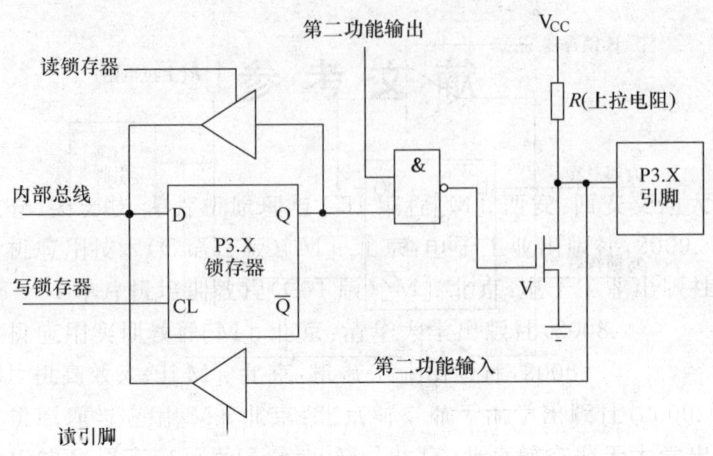

图 2.5 P3 口的一位结构

位引脚上。当 P3 口的某一位作为第二功能输入使用时，该位的锁存器和“第二功能输出”端都应为 1，这样该位引脚上的输入信号经缓冲器送入“第二功能输入”端。

综上所述，组成一般单片机应用系统的各个并行口的功能如下。

P0 口：一般用作 I/O 口，扩展存储器用作存储器的低 8 位地址/数据线。

P1 口：输入/输出口。

P2 口：一般用作 I/O 口，扩展存储器作为地址线的高 8 位。

P3 口：双功能口，若不用第二功能，可作为一般的 I/O 口。

P3 口的第二功能描述见表 2.1。

表 2.1 P3 口的第二功能

引脚	兼用功能	使 P3 端口处于第二功能的条件
P3.0	串行通信输入(RXD)	串行 I/O 处于运行状态(RXD,TXD)
P3.1	串行通信输出(TXD)	串行 I/O 处于运行状态(RXD,TXD)
P3.2	外部中断 0(INT0)	打开了外部中断 INT0
P3.3	外部中断 1(INT1)	打开了外部中断 INT1
P3.4	定时器 0 输入(T0)	T0 处于外部计数状态
P3.5	定时器 1 输入(T1)	T1 处于外部计数状态
P3.6	外部数据存储器写选通 WR	执行写外部 RAM 的指令
P3.7	外部数据存储器读选通 RD	执行读外部 RAM 的指令

P3 口的第二功能信号都是单片机的重要控制信号。如果不设定 P3 口各位的第二功能，则 P3 口自动处于第一功能状态(即静态 I/O 口的工作状态)。在实际应用中，先按需要选用第二功能信号，剩下的才作为数据的输入/输出引脚使用。

小提示

一般情况下单片机的 I/O 口只能处理数字信号，即只能处理 0、1 两种状态。如果需要处理模拟信号，尚需借助 A/D 转换芯片。

单片机编程是对 32 个 I/O 引脚进行编程，是控制单片机的各个引脚在不同时间输出不同的逻辑电平(高电平或低电平)，进而控制与单片机各个引脚相连接的外围电路的电气状态。

由于 P0 口没有上拉电阻，所以一般情况下设计电路板时需要为 P0 口加上拉电阻。

2.1.2　控制信号类引脚

1. $\overline{EA}/V_{pp}$

$\overline{EA}/V_{pp}$ 为外部程序存储器地址允许/固化编程电压输入端。当 $\overline{EA}$ 为低电平时，CPU 直接访问外部 ROM；当 $\overline{EA}$ 为高电平时，则 CPU 先对内部 0～4 KB ROM 访问，然后自动延至外部超过 4 KB 的 ROM。AT89S51 使用内部程序储存器时需要将该引脚接到高电平。

2. RST/V_{PD}

RST 是复位信号输入端，V_{PD} 是备用电源输入端。当输入的信号连续 2 个机器周期以上高电平时即为有效，用以完成单片机的复位初始化操作，当复位后程序计数器 PC＝0000H，即复位后将从程序存储器的 0000H 单元读取第一条指令码。

3. XTAL1、XTAL2

XTAL1 和 XTAL2 是时钟振荡电路引脚。单片机必须在时钟脉冲控制下一步一步地进行工作。当使用内部时钟时，这两个引脚端外接石英晶体和微调电容；当使用外部时钟时，用于外接外部时钟源。

4. V_{CC}、V_{SS}

V_{CC} 为电源引脚，即电源的输入端，一般为＋5 V；V_{SS} 为电源的接地端。

5. $\overline{PSEN}$

$\overline{PSEN}$ 为外部程序存储器读选通信号。在访问外部 ROM 时，$\overline{PSEN}$ 信号定时输出脉冲，作为外部 ROM 的选通信号。

6. ALE/$\overline{PROG}$

ALE/$\overline{PROG}$ 为地址锁存允许/编程信号。在访问片外存储器时，该引脚是地址锁存信号。对于 EPROM 单片机，此引脚用于输入专门的编程脉冲和编程电源。

小经验

1. 由于现在一般不扩展 ROM、RAM，所以一般情况下不使用 $\overline{PSEN}$、ALE/$\overline{PROG}$ 引脚。

2. 对编程控制引脚，如 RST、$\overline{PSEN}$、ALE、$\overline{EA}/V_{pp}$ 只需了解即可。

2.1.3　单片机 I/O 端口的负载能力

单片机 I/O 端口的负载能力如下。

①P0 口的每一位输出可驱动 8 个 TTL 负载。当把它用作通用 I/O 口输出使用时，输出级是开漏电路；当它驱动拉电流负载时，需要外接上拉电阻才有高电平输出。

②P1～P3 口的输出级均接有内部上拉电阻，它们的每一位的输出均可以驱动 4 个 TTL 负载。当 P1 和 P3 口作为输入口时，任何 TTL 或 HMOS 电路都能以正常的方法驱动这些口。

③P1～P3 口的输入端都可以被集电极开路或漏极开路电路所驱动，而无须再外接上拉电阻。

④单片机的端口输出能力只能提供几毫安的输出电流，当作为输出口去驱动负载时，应考虑电平和电流的匹配，使用时应注意。

2.2 51 单片机的内部组成

51 单片机的系统结构框图如图 2.6 所示。

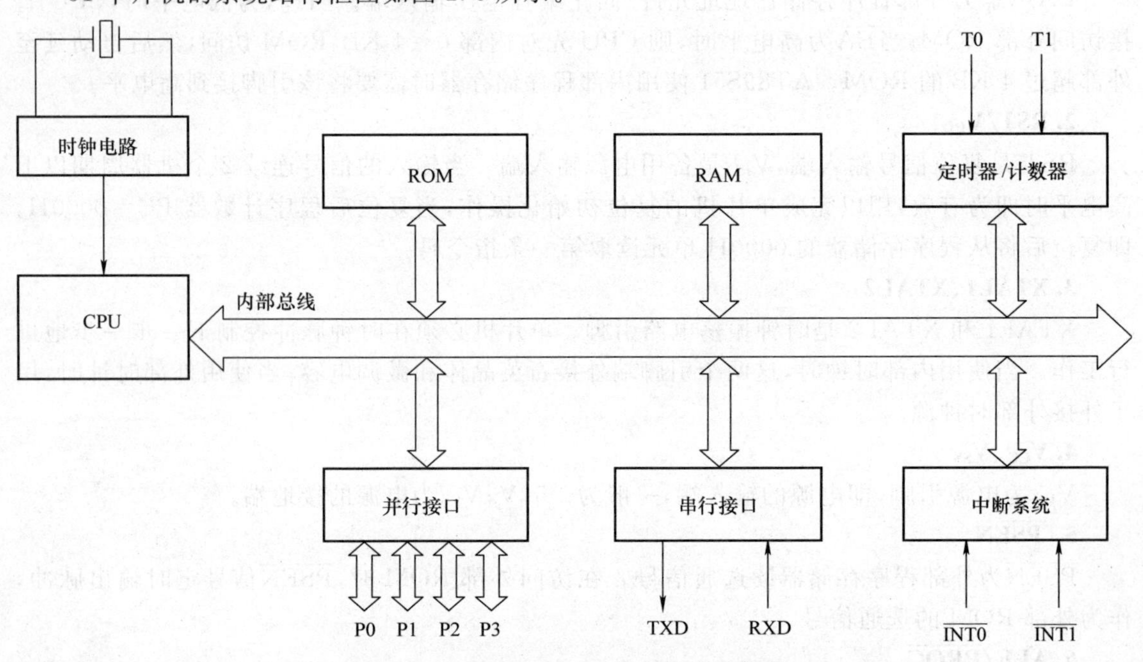

图 2.6 AT89S51 单片机的系统结构框图

51 单片机内部主要部件的功能描述见表 2.2。

表 2.2 51 单片机内部主要部件的功能描述

主要部件	功能描述
中央处理器(CPU)	系单片机的核心部件，完成各种运算和控制操作。51 单片机的 CPU 能处理 8 位二进制数和代码，编程时不必关心(都是 51 内核的 CPU)
数据存储器(RAM)	51 单片机有 256 B 的 RAM 单元，其中后 128 个单元被专用寄存器占用，能作为寄存器供用户使用的只是前 128 个单元，用于存放可读写的数据
程序存储器(ROM)	有 4 KB 的 ROM(52 子系列为 8 KB)，用于存放程序，断电后存储内容不会丢失。购买单片机时，购买容量够用即可
定时器/计数器	单片机片内有 2 个 16 位的定时器/计数器，即 T0 和 T1，可以实现定时或计数功能。用于定时控制以及对外部事件的计数等

续表

主要部件	功能描述
并行 I/O 端口	有 4 个 8 位的 I/O 口(P0、P1、P2 和 P3),每一条 I/O 线能够独立地用作输入或输出。P0 口为三态双向口;P1、P2 和 P3 口为准双向口,有内部上拉电阻
可编程串行口	有一个可编程的全双工的串行口,以实现单片机和其他设备之间的串行数据传送。该串行口功能较强,既可作为全双工异步通信收发器使用,也可作为移位器使用
中断系统	51 单片机有 5 个中断源,即 2 个外部中断、2 个定时器/计数器中断、1 个串行通信中断

2.3　单片机最小系统

AT89S51 单片机要执行用户程序时,必须有下面的电路才能正常工作:5 V 电源、时钟电路、复位电路、$\overline{EA}$管脚接到正电源端,以使用单片机内部程序存储器。

满足上面要求的单片机电路,是能够让单片机工作的最小硬件电路,称单片机的最小系统。下面分别介绍单片机最小系统的各部分。

2.3.1　单片机时钟信号电路

为了保证各部件间的同步工作,单片机内部电路应在时钟信号下严格地按时序进行工作。定时控制部件的功能是在规定的时刻发出各种操作所需的所有内部和外部的控制信号,使各功能元件协调工作,完成指令所规定的功能,主要任务是产生一个工作时序。其工作需要时钟电路提供一个工作频率,下面介绍常见的两种时钟产生方式。

1. 单片机的内部时钟方式

单片机的内部时钟方式电路如图 2.7(a)所示,是最常用的时钟方式。51 单片机内部有一个用于构成振荡器的高增益反相放大器,引脚 XTAL1 和 XTAL2 分别是此放大器的输入端和输出端。只需在单片机的 XTAL1 和 XTAL2 引脚端接上晶振,就构成了稳定的时钟电路。

小知识

晶体振荡器简称晶振。晶振的振荡频率越高,单片机的运行速度也就越快。通常情况下,晶振的振荡频率为 1～12 MHz。单片机如果使用了串口的功能,一般使用 11.0592 MHz 的晶振,这样可以实现波特率无误差的通信。晶振电容一般选择为 30 pF 左右,这个电容对频率有微调的作用。

2. 单片机的外部时钟方式

单片机的外部时钟方式电路如图 2.7(b)所示,此方式是利用外部振荡脉冲接入 XTAL1 或 XTAL2。AT89S51 单片机的外时钟信号由 XTAL1 引脚输入。

3. 时钟周期、机器周期、指令周期

CPU 执行指令的动作都是在定时控制部件控制下,按照一定的时序一拍一拍进行工作的。指令字节数不同,操作数的寻址方式也不相同,故执行不同指令所需的时间差异也较大,工作时序也有区别。为了便于说明,通常按指令的执行过程将时序化为几种周期,从小到大

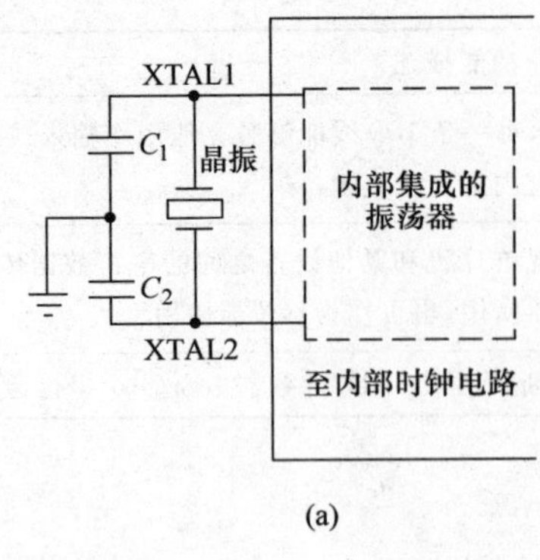

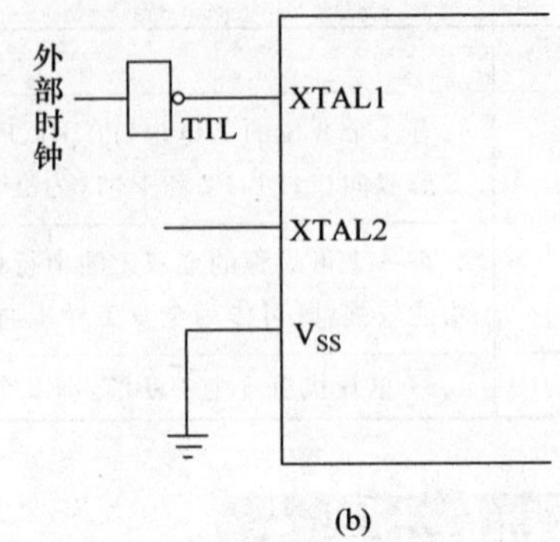

图 2.7　单片机时钟产生方式

依次是:时钟周期、状态周期、机器周期和指令周期。

(1)时钟周期和状态周期

时钟周期也称为振荡周期,一般认为是晶振脉冲的振荡周期。振荡周期是单片机中最基本的时间单位,是为单片机提供时钟脉冲信号的振荡源的周期(晶振周期或外加振荡源周期)。在一个时钟周期内,CPU 仅完成一个最基本的动作。单片机把一个振荡周期定义为一个节拍,把两个节拍定义为一个状态周期。

(2)机器周期

单片机把执行一条指令的过程划分为若干个阶段,每一阶段完成一项规定操作,完成某一个规定操作所需的时间称为一个机器周期,如取指令、存储器读、存储器写等。一般情况下,一个机器周期由若干个状态周期组成。单片机采用定时控制方式,有固定的机器周期,由 12 个时钟周期组成,即 1 个机器周期＝6 个状态周期＝12 个时钟周期。在一个机器周期内,CPU 可以完成一个独立的操作。

(3)指令周期

指令周期是执行一条指令所需要的时间,一般由若干个机器周期组成。指令不同,所需的机器周期数也不同。通常含一个机器周期的指令称为单周期指令,包含两个机器周期的指令称为双周期指令。51 单片机指令系统中有单周期指令、双周期指令和四周期指令,四周期指令只有乘法指令和除法指令两条,其余均为单周期指令和双周期指令。

时钟周期、状态周期、机器周期、指令周期之间的关系如图 2.8 所示。

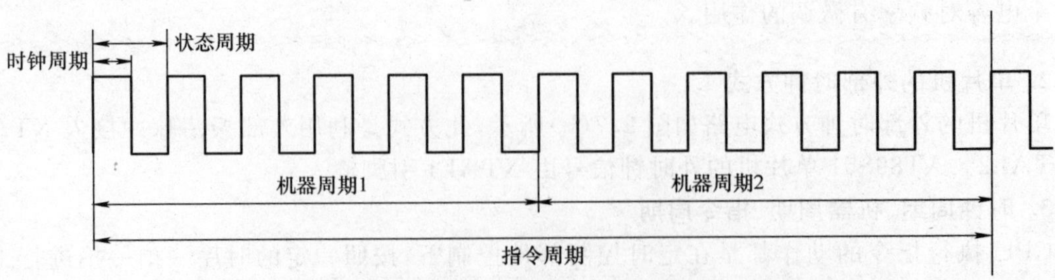

图 2.8　时钟周期、状态周期、机器周期、指令周期之间的关系

小知识——根据晶振频率计算机器周期

晶振的频率有很多,上面都有标记,如 4 MHz。

12 MHz 的晶振,其时钟周期是 1/12 μs,机器周期是 1 μs,双指令周期是 2 μs。

2.3.2　单片机的复位电路

复位是单片机的初始化操作,其作用是使 CPU 和系统中的其他部件处于一个确定的初始状态,并且从这个状态开始工作。例如,复位后使单片机从程序存储器的第 1 个单元取指令并执行,单片机的所有引脚输出逻辑 1。

当单片机的复位引脚出现 2 个机器周期以上的高电平时,单片机就执行复位操作。如果复位引脚处持续为高电平,单片机就处于循环复位状态。单片机自身是不能自动进行复位的,必须配合相应的外部电路才能实现。复位操作通常有两种基本形式:上电复位和按键复位。

图 2.9(a)所示是常用的上电复位电路,接通电源后,图中的电容和电阻对电源构成微分电路,即上电瞬间 RST 端的电位与 V_{CC} 相同,随着充电电流的减少,RST 端的电位逐渐下降。该电路上电后能够使 RST 端保持一段时间高电平,完成上电复位的操作。

图 2.9(b)所示是常用的按键复位电路。当单片机正在运行中时,按下复位键一段时间后电容被放电;松开按键后,与上电复位电路相同,使单片机实现复位的操作。

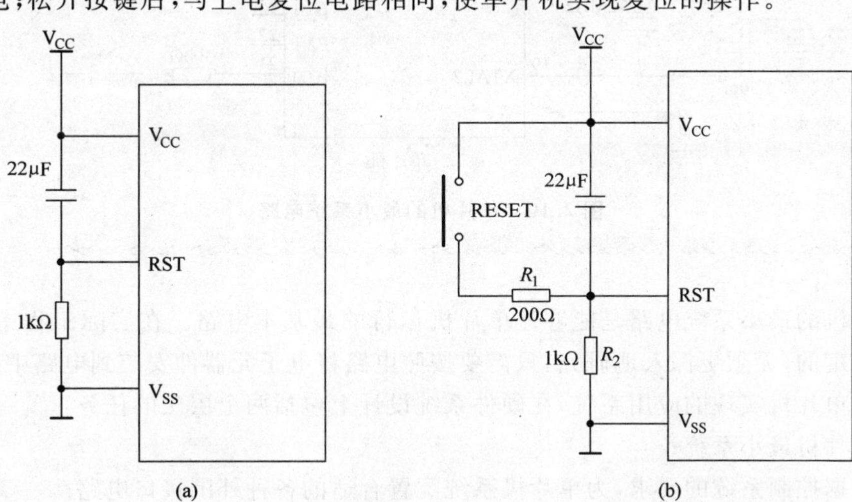

图 2.9　复位电路

小知识——什么是复位

如果计算机系统死机了,可以按计算机的复位开关,使计算机重新启动,计算机的一切程序重新开始。通俗地讲,单片机的复位就是让单片机从头开始执行程序,例如从 main()主函数的第 1 行语句开始执行程序。

2.3.3　单片机最小系统电路

图 2.10 所示是单片机的最小系统电路,包括电源、复位电路、时钟电路,$\overline{EA}$引脚接高电

平，此时单片机就可以正常执行程序。

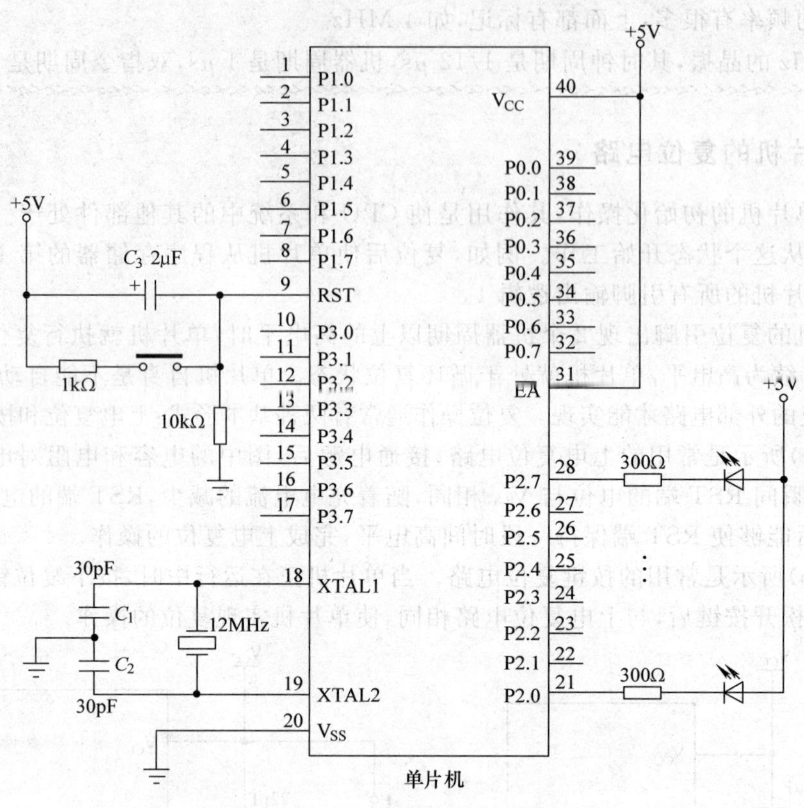

图 2.10　单片机的最小系统电路

小提示

单片机的最小系统电路是能够让单片机运行的最基本电路。在实际工程中，该基本电路是固定的，无须更深入地研究，只需要按照电路将电子元器件安装到电路中即可。

一个单片机实现的应用系统，在硬件系统设计上包括两个层次的任务：

①单片机最小系统；

②根据控制系统的要求，为单片机系统配置合适的各种外围接口电路。

根据控制工程的要求，需要再安装其他需要的元器件（如液晶显示器、按键、传感器、继电器等）。单片机最小系统电路剩下 32 个 I/O 引脚，单片机控制系统是在该 32 个 I/O 引脚上添加其他元器件，编程也是对该 32 个引脚上的元器件进行编程。

2.4　单片机存储结构及寄存器

51 单片机采用哈佛结构体系，其程序存储器 ROM 和数据存储器 RAM 是分开的。ROM 是程序存储器，用来存放程序和表格常数，通俗地讲就是所编写程序的存放位置。RAM 是数据存储器，通常用来存放程序运行所需要的给定参数和运行结果，通俗地讲就是 C 语言中定义变量的存储位置。

AT89S51 有 4 KB 的程序存储器，256 B 的数据存储器。如果不够用，可以进行扩展。单片机的地址总线的宽度是 16 位，因此 RAM 和 ROM 存储器的最大访问空间均为 64 KB。

从用户的角度，单片机有 3 个存储空间：片内外统一编址的 64 KB 的程序存储器地址空间；256 B 的片内数据存储器地址空间；64 KB 的片外数据存储器地址空间。单片机的存储器结构如图 2.11 所示。

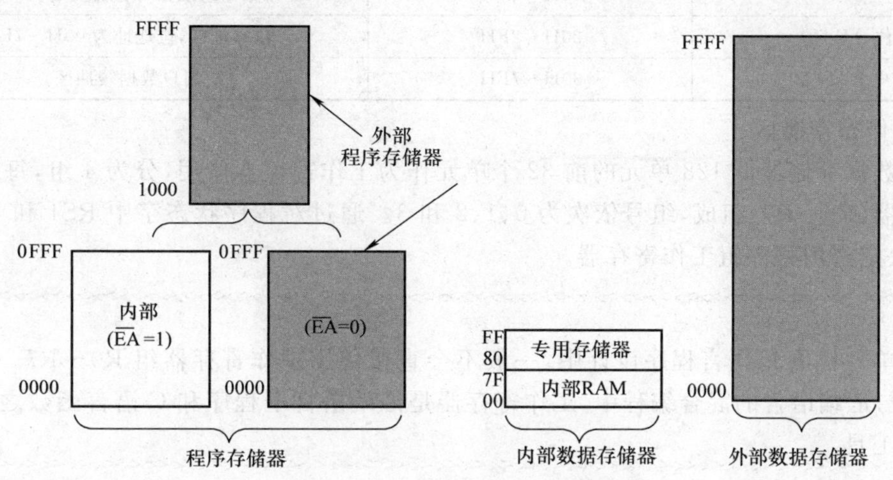

图 2.11　单片机的存储器结构

对于内部有 ROM 的单片机，在正常运行时，需要把$\overline{EA}$引脚接高电平，使程序从内部 ROM 开始执行。当 PC 值超出内部 ROM 的容量(4 KB)时，会自动转向外部程序存储器空间。

小提示——单片机存储器容量不够用怎么办?

存储器容量不够，可以在单片机外面增加并口的存储器芯片，这样电路板设计很复杂。现在的实际工程中多选择自带大容量存储器的单片机，这样可以简化电路板设计，增加系统的稳定性。

例如宏晶科技推出的 STC12C5A60AD 单片机，完全兼容 51 系列单片机(可用 Keil C 开发环境进行开发)，有 60 KB 的内部可编程 Flash、1 280 B 的内部 SRAM 、8 路 10 位 ADC 及内部 E^2PROM。ATMEL 公司的 AVR 8 位单片机 ATmega128，有 128 KB 的内部可编程 Flash、4 KB 的内部 SRAM、4 KB 的 E^2PROM、8 路 10 位 ADC、两个可编程的串行 USART。

单片机的内部数据存储器在物理和逻辑上都分为两个地址空间，即数据存储器空间(低 128 单元)和特殊功能寄存器空间(高 128 单元)。

2.4.1　内部数据存储器低 128 单元(DATA 区)

单片机片内 RAM 的低 128 单元用于存放程序执行过程中的各种变量和临时数据，称为 DATA 区。从用户角度而言，低 128 单元才是真正的数据存储器。表 2.3 给出了低 128 单元的配置情况。

表 2.3　片内 RAM 低 128 单元的配置

区　域	地　址	功　能
工作寄存器区	00H～07H	第 0 组工作寄存器(R0～R7)
	08H～0FH	第 1 组工作寄存器(R0～R7)
	10H～17H	第 2 组工作寄存器(R0～R7)
	18H～1FH	第 3 组工作寄存器(R0～R7)
位寻址区	20H～2FH	位寻址区,位地址为 00H～7FH
用户 RAM 区	30H～7FH	用户数据缓冲区

1. 工作寄存器区

内部数据存储器低 128 单元的前 32 个单元作为工作寄存器使用,分为 4 组,每组由 8 个通用寄存器(R0～R7)组成,组号依次为 0、1、2 和 3。通过对程序状态字中 RS1 和 RS0 的设置,可以决定选用哪一组工作寄存器。

小提示

在单片机的 C 语言程序设计中,一般不会直接使用工作寄存器组 R0～R7。但是在 C 语言与汇编语言的混合编程中,工作寄存器是汇编语言子程序和 C 语言函数之间的重要传递工具。

2. 位寻址区

在工作寄存器后的 16 个数据单元,既可以作为一般的数据单元使用,又可以按位对每个单元进行操作,因此这 16 个数据单元又称作位寻址区,共计 128 位。

3. 用户 RAM 区

在内部 RAM 的低 128 个单元中,除工作寄存器区和位寻址区外,剩余的 80 个数据单元为真正的用户 RAM 区,对于这些区域,用户只能以存储单元的形式来使用。

2.4.2　内部数据存储器高 128 单元

内部数据存储器的高 128 单元是为专用寄存器提供的,因此该区也称作特殊功能寄存器区(SFR),主要用于存放控制命令、状态或数据。除去程序计数器 PC 外,还有 21 个特殊功能寄存器,其中有 11 个特殊功能寄存器具有位寻址能力。特殊功能寄存器及其功能见表 2.4。(* 尤其要注意)部分专用寄存器的介绍如下。

表 2.4　特殊功能寄存器及其功能

	符　号	功能介绍
	B	B 寄存器
	ACC	累加器
	PSW	程序状态字寄存器
*	IP	中断优先级控制寄存器
*	P3	P3 口锁存器
*	IE	中断允许控制寄存器

续表

	符　号	功 能 介 绍
*	P2	P2 口锁存器
*	SBUF	串行口锁存器
*	SCON	串行口控制寄存器
*	P1	P1 口锁存器
*	TH1	定时器/计数器 1(高 8 位)
*	TL1	定时器/计数器 1(低 8 位)
*	TH0	定时器/计数器 0(高 8 位)
*	TL0	定时器/计数器 0(低 8 位)
*	TMOD	定时器/计数器方式控制寄存器
*	TCON	定时器/计数器控制寄存器
	DPH	数据地址指针(高 8 位)
	DPL	数据地址指针(低 8 位)
	SP	堆栈指针
*	P0	P0 口锁存器
*	PCON	电源控制寄存器

小提示

记住有“*”标记的特殊功能寄存器的名字,以后对单片机的硬件编程会需要。这些名字将单片机的硬件与 C 语言联系起来,在单片机的 C 语言编程中可以直接使用。

1. 累加器(Accumulator,ACC)

ACC 是一个 8 位的寄存器,简称 A。它通过存储器与 ALU 相连,是 CPU 工作中使用最频繁的寄存器,用来存储一个操作数或中间结果。在一般指令中用“A”表示,在位操作和栈操作指令中用“ACC”表示。51 单片机中,只有一个累加器,大部分单操作数指令的操作数取自累加器,许多双操作数指令的一个操作数也取自累加器。在变址寻址方式中累加器被作为变址寄存器使用。

2. B 寄存器

B 寄存器是一个 8 位的寄存器,主要用于乘除运算。在乘除法指令中用于暂存数据,用来存放一个操作数,也用来存放运算后的一部分结果。乘法指令的两个操作数分别取自累加器 A 和寄存器 B,其中 B 为乘数,乘法结果的高 8 位存放于寄存器 B 中。除法指令中,被除数取自 A,除数取自 B,除法结果的商数存放于 A,余数存放于 B 中。在其他指令中,B 可以作为 RAM 中的一个单元来使用。

3. 数据指针(DPTR)

DPTR 是一个 16 位的专用地址指针寄存器。编程时 DPTR 既可以作 16 位寄存器使用,也可以拆成两个独立的 8 位寄存器,即 DPH(高 8 位字节)和 DPL(低 8 位字节),分别占据 83H 和 82H 两个地址。DPTR 通常在访问外部数据存储器时作地址指针使用,用于存放外部数据存储器的存储单元地址。由于外部数据存储器的寻址范围为 64 KB,故把 DPTR 设计为 16 位,通过 DPTR 寄存器间接寻址方式可以访问 0000H～FFFFH 全部 64 KB 的外部数据存储器空间。

因此,51 单片机可以外接 64 KB 的数据存储器和 I/O 端口,对它们的寻址可以使用 DPTR 来间接寻址。

4. 堆栈指针(Stack Pointer,SP)

堆栈是 RAM 中一个特殊的存储区,用来暂存数据和地址,它是按先进后出、后进先出的原则存取数据的。堆栈共有两种操作:进栈和出栈。

为了正确存取堆栈区的数据,需要一个寄存器来指示最后进入堆栈的数据所在存储单元的地址,堆栈指针就是为此而设计的。由于 51 单片机的堆栈设置在内部 RAM 中,堆栈指针 SP 是一个 8 位专用寄存器,它指示出堆栈顶部数据在片内 RAM 中的位置即地址,可以把它看成一个地址指针,它总是指向堆栈顶端的存储单元。

51 单片机的堆栈是向上生成的,即进栈时 SP 的内容是增加的,出栈时 SP 的内容是减少的。系统复位后,SP 初始化为 07H,使得堆栈实际上从 08H 单元开始。由于 08H～1FH 单元分属于工作寄存器 1～3 区,若程序中要用到这些区,则最好把 SP 值改为 1FH 或更大的值。一般在内部 RAM 的 30H～7FH 单元中开辟堆栈。SP 的内容一经确定,堆栈的位置也就跟着确定了,由于可初始化为不同值,因此堆栈位置是浮动的。

5. 程序状态字寄存器(PSW)

程序状态字寄存器用来存放运算结果的状态标志。PSW 寄存器各位的含义如下。

CY	AC	F0	RS1	RS0	OV	/	P

CY:进位标志。它是累加器 A 的进位位,如果操作结果在最高位有进位(加法)或借位(减法)时置 1,否则清 0。

AC:半进位标志。它是低半字节的进位位(累加器 A 中 A3 位向 A4 位的进位),主要用于 BCD 码调整。低 4 位有进位(加法)或向高 4 位有借位(减法)时,AC 是 1,否则 AC 清 0。

F0:用户定义的状态标志位。可通过软件对它置位、复位或测试,以控制程序的流向。

RS1、RS0:工作寄存器区选择控制位,用于选择 4 组工作寄存器之一。

OV:溢出标志位。用于表示有符号数算术运算的溢出。溢出时 OV 为 1,否则 OV 为 0。

P:奇偶标志位。每个指令周期都由硬件来置位或清 0,以表示累加器 A 中 1 的个数的奇偶性。若 1 的个数为奇数,则 P 置位;若 1 的个数为偶数,则清 0。

单片机的复位操作后,特殊功能寄存器的值见表 2.5。

表 2.5 单片机复位后特殊功能寄存器的值

寄存器	内容	寄存器	内容	寄存器	内容
PC	0000H	IE	0X000000B	TH2	00H
ACC	00H	TMOD	00H	TL2	00H
B	00H	TCON	00H	RLDH	00H
PSW	00H	T2CON	00H	RLDH	00H
SP	07H	TH0	00H	SCON	00H
DPTR	0000H	TL0	00H	SBUF	不定
P0～P3	FFH	TH1	00H	PCON	0XXX0000B
IP	XX000000B	TL1	00H	X 表示任意状态	

单片机复位时，不产生 ALE 和$\overline{PSEN}$信号，即 ALE=1 和$\overline{PSEN}$=1。这表明单片机复位期间不会有任何取指操作，片内 RAM 不受复位的影响。

P0～P3=FFH，表明已向各端口线写入 1，此时各端口既可用于输入又可用于输出。

IP=XXX00000B，表明各个中断源处于低优先级。

IE=0XX00000B，表明各个中断均被关断。

小经验

记住一些特殊功能寄存器复位后的主要状态，能够了解单片机的初态，可以减少应用程序中的初始化代码。

2.4.3　程序存储器

在 51 单片机中，片内有 4 KB 程序存储器，被用来存放程序。

2.5　单片机的工作过程

单片机的工作过程实际上是执行程序语句的过程，而执行程序语句的过程又是执行一系列指令的过程，执行指令又是一个取指令、分析指令和执行指令的周而复始的过程。

单片机中的程序一般事先都已固化在程序存储器中，因而开机即可执行指令。

下面以 MOV A，#0FH 指令的执行过程来说明单片机的工作过程，此指令的机器码为 74H，0FH，并已存在 0000H 开始的单元中。

单片机开机时，PC=0000H，即从 0000H 开始执行程序。首先是取指令过程：

①PC 中的 0000H 送到片内地址寄存器；

②PC 的内容自动加 1 变为 0001H，指向下一个指令字节；

③地址寄存器中的内容 0000H 通过地址总线送到片内存储器，经存储器中地址译码器选中 0000H 单元；

④CPU 通过控制总线发出读命令；

⑤将选中单元 0000H 的内容 74H 送到内部数据总线上，因为是取指令周期，该内容通过内部数据总线送到指令寄存器。

至此取指令结束，继而进入执行指令过程。单片机指令的执行过程如下：

①指令寄存器中的内容经指令译码后，说明这条指令是取数指令，即把一个立即数送到累加器 A 中；

②PC 的内容为 0001H，送地址寄存器，译码后选中 0001H 单元，同时 PC 的内容自动加 1 变为 0002H；

③CPU 同样通过控制总线发出读命令；

④将选中单元 0001H 的内容 0FH 读出，并经内部数据总线送到累加器 A 中。

至此本指令执行结束。

PC=0002H，机器又进入下一条指令的取指令过程。一直重复上述过程直到程序中的所有指令执行完毕，这就是单片机的基本工作过程。

2.6 组装与焊接单片机最小系统(实训一)

1. 实训目的

熟悉单片机的硬件结构及最小系统的组成。

2. 单片机芯片选择及最小系统电路图

选择 AT89S51 单片机芯片,其最小系统电路原理图已示于图 2.10,其实物图如图 2.12 所示。

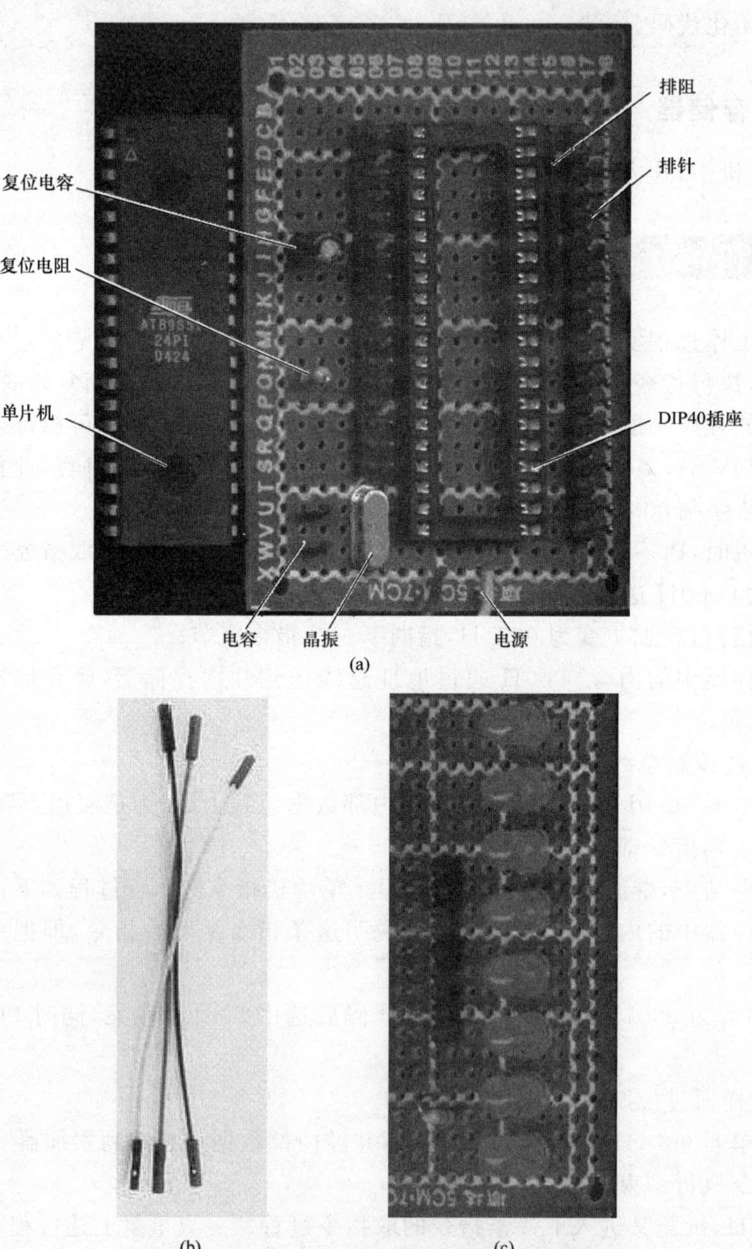

图 2.12 最小系统实物图

最小系统板(图 2.12(a))的中间部分是 DIP40 插座,可以将单片机安插在上面,这样可以方便插拔单片机。DIP40 插座两边分别是 2.54 mm 间距的单排针,与单片机的引脚相连接,这样可以使用杜邦线(图 2.12(b))将单片机引脚与其他元器件连接起来。杜邦线是连接排针与排针之间的导线,与外围器件的连接过程方便快捷。以后的每个实验都是将外围器件焊接在另一个电路板上,并使用杜邦线将两个实验板连接起来。本实训就是使用杜邦线将最小系统板与发光二极管(LED)板(图 2.12(c))连接起来。排阻是为 P0 口添加的上拉电阻,电源是 5 V 的直流电。

电路板背部的连线图如图 2.13 所示。

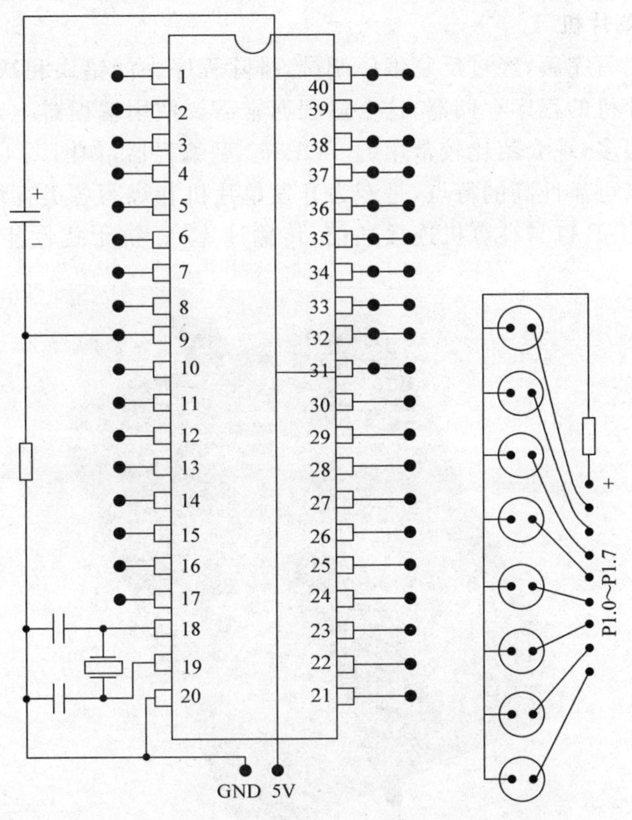

图 2.13　电路板背部的连线图

> **小经验**
>
> 使用单片机底座,可以随时更换单片机,而且焊接时不会损坏单片机。
>
> 使用排针将单片机引脚信号引出来,便于以后调试。

3. 所需元器件

所需元器件见表 2.6。

4. 制作所需最基本工具

烙铁、焊锡丝、导线。

表 2.6 所需元器件

功 能	元 器 件
单片机	AT89S51
电源	使用计算机的 USB 口取电
电源指示灯	绿色 LED、1 kΩ 电阻
复位电路	按键×1、电解电容 100 μF×1、1 kΩ 电阻×1
时钟电路	晶振 11.059 2 MHz×1、30 pF 电容×1
LED 模块电路	红色 LED×8、1 kΩ 电阻×8

5. 将程序写入单片机

单片机的程序编写完后，经过反复编译调试，排除程序中的错误和缺陷后，需要将编译好的程序文件写入单片机的程序存储器，这个过程通常需要使用编程器。

编程器的种类很多，现介绍比较常用的 TOP853 型编程器，如图 2.14 所示。该编程器具有体积小巧、功耗低、可靠性高的特点，是专为开发单片机和烧写各类存储器而设计的通用机型。该编程器采用 USB 口与计算机连接通信，传输速率高、抗干扰性能好，而且无须外接电源（USB 口取电）。

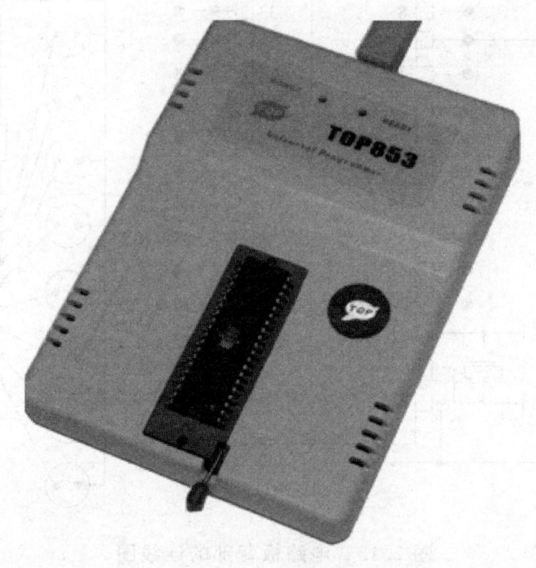

图 2.14 TOP853 型编程器

编程器使用 TopWin 软件，支持 Windows 98se/Me/2000/XP。具体步骤如下：

①通过 USB 线将编程器与计算机连接，编程器电源指示灯亮；

②运行“TopWin. exe”，工作指示灯（绿色）亮；

③在主菜单中选择“文件”，注意后缀名是“. hex”，装载数据到文件缓冲区；

④将芯片插在插座上并锁紧，准备对器件进行读写操作；

⑤单击“操作”菜单项，单击工具按钮为“型号”，执行后弹出“选择厂家/型号”窗口，选择单片机型号；

⑥单击“读写”工具按钮，按“确认”键，弹出单片机读写窗口，如图 2.15 所示。

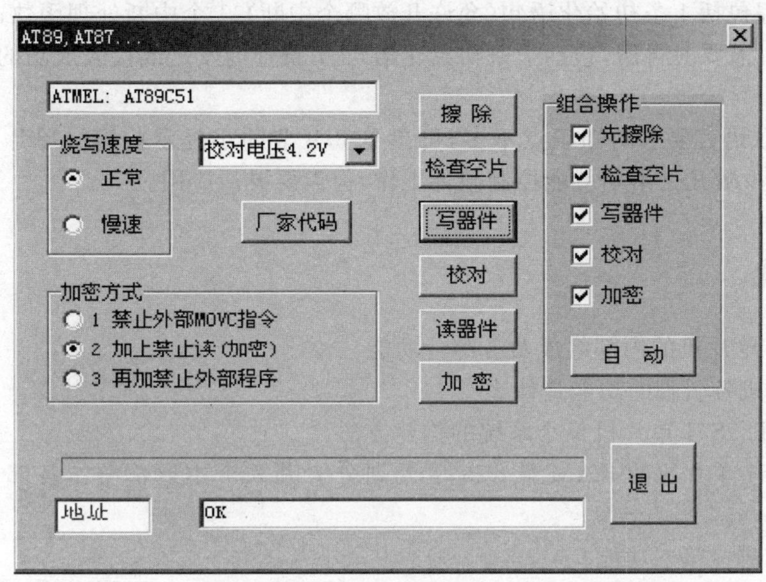

图 2.15　使用 TOP853 型编程器写 AT89C51 单片机

以 89C51 为例，在“选择厂家/型号”窗口中选择如下：

类型　单片机

制造厂家　ATMEL

器件型号　AT89C51

小经验

将程序写入单片机的过程类似于将一首歌下载到 MP4 上。MP4 的型号不同，下载的方式方法也不一样。同样，单片机的生产厂家、生产型号不一样，下载的方法也不一样。上面的编程器能够用于绝大部分型号单片机（要选择单片机的型号）的程序下载。

将一首歌下载到 MP4 上，MP4 就能够离开计算机播放歌曲。同样，将程序下载到单片机后，单片机能够独立执行程序，不需要计算机的连接。

2.7　单片机的编程

单片机的内部硬件资源包括 CPU、存储器、I/O 口、定时器、中断、串口等几部分。单片机的 CPU、存储器与编程开发无关。单片机程序开发就是对 I/O 口、定时器、中断、串口几部分进行编程。

此处使用 C 语言开发，即在 C 语言的基础上对上述功能部件进行开发。其中：

①I/O 口一共 4 条语句（端口输入、端口输出、引脚输入、引脚输出），而与单片机硬件有关的语句中大部分就是这 4 条语句；

②定时器编程包括 3 条初始化语句（工作模式设置、定时时间/计数大小设置、启动）、1 条

查询定时器是否已经溢出的语句或中断处理函数；

③中断编程包括 1 条初始化语句(允许开放哪个中断)、1 个中断处理函数；

④串口编程需要时再用，包括 7 条初始化语句、1 条查询发送或接收成功的语句或中断处理函数。

单片机的 C 语言要求的知识点不多，可参见 3.9 节的小提示内容。单片机编程是简单的，只需要掌握少数几条语句就能控制硬件工作，但需要灵活应用。

习　题

1. 说明 51 单片机的内部组成及各部分功能。

2. 51 单片机各引脚的功能是什么？

3. 说明 AT89S51 单片机最小系统的构建方法。

4. AT89S51 单片机的 RAM 低 128 单元划分为哪 3 个主要部分？各部分主要功能是什么？

5. P3 口有哪些第二功能？

6. 什么是指令周期、机器周期和时钟周期？如何计算机器周期的确切时间？

第 3 章　C51 程序设计

本章要点

了解 Keil C51 编译器的功能。

掌握 C51 的数据类型及变量定义。

掌握 Keil C51 编译环境的使用方法。

单片机常用的编程语言有汇编语言和 C 语言。与汇编语言相比，C 语言有以下优点：

①不要求编程者详细了解单片机的指令系统，只需了解单片机的存储器结构；

②寄存器分配、不同存储器的寻址及数据类型等细节可由编译器管理；

③结构清晰，程序可读性强；

④编译器提供了很多标准库函数，具有较强的数据处理能力。

由于 C 语言的结构性、可读性和可维护性好，使用 C 语言可以缩短开发周期、降低成本，因此 C 语言已成为单片机应用系统开发的主流语言。支持 MCS－51 用 C 语言编程的编译器主要有两种：Franklin C51 编译器和 Keil C51 编译器，简称 C51。C51 是专为 MCS－51 开发的一种高性能的 C 编译器，在标准 C 语言的基础上增加了对单片机硬件编程的扩展指令，例如读写单片机引脚逻辑状态的指令。C51 产生的目标代码的运行速度极高，所需存储空间极小，完全可以和汇编语言媲美。

C 语言与汇编语言的比较

单片机编程时，可以选择用 C 语言或汇编语言，根据多年的工程开发经验，建议大家直接选用 C 语言，即使你对汇编语言一点都不了解也不会影响到对单片机的学习，反而在学习进度上要比直接使用汇编语言编程快得多。

汇编语言的机器代码生成效率很高，但可读性却不强。大多数情况下，C 语言编译生成的机器代码效率和汇编语言相当，但其可读性和可移植性却远远超过汇编语言，而且 C 语言还可以通过嵌入汇编语句来解决高时效性的特殊要求。

实际上，在一些有点复杂的程序里，用 C 语言写出的代码长度不一定会比汇编语言长，有时甚至会更短，这是因为 Keil C51 软件能够进行非常好的编译。

从开发周期来看，中大型的软件用 C 语言编写的开发周期通常要比使用汇编语言短很多。而且 C 语言程序的移植性要比汇编语言好得多，比如 C51 的程序基本上不用怎么修改就可以用在 PIC 单片机里。

总之，能用 C 语言编程实现的地方尽量不要用汇编语言，尤其在算法的实现中，用汇编语言比较晦涩难懂。

无论是高级语言还是汇编语言，源程序都要转换成目标程序(机器语言)，单片机才能执行。

Keil C51 软件是目前最流行的开发 51 单片机程序的软件。Keil C51 提供了包括 C 编译器、宏汇编、连接器和一个功能强大的仿真调试器等在内的完整开发方案，并且通过一个集成开发环境（uVision2）将它们组合在一起，利用 Keil uVision2 创建源代码，并被编译生成可被单片机执行的目标文件。

Keil C51 编译器完全遵照 ANSI C 语言标准，支持 C 语言的所有标准特性。

C51 编译器扩展了支持 80C51 微处理器的特性，包括数据类型、存储器类型、存储器模式、指针、再入函数、中断函数。

3.1 C51 程序结构

3.1.1 C51 程序的结构

C51 程序的结构与一般的 C 程序没有什么差别，具体结构如下。

```
预处理命令：#include<….H>
    //全程变量定义
    //函数声明
    //函数定义
    char funl()//函数定义
      {
        ……//函数体
      }

    void 函数名()interrupt  x//中断函数定义
      {
        ……//函数体
      }

    void main()//主函数
      {
        //局部变量定义
        //单片机寄存器的初始化函数
        while(1)
          {
            ……//主函数体
          }
      }
```

关于上述 C51 程序的几点说明如下。

①一个 C51 源程序必须包含一个 main()函数，也可以包含若干其他函数。main()函数

可以调用别的功能函数，但其他功能函数不允许调用 main()函数。main()函数是主函数，是程序的入口，不论 main()函数处在程序中的任何位置，程序都是从 main()函数开始执行，执行到 main()函数结束则结束。Keil C51 中，一般将 main()函数放在程序尾。

②“＃include<…. H>”语句是包含库函数。库函数是 C51 在库文件中已定义的函数，其函数说明在相关的头文件中，用户编程时只要用 include 预处理指令包含相关头文件，就可在程序中直接调用。

③用户自定义函数是用户自己定义、自己调用的函数。

④全程变量在程序的所有地方都可以赋值和读出，包括中断函数、主函数，因此单片机程序要善于使用全程变量。

⑤如果使用中断，需要单独编写中断函数。

⑥如果使用中断、定时器、串口等功能，单片机寄存器的初始化函数是必须有的。

⑦“while(1){……}”是必需的。该语句是死循环，表示单片机的执行代码部分是循环执行。工程中单片机程序先对寄存器进行一次初始化操作，然后使用“while(1){……}”语句循环执行其执行代码部分。如果没有“while(1){……}”语句，单片机执行完后，会又从 main()函数的第一条语句执行，相当于单片机复位一次。

3.1.2　C51 对标准 ANSI C 的扩展

C51 对标准 ANSI C 进行了扩展，不仅完全支持 C 的标准指令，而且有很多用来优化 51 指令结构的扩展语句，例如运算指令、流程控制指令、函数定义等。在 Keil uVision2 中的关键字除了 ANSI C 标准的 32 个关键字外，还根据 51 单片机的特点扩展了相关的关键字。其主要扩展关键字有：_at_，idata，sfr16，alien，interrupt，bdata，code，bit，pdata。

3.2　C51 的数据类型

Keil C 支持 ANSI C 的所有标准数据类型，为了更加有力地利用 8051 的结构，还加入了一些特殊的数据类型。表 3.1 和表 3.2 列出了 Keil uVision2 C51 编译器所支持的数据类型。

表 3.1　ANSI C 支持的标准数据类型

数据类型	长度(位)	数 值 范 围
unsigned char	8	0～255
signed char	8	－128～＋127
unsigned int	16	0～65 535
signed int	16	－32 768～＋32 767
unsigned long	32	0～4 294 967 295
signed long	32	－2 147 483 648～＋2 147 483 647
float	64	1.175 494E－38～3.402 823E＋38

小经验

1. 编程时常用的数据类型有 unsigned char 和 unsigned int，其他类型一般不用。

2. 不建议使用 float 和 long 数据类型，使用该类型数据会使单片机的工作量很大。

3. C51 可支持表 3.1 所列的数据类型，但 51 单片机的 CPU 是一个 8 位微控制器，用 8 位字节（如 char 和 unsigned char）的操作比用整数或长整数类型的操作更有效。对于 C 语言这样的高级语言，不管使用什么样的数据类型，表面上看起来是一样的，但实际上 C51 编译器要用一系列机器指令对其进行复杂的数据类型处理。特别是使用浮点变量时，将明显地增加程序长度和运算时间。

4. unsigned char、char 是单字节变量，即是 8 位的数据，只占用一个内存单元。unsigned int、int 是双字节变量，即是 16 位的数据，占用两个内存单元。一般情况下，都是用无符号型的数据 unsigned int、unsigned char。

5. 在汇编语言里，处理超过一个内存单元的数据就会比较麻烦，如果处理 4 个单元长度的乘除，程序会很长。而在 C 语言里，数据类型对编程过程影响不大，这也是 C 语言相对于汇编语言的优点，C 语言可以从处理数据运算中解放出来，将更多的精力放在程序的规划上。

6. 汇编语言需要知道定义变量的位置，但在 C 代码中变量的定位是编译器的事情，初学者只要定义变量和变量的作用域，编译器就把一个固定地址给这个变量。

表 3.2 C51 对数据类型的扩展

数据类型	长度(位)	数 值 范 围
bit	1	0 或 1
sfr	8	0～255
sfr16	16	0～65 535
sbit	1	0 或 1

表 3.2 中的 bit 型变量可用于变量类型、函数声明、函数返回值等，存储于内部 RAM 的 20H～2FH。程序中遇到的逻辑标志变量可以定义到 bdata 中，这样可以大大降低内存占用空间。单片机中有 16 个字节位寻址区 bdata，其中可以定义 8×16＝128 个逻辑变量。定义方法是：

```
bdata bit LedState;
```

注意：位类型不能用在数组和结构体中。

3.3 存储器类型及存储区

定义变量时，可由存储模式指定缺省类型，也可由表 3.3 所示的关键字直接声明指定。

表 3.3 存储器类型关键字

关键字	描 述
data	片内 RAM 的低 128 B
bdata	片内 RAM 的 DATA 区的 16 B 的可位寻址区

续表

关键字	描　述
idata	片内 RAM 的高 128 B
pdata	外部 RAM 的 1 页(256 B),通过 P0 口的地址对其寻址
xdata	外部 RAM 的 64 KB 存储区
code	程序存储区

带存储类型的变量的定义的一般格式为:

数据类型　存储类型　变量名

1. DATA 区

对 DATA 区的寻址是最快的,标准变量和用户自定义变量都可存储在 DATA 区中。声明例子如下:

```
unsigned char data sys=0;
unsigned int data unit_id[2];
```

2. BDATA 区

BDATA 区可进行位寻址,这对状态寄存器来说是十分有用的,因为它需要单独的使用变量的每一位。声明例子如下:

```
unsigned char bdata status_byte;
unsigned int bdata status_word;
```

3. IDATA 段

IDATA 段也可存放使用比较频繁的变量,使用寄存器作为指针进行寻址。与外部存储器寻址比较,它的指令执行周期和代码长度都比较短。声明例子如下:

```
unsigned char idata system_status=0;
unsigned int idata unit_id[2];
```

4. PDATA 和 XDATA 段

在这两个段声明变量和在其他段的语法是一样的。PDATA 段只有 256 B,而 XDATA 段可达 65 536 B。声明例子如下:

```
unsigned char xdata system_status=0;
unsigned int pdata unit_id[2];
char xdata inp_string[16];
float pdata outp_value;
```

对 PDATA 和 XDATA 的操作是相似的。对 PDATA 段寻址比对 XDATA 段寻址要快,因为对 PDATA 段寻址只需要装入 8 位地址。

5. CODE 段

CODE 段定义的变量存放在代码段,定义后数据的内容是不可改变的。读取 CODE 段的数据与对其他段的访问的方法是一样的。代码段中的对象在编译的时候初始化。代码段的声明例子如下:

```
unsigned int code unit_id[2]=1234;
```

小提示——code 关键字的意义

1. CODE 段定义的变量存放在代码段,单片机运行时不占用内存。

2. 单片机运行时,CODE 段数据的内容是不可改变的。

3. 通常使用 CODE 段定义的变量有:数码管的字形编码、液晶显示器的汉字点阵编码。

6. 存储模式指定缺省类型

如果在定义变量时缺省存储类型说明符,则编译器会自动选择默认的存储类型。关于存储模式的详细说明见表 3.4。

表 3.4 存储模式说明

存储模式	说　明
SMALL	默认的存储类型是 data,参数及局部变量放入可直接寻址片内 RAM 的用户区中(最大 128 B)
COMPACT	默认的存储类型是 pdata,参数及局部变量放入分页的外部数据存储区
LARGE	默认的存储类型是 xdata,参数及局部变量直接放入片外数据存储区。用此数据指针进行访问效率较低,尤其对两个或多个字节的变量,这种数据类型的访问机制直接影响代码的长度

小提示

根据片外数据储存器(内存)的大小选择存储模式。

如果使用有片外数据储存器(内存)的单片机(如 W77E58,它有 1 KB 片外内存)时,一定要设置标志位(表 3.4),并且编译方式要选择大模式,否则会出错。

C51 允许在变量定义之前指定存储类型。因此定义 data char X 与定义 char data X 是等价的,但应尽量使用后一种方法。

3.4 C51 对特殊功能寄存器(SFR)的定义

51 单片机中,除了程序计数器 PC 和 4 组工作寄存器组外,其他所有的寄存器均为特殊功能寄存器(SFR),它们在片内 RAM 安排了绝对地址,地址范围为 80H～0FFH,分散在片内 RAM 区的高 128 B 中,51 单片机的芯片说明中已经为它们用预定义标志符起了名字。

C51 编译器使用 sfr 与 sfr16 两个关键字,将这些特殊功能寄存器的名字与其绝对地址联系起来,将单片机的硬件与 C 语言编程结合起来。

1. 使用 sfr 关键字定义 SFR

为了能直接访问这些 SFR,C51 提供了一种自主形式的定义方法,这种定义方法与标准 C 语言不兼容,只适用于对 MCS－51 系列单片机进行 C 语言编程。特殊功能寄存器 C51 定义的一般语法格式如下:

```
sfr name=int constant;
```

“sfr”是定义语句的关键字,其后必须跟一个 51 单片机真实存在的特殊功能寄存器名;“＝”后面必须是一个整型常数,即特殊功能寄存器“sfr name”的字节地址,不允许是带有运算符的表达式,这个常数值必须对应 SFR 的地址。

【例 3.1】 使用 sfr 关键字定义 SFR。

```
sfr SCON=0x98;      //声明 SCON 为串口控制器,地址为 0x98
sfr P0=0x80;        //声明 P0 为特殊功能寄存器,地址为 0x80
sfr TMOD=0x89;      //声明 TMOD 为定时器/计数器的模式寄存器,地址为 0x89
sfr PSW=0xD0;       //声明 PSW 为特殊功能寄存器,地址为 0xD0
```

注意:sfr 之后的寄存器名称必须大写,定义之后可以直接对这些寄存器赋值。

在许多 80C51 派生系列中,可用两个连续地址的特殊功能寄存器指定一个 16 位值,如:

```
sfr16 T2=0xCDCC;  //声明 T2 为 16 位特殊功能寄存器,地址为 0CCH(低字节)
                    和 0CDH(高字节)
```

小知识

"TMOD=0x89"中,"0x"表示数据是十六进制。单片机中寄存器的值、控制参数等,经常使用十六进制表示。由于这些量的每一位有特定的功能,使用十六进制可以方便地与具体的每一位对应起来。例如"P1=0xF0;"表示 P1.7~P1.4 是高电平,P1.3~P1.0 是低电平。

Keil C 已经将单片机内部的特殊功能寄存器进行定义,并做成"XX.h"文件,例如 8031、8051 均为 REG51.h,文件中包括了所有 8051 的 SFR 及其位定义。在单片机编程时,选择单片机的型号后,可以加入对应的包含文件。方法是在 C 文件中单击右键后,会出现"Insert'#include<XX.H>'"项,单击该项即可。图 3.1 所示是加入"REGX51.H"的例子。

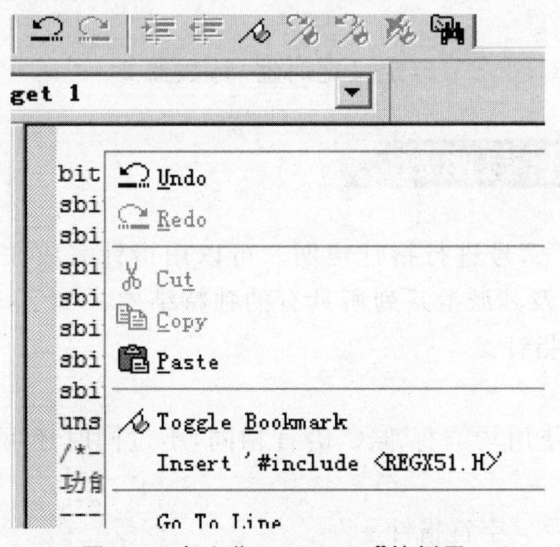

图 3.1 加入"REGX51.H"的例子

小经验——记不住 SFR 的地址怎么办?

实际上使用 C 语言进行单片机编程开发一般没有必要记住 SFR 的地址。Keil C 已经将单片机内部的特殊功能寄存器进行了定义,并编辑成"XX.h"文件,用户只需在代码的开始部分包含该文件即可。

有了该头文件,用户即可将这些特殊功能寄存器(SFR)的名字当做变量来使用。例如"P0=0xAA;"表示将 P0 口置逻辑 0xAA。

51 系列单片机的特殊功能寄存器的数量与类型不尽相同,对于一些没有定义的头文件,可以使用 sfr 定义。

2. 使用 sbit 关键字定义 SFR 的每一位

对于可以进行位寻址的 SFR,C51 支持特殊位的定义。使用 sbit 来定义位寻址单元,定义语句的一般的语法格式如下:

```
sbit bitname=sfrname^int constant;
```

“sbit”是定义语句的关键字,后跟一个寻址位符号名(该位符号名必须是单片机中规定的位名称);“=”后的“sfrname”必须是已定义过的 SFR 的名字;“^”后的整常数是寻址位在特殊功能寄存器 sfrname 中的位号,范围必须是 0~7。

【例 3.2】 使用 sbit 关键字定义 SFR 的每一位。

```
sfr PSW=0xD0;        //定义 PSW 寄存器地址为 D0H
sbit OV=PSW^2;       //定义 OV 位为 PSW.2,地址为 D2H
sbit P2_7=P2^7;      //定义 P2.7 位为 P2_7
```

特殊功能位代表了一个独立的定义类,不能与其他位定义和位域互换。

3. sfr16 关键字

在 51 系列产品中,SFR 在功能上经常组合为 16 位值,当 SFR 的高字节地址直接位于低字节之后时,对 16 位 SFR 的值可以直接进行访问。例如 52 子系列的定时器/计数器 2 就是这种情况。为了有效地访问这类 SFR,可使用关键字 sfr16 来定义,其定义语句的语法格式与 8 位 SFR 相同,只是“=”后面的地址必须用 16 位 SFR 的低字节地址,即低字节地址作为 sfr16 的定义地址。例如:

```
sfr16 T2=0xCC;       //定义定时器/计数器 2
```

3.5 Keil C51 指针与函数

C51 编译器支持用“*”号进行指针声明。可以用指针完成在标准 C 语言中所有操作。另外,由于 80C51 单片机及其派生系列所具有的独特结构,C51 编译器支持两种不同类型的指针:存储器指针和通用指针。

1. 通用指针

通用指针的声明和使用均与标准 C 语言相同,不过同时还可以说明指针的存储类型。例如:

```
char * s;         /* 字符指针 */
int * numptr;     /* 整型指针 */
long * state;     /* 长整型指针 */
```

通用指针总是需要 3 个字节来存储:第 1 个字节表示存储器类型,第 2 个字节是指针的高字节,第 3 个字节是指针的低字节。

通用指针可以用来访问所有类型的变量,而不管变量存储在哪个存储空间中。因而,许多库函数都使用通用指针。通过使用通用指针,一个函数可以访问数据,而不用考虑它存储在什么存储器中。例如:

```
long * state;        //定义一个指向 long 型整数的指针,而 state 本身则依存储模式存放
char * xdata ptr;    //定义一个指向 char 数据的指针,而 ptr 本身存放于外部 RAM 区
```

以上的 long、char 等指针指向的数据可存放于任何存储器中。

通用指针很方便，但是也很慢。在所指向目标的存储空间不明确的情况下，它们用得最多。

2. 存储器指针

存储器指针或类型确定的指针在定义时包括一个存储器类型说明，并且总是指向此说明的特定存储器空间。例如：

```
char data * str;      /* str 指向 data 区中 char 型数据 */
int  xdata * pow;     /* pow 指向外部 RAM 的 int 型整数 */
```

由于存储器类型在编译时已经确定，通用指针中用来表示存储器类型的字节就不再需要了。

指向 idata、data、bdata 和 pdata 的存储器指针用一个字节保存，指向 code 和 xdata 的存储器指针用两个字节保存。使用存储器指针比通用指针效率要高、速度要快。当然，存储器指针的使用不是很方便。在所指向目标的存储空间明确并不会变化的情况下，它们用得最多。

3. Keil C51 函数

C51 中函数的定义和使用与标准 C 语言基本相同，但对递归调用有所不同，C51 编译器采用一个扩展关键字 reentrant 作为定义函数的选项。需要将一个函数定义为再入函数时，只要在函数名的后面加上关键字 reentrant 即可，其格式如下：

函数类型　函数名(形式参数)　[reentrant]；

再入函数可被递归调用，无论何时，包括中断服务函数在内的任何函数都可调用再入函数。与非再入函数的参数传递和局部变量的存储分配方法不同，C51 编译器为再入函数生成一个模拟栈，通过这个模拟栈来完成参数传递和局部变量存放。模拟栈所在的存储空间根据再入函数存储器模式的不同，可以是 DATA、PDATA 或 XDATA 存储空间。当程序中包含有多种存储器模式的再入函数时，C51 编译器为每种模式单独建立一个模拟栈并独立管理各自的指针。

3.6　绝对地址访问

使用“#include<absacc.h>”语句即可使用其中定义的宏来访问绝对地址。该文件中实际只定义了几个宏，以确定各存储空间的绝对地址，使用方法如下。

1. 绝对宏

绝对宏包括 CBYTE、XBYTE、PWORD、DBYTE、CWORD、XWORD、PBYTE、DWORD。例如：

```
rval=CBYTE[0x0002]; //指向程序存储器的 0002H 地址
rval=XWORD[0x0002]; //指向外 RAM 的 0004H 地址
```

2. _at_关键字

直接在数据定义后加上_at_const 即可。例如：

```
idata struct link list_at_0x40;      //指定 list 结构从 40H 开始
```

xdata char text[25b]_at_0xE000；//指定 text 数组从 0E000H 开始

注意:绝对变量不能被初始化,bit 型函数及变量不能用_at_指定。

3.7 宏定义与 C51 中常用的头文件

编程中可以使用宏替代函数。对于小段代码,欲从某些电路或锁存器中读取数据,可通过使用宏来替代函数使得程序有更好的可读性。可把代码定义在宏中,这样看上去更像函数。宏的名字应能够描述宏的操作,当需要改变宏时只要修改宏定义处。例如:

```
#define led_on(){
        led_state=LED_ON;
        XBYTE[LED_CNTRL]=0x01;}
#define led_off(){
        led_state=LED_OFF;
        XBYTE[LED_CNTRL]=0x00;}
#define checkvalue(val)
        ((val<MINVAL||val>MAXVAL)? 0:1)
```

可以用宏来替代程序中经常使用的复杂语句,使程序有更好的可读性和可维护性。

C51 中常用的头文件通常有 reg51. h、reg52. h、math. h、ctype. h、stdio. h、stdlib. h、absacc. h、intrins. h 等。但常用的却只有 reg51. h、reg52. h、math. h。

reg51. h 和 reg52. h 是定义 51 单片机或 52 单片机特殊功能寄存器和位寄存器的,这两个头文件中大部分内容是一样的,52 单片机比 51 单片机多一个定时器 T2,因此 reg52. h 中也就比 reg51. h 中多几行定义 T2 寄存器的内容。

math. h 是定义常用数学运算的,比如求绝对值、求方根、求正弦和求余弦等,该头文件中包含有各种数学运算函数,当需要使用时可以直接调用它的内部函数。

reg52. h 的部分内容如下:

```
/*--------------------------------------------------------
Byte Registers
--------------------------------------------------------*/
sfr P0    =0x80;
sfr SP    =0x81;
sfr DPL   =0x82;
sfr DPH   =0x83;
sfr PCON  =0x87;
sfr TCON  =0x88;
sfr TMOD=0x89;
sfr TL0   =0x8A;
sfr TL1   =0x8B;
```

```
sfr TH0   =0x8C;
sfr TH1   =0x8D;
sfr P1    =0x90;
sfr SCON  =0x98;
sfr SBUF  =0x99;
sfr P2    =0xA0;
sfr IE    =0xA8;
sfr P3    =0xB0;
sfr IP    =0xB8;
sfr PSW   =0xD0;
sfr ACC   =0xE0;
sfr B     =0xF0;

/*-----------------------------------------------
P0 Bit Registers
-----------------------------------------------*/
sbit P0_0=0x80;
sbit P0_1=0x81;
sbit P0_2=0x82;
sbit P0_3=0x83;
sbit P0_4=0x84;
sbit P0_5=0x85;
sbit P0_6=0x86;
sbit P0_7=0x87;

/*-----------------------------------------------
PCON Bit Values
-----------------------------------------------*/
#define IDL_    0x01

#define STOP_   0x02
#define PD_     0x02     /* Alternate definition */

#define GF0_    0x04
#define GF1_    0x08

#define SMOD_   0x80
```

```
/*--------------------------------------------------
TCON Bit Registers
--------------------------------------------------*/
sbit IT0 =0x88;
sbit IE0 =0x89;
sbit IT1 =0x8A;
sbit IE1 =0x8B;
sbit TR0 =0x8C;
sbit TF0 =0x8D;
sbit TR1 =0x8E;
sbit TF1 =0x8F;

/*--------------------------------------------------
TMOD Bit Values
--------------------------------------------------*/
#define T0_M0_      0x01
#define T0_M1_      0x02
#define T0_CT_      0x04
#define T0_GATE_    0x08
#define T1_M0_      0x10
#define T1_M1_      0x20
#define T1_CT_      0x40
#define T1_GATE_    0x80

#define T1_MASK_    0xF0
#define T0_MASK_    0x0F

/*--------------------------------------------------
P1 Bit Registers
--------------------------------------------------*/
sbit P1_0=0x90;
sbit P1_1=0x91;
sbit P1_2=0x92;
sbit P1_3=0x93;
sbit P1_4=0x94;
sbit P1_5=0x95;
sbit P1_6=0x96;
sbit P1_7=0x97;
```

```
/*-----------------------------------------------
SCON Bit Registers
-----------------------------------------------*/
sbit RI  =0x98;
sbit TI  =0x99;
sbit RB8 =0x9A;
sbit TB8 =0x9B;
sbit REN=0x9C;
sbit SM2=0x9D;
sbit SM1=0x9E;
sbit SM0=0x9F;

/*-----------------------------------------------
P2 Bit Registers
-----------------------------------------------*/
sbit P2_0=0xA0;
sbit P2_1=0xA1;
sbit P2_2=0xA2;
sbit P2_3=0xA3;
sbit P2_4=0xA4;
sbit P2_5=0xA5;
sbit P2_6=0xA6;
sbit P2_7=0xA7;

/*-----------------------------------------------
IE Bit Registers
-----------------------------------------------*/
sbit EX0=0xA8;       /* 1=Enable External interrupt 0 */
sbit ET0=0xA9;       /* 1=Enable Timer 0 interrupt */
sbit EX1=0xAA;       /* 1=Enable External interrupt 1 */
sbit ET1=0xAB;       /* 1=Enable Timer 1 interrupt */
sbit ES =0xAC;       /* 1=Enable Serial port interrupt */
sbit ET2=0xAD;       /* 1=Enable Timer 2 interrupt */

sbit EA =0xAF;       /* 0=Disable all interrupts */
```

```
/*--------------------------------------------------------
P3 Bit Registers (Mnemonics & Ports)
--------------------------------------------------------*/
sbit P3_0=0xB0;
sbit P3_1=0xB1;
sbit P3_2=0xB2;
sbit P3_3=0xB3;
sbit P3_4=0xB4;
sbit P3_5=0xB5;
sbit P3_6=0xB6;
sbit P3_7=0xB7;

sbit RXD =0xB0;        /* Serial data input */
sbit TXD =0xB1;        /* Serial data output */
sbit INT0=0xB2;        /* External interrupt 0 */
sbit INT1=0xB3;        /* External interrupt 1 */
sbit T0  =0xB4;        /* Timer 0 external input */
sbit T1  =0xB5;        /* Timer 1 external input */
sbit WR  =0xB6;        /* External data memory write strobe */
sbit RD  =0xB7;        /* External data memory read strobe */

/*--------------------------------------------------------
IP Bit Registers
--------------------------------------------------------*/
sbit PX0 =0xB8;
sbit PT0 =0xB9;
sbit PX1 =0xBA;
sbit PT1 =0xBB;
sbit PS  =0xBC;
sbit PT2 =0xBD;

/*--------------------------------------------------------
PSW Bit Registers
--------------------------------------------------------*/
sbit P  =0xD0;
sbit FL =0xD1;
sbit OV=0xD2;
sbit RS0=0xD3;
sbit RS1=0xD4;
sbit F0 =0xD5;
```

```
sbit AC =0xD6;
sbit CY =0xD7;
```

从上面代码中可以看出，该头文件定义了 52 系列单片机内部所有的特殊功能寄存器。头文件中用到了前面讲到的 sfr 和 sbit 这两个关键字，将与单片机硬件有关的特殊功能寄存器起名，这样在程序中可直接将这些名字当做变量名使用。

通过 sfr 这个关键字，在单片机硬件与 C 语言之间搭建一条可以进行沟通的桥梁。因此在编写 51 单片机程序时，在源代码的第一行应该直接包含该头文件。

小经验

需要注意的是，由“XX. H”定义的特殊功能寄存器的名字都是大写。例如“P0”，若写成 p0，编译程序时会报错，因为 p0 在 reg5l. h 中没有被定义，编译器不识别 p0。这也是许多初学者编写程序时常犯的错误。

3.8 C语言的数制与常用运算符

3.8.1 C 语言的数制

计算机中常用的数制有 3 种，即十进制数、二进制数和十六进制数。

1. 十进制数

十进制数是最熟悉的一种数制，基数为 10，逢十进一。

2. 二进制数

二进制数是计算机内的基本数制，其主要特点是：

①任何二进制数都只由 0 和 1 两个数码组成，其基数是 2；

②进位规则是逢二进一，一般在数的后面用符号 B 表示这个数是二进制数，二进制数同样可以用幂级数形式展开。

3. 十六进制数

十六进制数是微型计算机软件编程时常采用的一种数制，其主要特点是：

①十六进制数由 16 个数符构成，即 0、1、2、…、9、A、B、C、D、E、F，其中 A、B、C、D、E、F 分别代表十进制数的 10、11、12、13、14、15，其基数是 16；

②进位规则是逢十六进一，一般在数的后面加一个字母 H，表示这个数是十六进制数。

4. 制数转换

二进制数(B)、十六进制数(H)和十进制数(D)之间的转换方法，很多教科书都有介绍。由于通过手工进行制数之间转换的方法比较费时费力，可以使用 Windows 自带的计算器来进行制数之间的转换，如图 3.2 所示，具体步骤如下：

①单击 Windows“开始”菜单中的“程序”中的“附件”中的“计算器”，打开计算器应用软件；

②单击计算器的“查看”菜单，选择“科学型”；

③选择要转换的原始数制，并在文本框中输入要转换的数；

④选择要转换成的数制，在文本框中就可以看到转换后的结果。

图 3.2 使用计算器进行制数转换

3.8.2 C 语言常用的运算符

C 语言常用的运算符见表 3.5。

表 3.5 C 语言常用的运算符

运算符	范例	说　明
+、-、*、/	a+b、a/b	a 和 b 变量进行加减乘除运算
%	a%b	取 a 变量值除以 b 变量值的余数
=	a=6	将 6 设定给 a 变量，即 a 值是 6
+=	a+=b	等同于 a=a+b，
-=	a-=b	等同于 a=a-b
*=	a*=b	等同于 a=a*b
/=	a/=b	等同于 a=a/b
%=	a%=b	等同于 a=a%b
++	a++	a 的值加 1，即 a=a+1
--	a--	a 的值减 1，即 a=a-1
>、<、==、>=、<=、!=	a>b、a==b	测试 a 与 b 的逻辑关系
&&	a&&b	a 和 b 作逻辑 AND 运算
||	a||b	a 和 b 作逻辑 OR 运算
!	! a	将 a 按位取反
>>	a>>b	按位右移 b 个位
<<	a<<b	按位左移 b 个位，移位后右侧空位补 0
|	a|b	a 和 b 按位进行 OR 运算
&	a&b	a 和 b 按位进行 AND 运算
^	a^b	a 和 b 按位进行 XOR 运算
~	~a	将 a 的每一位进行取反运算
&=	a&=b	将变量的地址存入 a 寄存器
*	*a	用来取寄存器所指地址内的值

注意：在逻辑运算中，凡是结果为非 0 的数值即为真，等于 0 为假。

①左移运算符“＜＜”是双目运算符。其功能是把“＜＜”左边的运算数的各二进制位全部左移若干位，由“＜＜”右边的数指定移动的位数，高位丢弃，低位补 0。

例如：a＜＜4，指把 a 的各二进制位向左移动 4 位。

②右移运算符“＞＞”是双目运算符。其功能是把“＞＞”左边的运算数的各二进制位全部右移若干位，由“＞＞”右边的数指定移动的位数。

例如：a＝0x0F，a＞＞2 表示把 00001111 右移为 00000011。

③求反运算符“～”为单目运算符，是对参与运算的数的各位按位求反。

例如：～9 的运算为～(00001001)，结果为 11110110。

④按位异或运算符“^”是双目运算符。其功能是把参与运算的两数各对应的二进制位相异或，当两对应的二进制位相异时，结果为 1。

⑤除法运算符“/”是二元运算符，具有左结合性。参与运算的量均为整型时，结果为整型，舍去小数。

例如：5/2＝2，1/2＝0。

⑥求余运算符“%”是二元运算符，具有左结合性。参与运算的量均为整型，求余运算的结果等于两个数相除后的余数。

例如：5%2＝1，1%2＝1。如果 a＜b 的话，这样的商为 0，余数就是 a。

3.9　C51 的流程控制语句

C 语言提供了丰富的程序控制语句，主要包括选择语句和循环语句等。

3.9.1　分支结构

1. 选择语句 if

选择语句又被称为分支语句，其关键字是 if。C 语言提供了两种形式的条件语句。

(1)if（条件表达式)语句

其语义是：如果表达式的值为真，则执行其后的语句，否则就跳过该语句。

(2)if－else 语句

```
if(条件表达式)
        语句 1;
else
        语句 2;
```

其语义是：如果表达式的值为真，则执行语句 1，否则执行语句 2。

2. switch/case 语句

语法如下：

```
switch（表达式）
{
  case 常量表达式 1:语句 1; break;
  ……
```

```
    case 常量表达式 n:语句 n; break;
default: 语句
}
```

运行中,以 switch 后面的表达式的值作为条件,与 case 后面的各个常量表达式的值相比较,如果相等则执行后面的语句,再执行 break(间断)语句,跳出 switch 语句;如果 case 没有和条件相等的值时就执行 default 后的语句。当要求没有符合的条件时不作任何处理,则可以不写 default 语句。

3.9.2 循环语句

1. while 语句

while 语句的一般形式为:

```
while(表达式) 语句;
```

其中:表达式是循环条件,语句为循环体。

while 语句的语义是:计算表达式的值,当值为真(非 0)时,执行循环体语句。

2. do—while 语句

do—while 语句的一般形式为:

```
do
   语句;
while(表达式);
```

这个循环与 while 循环的不同在于:它先执行循环中的语句,然后再判断表达式是否为真,如果为真则继续循环;如果为假,则终止循环。因此,do—while 循环至少要执行一次循环语句。

3. for 语句

for 语句的一般形式为:

```
for(表达式 1;表达式 2;表达式 3) 语句;
```

其中:表达式 1 是设定起始值,用来给循环控制变量赋初值;表达式 2 是条件判断式,如果条件为真时,则执行动作,否则终止循环;表达式 3 是步长表达式,执行动作完毕后,必须再回到这里做运算,然后再到表达式 2 作判断。

小提示——单片机对 C 语言的要求有多高?

单片机对 C 语言的知识点要求不高,只需要掌握下面几点:

1. 变量定义方面掌握 3 种类型的变量定义,即 unsigned char、unsigned int、bit,看懂 sfr16、sbit 定义的变量,理解全局变量与局部变量;

2. 掌握判断语句的使用(if—else);

3. 掌握循环语句的使用,包括 for 循环、while 循环;

4. 掌握函数的使用;

5. 掌握中断函数的使用。

C 语言的其他知识点使用的概率小,初学者可以暂时不掌握。

3.10 Keil uVision2集成开发编程环境使用

使用Keil C51开发系统时，需要下面几个过程：

①创建一个Keil C51项目，从器件库中选择目标器件，配置工具设置；

②用C语言或汇编语言编写、调试单片机程序；

③使用Keil C51环境编译单片机程序，修改程序中的错误，生成HEX文件；

④使用编程器，将HEX文件写入单片机的程序储存器。

3.10.1 建立Keil C51工程

运行Keil C51开发环境，出现如图3.3所示的编辑界面。接着按下述步骤建立一个工程。

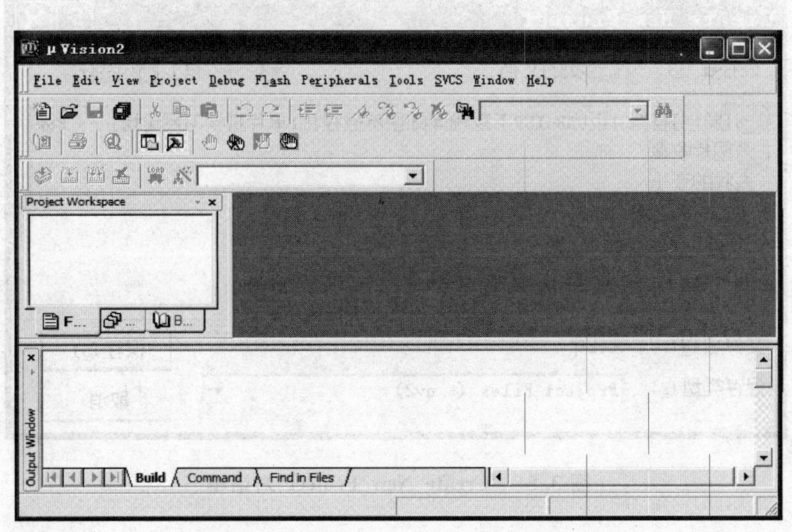

图3.3 Keil C51开发环境的编辑界面

1. 建立工程文件

通常单片机应用系统软件包括多个源程序文件，Keil C51使用工程的概念，将这些参数设置和所需的文件都加在一个工程中。

单击"Project"→"New Project"菜单，如图3.4所示，出现"Create New Project"对话窗口，如图3.5所示。选择工程要保存的路径，在"文件名"中输入工程名称，如"test"，单击"保存"按钮后的文件扩展名为".uv2"。

小提示

保存工程时，在计算机中的文件夹位置为默认情况下，工程编译生成的各种文件都在该文件夹内（特别是包括准备写入单片机的"XX.hex"文件）。

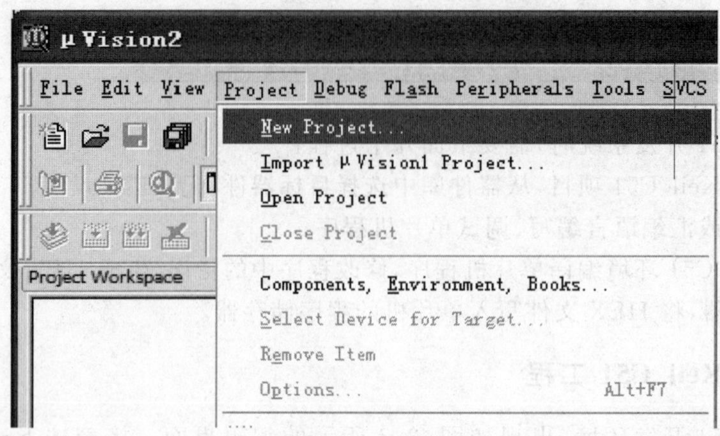

图 3.4 "New Project"菜单

图 3.5 "Create New Project"对话框

2. 选择单片机型号

此后会弹出一个对话框，要求用户选择单片机的型号，可以根据用户使用的单片机型号来选择。Keil C51 几乎支持所有的 51 内核的单片机，这里选择 ATMEL 公司的 AT89S51，如图 3.6 所示。

到此为止，还没有建立好一个完整的工程。虽然开发环境显示工程名了，但工程当中还没有任何文件及代码，接下来需要添加文件及代码。

3.10.2 在工程中创建新的程序文件或加入旧程序文件

1. 在工程中创建新的程序文件

如果没有已经编好的程序，就需要新建一个程序文件。单击图 3.7 中"1"位置处的"新建文件"的快捷按钮，在"2"位置处中出现一个新的文字编辑窗口，此时光标在编辑窗口中闪烁，便可以编辑输入应用程序了。上述过程也可以通过菜单"File"→"New"实现。编写程序后需要先存盘，然后再将该文件加入到工程中。

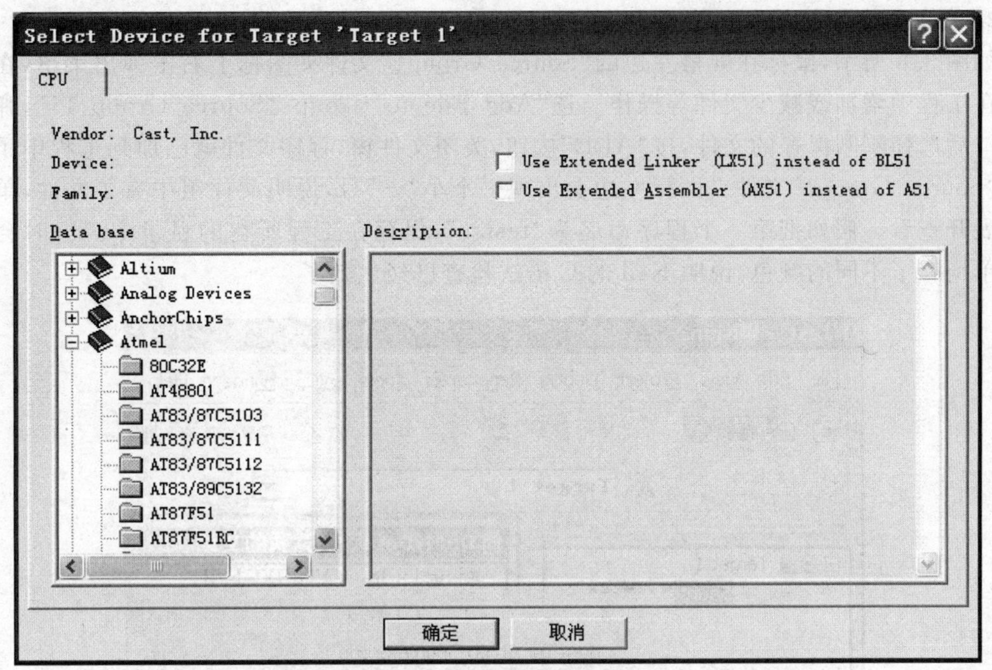

图 3.6　选择单片机型号

图 3.7　新建程序文件

小提示

文件存盘时，如果用 C 语言编写程序，扩展名必须为“. c”，即文件名后面一定加扩展名“. c”，如“test. c”。

如果用汇编语言编写程序，则扩展名必须为“. asm”。

保存时，文件名不一定要和工程名相同，保存的位置也不一定要和工程的位置相同，而是可以随意填写文件名和选择保存位置。

2. 在工程中加入程序文件

如图 3.8 所示，鼠标在屏幕左边的“Source Group1”文件夹图标上右击弹出菜单，在这里可以在工程中增加或减少文件等操作。选“Add File to Group ‘Source Group 1’”，弹出文件窗口后选择刚刚保存的文件，按“ADD”按钮，关闭文件窗，程序文件就已加到工程中了。这时在“Source Group1”文件夹图标左边会出现一个小“＋”号，说明文件组中有了文件，单击它可以展开查看。假如把第一个程序命名为“test. c”，保存在工程所在的目录中。这时会发现程序单词有了不同的颜色，说明 Keil 的 C 语法检查已经生效了。

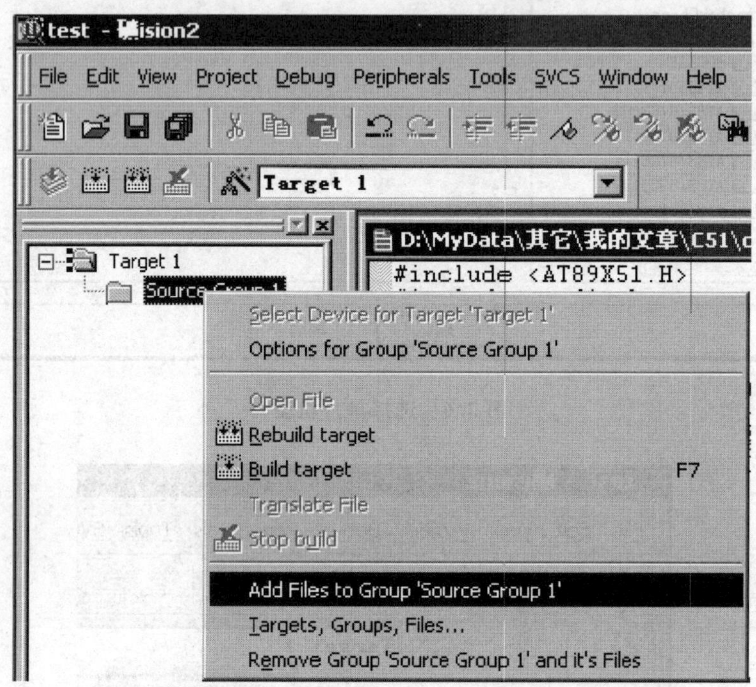

图 3.8 把文件加入到工程文件组中

3.10.3 编译运行

图 3.9 中的“1”、“2”、“3”都是编译按钮，其中“1”是用于编译单个文件；“2”是编译当前工程，如果先前编译过一次之后文件没有做过编辑改动，这时再单击是不会再次重新编译的；“3”是重新编译，每单击一次均会再次编译链接一次，不管程序是否有改动。在“3”右边的是停止编译按钮，只有单击了前三个中的任一个，停止按钮才会生效。

3.10.4 进入调试模式

编译成功后，可以进入调试模式，软件窗口样式如图 3.10 所示。图中“1”为运行，当程序处于停止状态时才有效；“2”为停止，程序处于运行状态时才有效；“3”是复位，模拟芯片的复位，程序回到最开头处执行；按“4”可以打开“5”中的串行调试窗口，这个窗口可以看到调试结果。

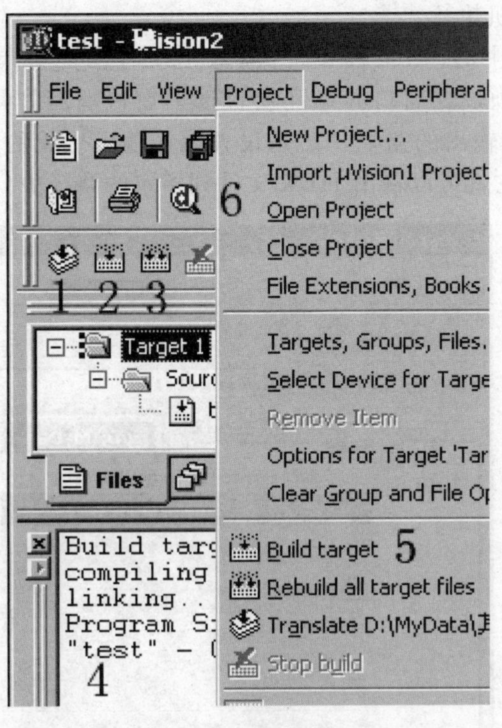

图 3.9　编译程序

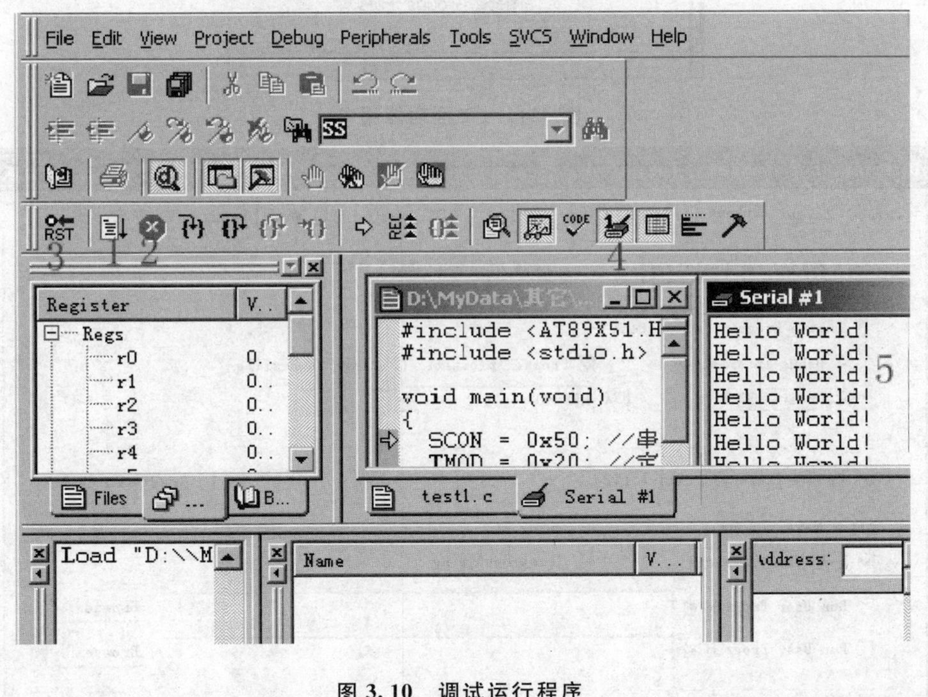

图 3.10　调试运行程序

3.10.5　设置 Keil C51 编译环境，生成 HEX 文件

HEX 文件格式是 INTEL 公司提出的按地址排列的数据信息，所有数据使用十六进制数

表示，该文件能够被单片机执行。

工程中右击图 3.11 中的“1”工程文件夹，弹出工程功能菜单，选“Options for Target ‘Target1’”，弹出工程选项设置窗口。打开项目选项窗口，转到“Output”选项页，如图 3.12 所示，图中“1”是选择编译输出的路径，“2”是设置编译输出生成的文件名，“3”则是决定是否要创建 HEX 文件，选中它就可以输出 HEX 文件到指定的路径中。

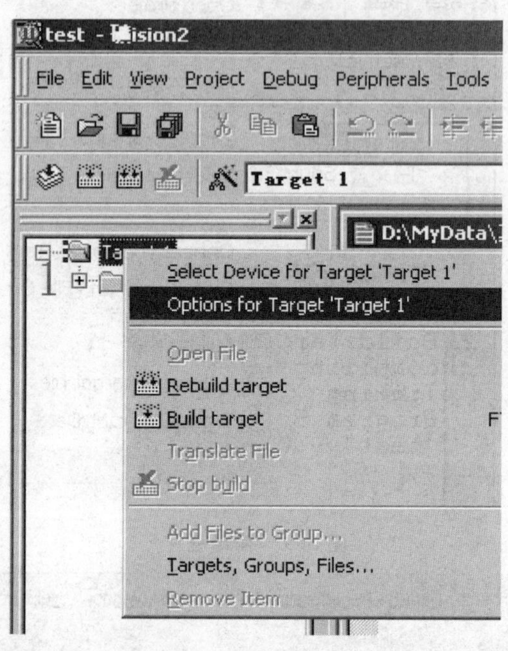

图 3.11　工程功能菜单

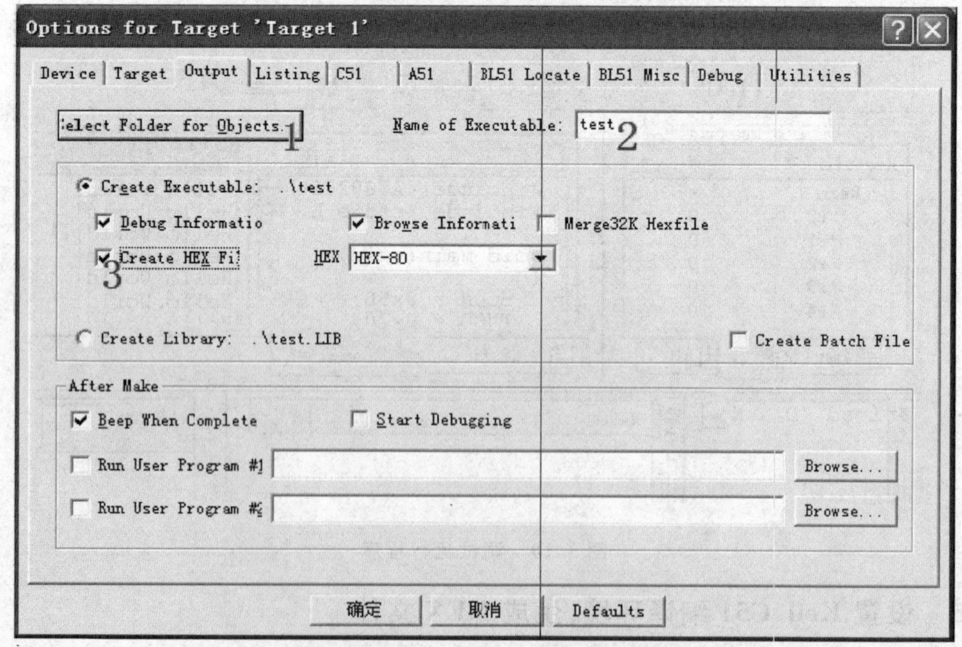

图 3.12　工程选项窗口

设置完毕后，重新编译文件，在编译信息窗口中会显示 HEX 文件被创建到指定的路径中了，如图 3.13 所示。

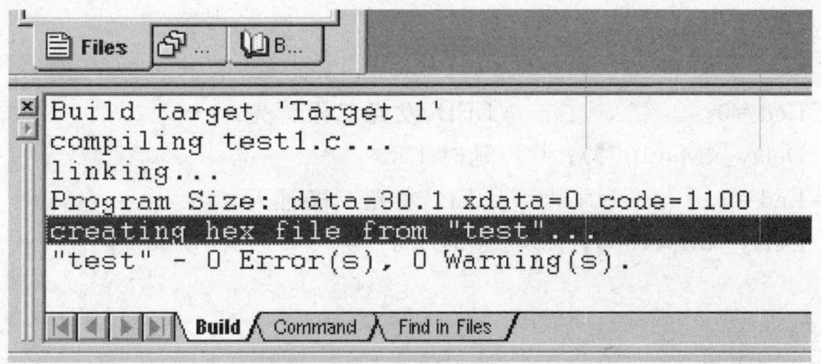

图 3.13 编译信息窗口

3.10.6 将程序写入单片机

使用编程器，配合编程器读写软件，将生成的 HEX 文件写入单片机。

3.11 Keil C51 编译器使用及程序下载(实训二)

1. 实训题目

控制发光二极管闪烁。

2. 实训目的

熟悉 Keil C51 编译器的使用方法。

3. 实训原理

Keil C51 编译器电路图如图 2.10 所示。将电源最小系统板、发光二极管板用杜邦线连接起来，发光二极管使用单片机的 P1.0 引脚来控制。当控制信号为低电平(逻辑 0)时发光二极管亮，控制信号为高电平(逻辑 1)时发光二极管熄灭。

程序代码如下：

```
#include<REGX51.H>
sbit Led=P1^0;          //对应 CPU 管脚 P1.0

/*1ms 延时子程序------*/
void Delay_xMs(unsigned int x)
{
    unsigned int i,j;
    for(i=0;i<x;i++)
    {
        for(j=0;j<110;j++);
    }
}
```

```
void main()/＊主程序,实现发光二极管闪烁,亮 1 s 灭 1 s＊/
{
    while(1)
    {
        Led=0;              //LED 发光二极管亮
        Delay_xMs(1000);    //延时 1 s
        Led=1;              //LED 发光二极管灭
        Delay_xMs(100);     //延时 1 s
    }
}
```

小知识——C 语言中注释的写法

在 C 语言中,注释有两种写法:

1.“//……”,两个斜杠后面跟着的为注释语句,这种写法只能注释一行,当换行时,又必须在新行上重新写两个斜杠;

2.“/＊……＊/”,斜杠与星号结合使用,这种写法可以注释任意行,即斜杠星号与星号斜杠之间的所有文字都作为注释。

所有注释都不参与程序编译,编译器在编译过程中会自动删去注释,注释的目的是为了读程序方便。因为有了注释,其代码的意义便一目了然了。

上面这段代码虽然非常简单、短小,但包含了单片机程序最基本的框架。

首先,为了使用编译器附带的 51 单片机各个引脚描述的宏定义来直接对单片机的各个模块进行操作,必须在 C 语言源文件的头部使用“＃include＜REGX51. h＞”头文件(包含与硬件相关的定义)。

其次,程序中必须含有一个 main()函数。主函数 main()就是程序的入口,一般函数返回值为 void 或 int 型。

最后,与在计算机上的其他语言有点不同的是,对于单片机程序来说其控制软件都必须是一个无限循环。具体地说,main()函数都不能够返回,如上面代码通过一个 while(1)使得这段程序不停地循环。这一点要注意,这是初学者经常犯的一个错误。

上面定义了一个延时函数 void Delay_xMs(unsigned int x),延时函数是由两层嵌套的 for 循环语句实现。

4. 实训步骤

实训具体步骤如下:

①启动 Keil C51 软件;

②新建一个工程文件“flash. uv2”,注意选择工程文件要存放的路径,然后单击“保存”按钮;

③在弹出的对话框中选择 CPU 厂商及型号,如 AT89S51;

④新建一个 C51 文件,单击左上角的“New File”,在编辑框里输入程序;

⑤完成上面代码的输入后,单击“Save”按钮,注意选择保存的路径,并输入保存的文件名

"flash. c",然后单击"保存"按钮;

⑥保存好后把此文件加入到工程中(用鼠标在"Source Group1"上单击右键,然后再单击"Add Files to Group'Source Group1'");

⑦选择要加入的文件,找到"flash. c"后,单击"Add"按钮,然后单击"Close"按钮;

⑧到此便完成了工程项目的建立以及文件加入工程,此时 Keil C51 会自动识别关键字,并以不同的颜色提示用户加以注意,这样会使用户少犯错误,有利于提高编程效率,若新建立的文件没有事先保存的话,Keil 是不会自动识别关键字的,也不会有不同颜色出现;

⑨开始编译工程,若在 output window 的 build 页看到 0 Error(s)表示编译通过,可以进行程序的仿真运行;

(当然,并不是每次都能很顺利地编译成功。编译不成功时,在编译环境下面会出现编译错误信息。将错误信息窗口右侧的滚动条拖至最上面,双击第一条错误信息,可以看到 Keil 软件自动将错误定位,并且在代码行前面出现一个蓝色的箭头,根据这个大概位置和错误提示信息再查找和修改错误。)

⑩进行程序仿真,单击"Start/Stop Debug Session",现在可以利用 F10 键进行单步调试,按 F5 键全速运行,或用其他一些调试指令进行调试,如全速执行,可以通过选择菜单"Paripherals"→I/O"－Ports"→"Port1"显示 P1 口的状态,并选中菜单"View"→"Periodic Window Update",使端口能跟随程序变化;

⑪将程序下载到单片机,观测运行结果。

小提示

上面是 Keil C51 开发环境的使用过程,在单片机 C 语言的开发环境使用。该过程是固定的,掌握即可,不必太深地研究,重点要放在以后章节的编程中。

习 题

1. C51 编程与 ANSI C 编程主要有什么区别?
2. 51 单片机能直接进行处理的 C51 数据类型有哪些?
3. 简述 C51 存储类型与 51 单片机存储空间的对应关系。
4. C51 中 51 单片机的特殊功能寄存器如何定义?试举例说明。
5. C51 中 51 单片机的并行口如何定义?试举例说明。
6. C51 中 51 单片机的位单元变量如何定义?试举例说明。
7. C51 中指针的定义与 ANSI C 有何异同?

第4章 单片机的I/O口编程

本章要点

进一步熟悉单片机的I/O口。

掌握单片机I/O口的编程。

4.1 单片机的I/O口编程语句介绍

单片机程序的大部分语句是对I/O端口进行编程。51系列单片机共有4个8位并行I/O口，分别是P0、P1、P2、P3。一条编程语句既可以操作单个引脚，也可以按字节来操作8个引脚。

数字电路中只有两种电平特性，即高电平和低电平，因此单片机的引脚只有0、1两种逻辑状态。逻辑0的电压值是0 V，逻辑1的电压值是5 V。

小知识——单片机的上拉电阻

上拉电阻是单片机的I/O引脚有一电阻连接到V_{CC}。

P1～P3口内部有上拉电阻，所以如果单片机引脚没有接任何器件(悬空)，此时读取出的逻辑状态是1。

P0口内部没有上拉电阻，是开漏输出，不管它的驱动能力多大，相当于是没有电源的，需要外部的电路提供。绝大多数情况下，P0口是必须外加上拉电阻的。

读取单片机引脚状态时，引脚的电平低于0.7 V就是逻辑0，高于1.8 V就是逻辑1，处于这两个电平之间的逻辑状态不能确定。

单片机I/O口高电平输出电流等于上拉电阻的电流，这个电流比较小，低电平输出是内部晶体管吸收的电流，最大可以达到10 mA。

因为P1～P3口内部有上拉电阻，所以引脚在没有外围电路时读，单片机读端口的值是逻辑1。C51读写单片机的I/O端口操作见表4.1。

表4.1 C51读写单片机的I/O端口

操作	例子	描　述
读I/O端口	temp=P1;	读P1口接收到的逻辑信息，并送到变量temp中
写I/O端口	P1=0xAA;	将0xAA送到P1口，此时P1口的对应引脚显示该逻辑信息
读I/O口	b=P1_3;	读引脚P1_3的逻辑状态，并送到位变量b中
写I/O口	P1_0=0;	将P1口的第0个引脚设置为低电平输出

小经验——单片机的逻辑 0、1 电平

单片机的引脚输出只有 0、1 两种逻辑状态。逻辑 0 的电压值是 0 V，逻辑 1 的电压值是 5 V。

P1～P3 口电平的高低是由单片机程序控制的，可以不去追究为什么这样控制。例如当编程写入 P1＝0xFF，那 P1 口就全部是高电平；当写入 P1＝0x00，那 P1 口就全部是低电平。

有了逻辑 0、1 电平，工程中可以将该信号直接与其他芯片连接，也可以通过驱动器件进行信号变换进而控制其他设备，如通过三极管放大电流驱动继电器、通过固态继电器驱动电机。

4.2　简单控制单片机引脚输出（实训三）

1. 实训题目

编写简单发光二极管跑马灯程序。

2. 实训内容

本实训主要练习写单片机的 I/O 口编程。通过练习，理解如何编程发出逻辑信息，并控制外围电路。硬件电路如图 2.10 所示。

(1)程序 1

将 8 个发光二极管 L1～L8 分别接在单片机的 P1.0～P1.7 接口上，编辑程序如下：

```
#include<REGX51.H>   //51 单片机头文件
void main( )
{
  while(1)
  {
    P1=0xAA;
  }
}
```

编译后，将生成的“XX.HEX”文件写入单片机，可以看到 8 个发光二极管的 1、3、5、7 亮，2、4、6、8 灭。实验说明可以通过编程来控制单片机引脚输出的 0、1 逻辑状态，即控制单片机的引脚输出 0 V 或 5 V 电压。如果编程使某单片机引脚输出逻辑 0（相当于人工将该发光二极管的阴极接地，只不过电流的最大值是 20 mA），那么对应的发光二极管就会发光。当单片机引脚是高电平时，发光二极管两端的电势差为 0，二极管不亮。

电路中，发光二极管的阳极通过限流电阻接 5 V 电压。发光二极管的电流应控制在 3～20 mA，电流过大会烧坏发光二极管，所以要加限流电阻。电路中在发光二极管的阴极一端接单片机，另一端阳极由阻值为 470 Ω 的限流电阻上拉至电源 V_{CC}。

“P1＝0xAA；”是端口的输出语句，对单片机 P1 口的 8 个 I/O 口同时进行操作，结果是端口 P1 的 8 个引脚输出“0xAA”逻辑状态。

“P1”与“0xAA”的对应关系是数据的高位对应单片机端口的高位。0xAA 是以十六进制形式表示的，对应的二进制是 10101010，分别对应单片机引脚的 P1.7、P1.6、……、P1.1、P1.0。

使用“P1＝0xAA;”语句时，没有必要定义 P1，因为在“＃include＜REGX51.H＞”中已经定义过，这就是使用 Keil C51 的方便之处。

小经验——为什么单片机程序喜欢使用十六进制表示的数据？

“0xAA”是十六进制数。不管是几进制表示的数，在单片机内部都是以二进制数形式保存的。只要是同一个数值的数，在单片机的内存中表示的内容是一样的。使用十六进制的表示方法比较直观，可以与单片机的引脚对应，可以与特殊功能寄存器中的位进行对应。当然，循环变量使用十进制比较直观。

“while()”语句是循环语句。该语句执行时先判断括号内的条件，如果条件不是 0(即为真)，条件满足就执行 while 的内部语句，否则跳出循环语句。注意：在 C 语言中一般把“0”认为是“假”，“非 0”认为是“真”。

使用“while(1)”语句可以使单片机程序一直循环执行“P1＝0xAA;”语句。

(2)程序 2

利用 for 语句编辑一个延时函数，并使用该延时函数让第一个发光二极管亮灭闪动，编辑程序如下：

```
#include<REGX51.H>              //51 单片机头文件
#define uint unsigned int
sbit led1=P1^0;
void Delay_xMs(uint x)          //延时函数
{
    uint i,j;
    for(i=0;i<x;i++)
    {
        for(j=0;j<110;j++);
    }
}
void main()                     //主函数
{
  while(1)
  {
    Led1=0;                     //点亮第 1 个发光二极管
    Delay_xMs(1000);            //延时，此时二极管继续亮
    Led1=1;                     //关闭第 1 个发光二极管
    Delay_xMs(1000);            //所有发光二极管都不亮
  }
}
```

上面代码,关键部分多了#define语句、sbit语句和延时函数。

小知识——#define宏定义

格式:#define 新名称 原内容

注意:宏定义后面没有分号,#define命令用它后面的第1个字母组合代替该字母组合后面的所有内容,也就相当于给"原内容"重新起了一个比较简单的"新名称",以便于以后在程序中直接写简短的新名称,而不必每次都写烦琐的原内容。

"void Delay_xMs(uint x)"是延时函数。函数中第1个for后面没有分号,那么编译器默认第2个for语句就是第1个for语句的内部语句,而第2个for语句内部语句为空。程序在执行时,每条语句都占用CPU一段时间,通过这种嵌套可以写出比较长时间的延时语句。

上面程序中,使用宏定义将unsigned int用uint代替。从程序中可以看到,当需要定义unsigned int型变量时,并没有写"unsigned int i,j;",而是用"uint i,j;"代替,在一个程序代码中,只要宏定义过一次,那么在整个代码中都可以直接使用它的"新名称"。注意:对同一个内容,宏定义只能定义一次,若定义两次,将会出现重复定义的错误提示。

使用sbit关键字定义了P1.0位,定义后的名字为"led1",这个名字是根据单片机电路的实际功能自己命名的,可以在程序中方便地使用。避免了使用"P1_0"而不知道其含义。

(3)程序3

使8个发光二极管闪烁起来,点亮顺序为P1.0→P1.1→P1.2→P1.3→…→P1.7,并重复循环。编程使单片机引脚输出逻辑电平0、1。具体代码如下:

```
#include<REGX51.H>
#define uint unsigned int

void Delay_xMs(uint x)          //延时函数
{
    uint i,j;
    for(i=0;i<x;i++)
    {
        for(j=0;j<110;j++);
    }
}

void main()                     //主程序实现跑马灯效果
{
    while(1)
    {
    P1=0xFF;
    P1_0=0;                     //发光二极管LED0亮
```

```
    Delay_xMs(100);

    P1=0xFF;
    P1_1=0;                    //发光二极管 LED1 亮
    Delay_xMs(100);

    P1=0xFF;
    P1_2=0;                    //发光二极管 LED2 亮
    Delay_xMs(100);

    P1=0xFF;
    P1_3=0;                    //发光二极管 LED3 亮
    Delay_xMs(100);

    P1=0xFF;
    P1_4=0;                    //发光二极管 LED4 亮
    Delay_xMs(100);

    P1=0xFF;
    P1_5=0;                    //发光二极管 LED5 亮
    Delay_xMs(100);

    P1=0xFF;
    P1_6=0;                    //发光二极管 LED6 亮
    Delay_xMs(100);

    P1=0xFF;
    P1_7=0;                    //发光二极管 LED7 亮
    Delay_xMs(100);

    }
}
```


可以看出，程序中与硬件有关的语句有两类：

```
P1=0xFF;
P1_? =0;
```

这就是该程序中最核心的语句。“P1_? =0;”是控制一个引脚输出，例“P1_7=0;”语句的结果是 P1.7 的引脚输出逻辑 0。

实际编写单片机程序时，没有必要理解单片机内部是如何输出逻辑 0、1(即内部硬件)的，只需要理解什么时候应该输出逻辑 0、1(编程软件)。

实际工程中，需要分析工程的要求，然后根据工程要求分配单片机引脚。

下面的代码可以实现同样的效果。

```
#include<REGX51.H>
#define uint unsigned int

void Delay_xMs(uint x)        //延时函数
{
    ......
}

void main()                   //主程序实现跑马灯效果
{
    while(1)
    {

    P1=0xFE;                  //发光二极管 LED0 亮
    Delay_xMs(100);

    P1=0xFD;                  //发光二极管 LED1 亮
    Delay_xMs(100);

    P1=0xFB;                  //发光二极管 LED2 亮
    Delay_xMs(100);

    P1=0xF7;                  //发光二极管 LED3 亮
    Delay_xMs(100);

    P1=0xEF;                  //发光二极管 LED4 亮
    Delay_xMs(100);

    P1=0xDF;                  //发光二极管 LED5 亮
    Delay_xMs(100);

    P1=0xBF;                  //发光二极管 LED6 亮
    Delay_xMs(100);

    P1=0x7F;                  //发光二极管 LED7 亮
    Delay_xMs(100);

    }
}
```

改一下

你能够将程序的点亮顺序改为 P1.7→P1.6→…→P1.0 吗？

4.3 使用C语言高级语句控制引脚输出(实训四)

1. 实训题目

编写发光二极管跑马灯程序。

2. 实训内容

本实训主要练习写单片机的I/O口编程，将C语言的判断、循环语句与引脚输出结合起来。下面程序可以同样实现跑马灯效果：

```
#include<REGX51.H>

void Delay_xMs(unsigned int x)  //延时函数
{
    unsigned int i,j;
    for(i=0;i<x;i++)
    {
        for(j=0;j<110;j++);
    }
}


void main()  /*主程序，实现发光二极管闪烁，亮1 s灭1 s*/
{
   unsigned char i,a;
   while(1)
   {
      a=0x01;
      for(i=0;i<8;i++)
      {
          Delay_xMs(1000);     //延时1 s
          P1=~(a<<i);          //发光二极管亮
      }
   }
}
```

程序中关键语句是“P1=～(a<<i);”，语句中变量a的初始值是0x01，其二进制值是

00000001，经过“a<<i”运算后向左移 i 位，例如 i 值是 3 时，运算后结果是“00001000”；“～”是取反运算符，“00001000”取反后结果是“11110111”，这样在实验板上第 4 个灯亮。

程序中使用了循环语句，循环执行 8 次，每次输出就点亮一个发光二极管。循环语句代替了原来的单独输出，程序易读、简短。

小提示

本实训题目主要理解单片机引脚的输入、输出功能。单片机的引脚只有 0、1 两种逻辑状态。逻辑 0 的电压值是 0 V，逻辑 1 的电压值是 5 V。

P1～P3 口电平的高低是由单片机程序控制的，不必去追究为什么这样控制。例如当编程写入 P1＝0xFF，那 P1 口就全部是高电平；当写入 P1＝0x00，那 P1 口就全部是低电平。

4.4　单片机引脚信号的读出（实训五）

1. 实训题目

独立式按键键盘接口设计。

2. 实训目的

将程序改为蛇形跑马灯花样

所谓蛇形花样，就是指跑马灯显示花样像一条蛇，即 4 个灯不停地向一个方向进行游走。

本实训通过读出按键信息，练习 C51 程序如何读单片机的 I/O 口，理解如何从外围电路接收逻辑信息。

3. 键盘介绍

在单片机应用系统中，为了向控制系统输入控制命令，经常使用按键。键盘实际上就是一组按键，在单片机外围电路中，通常用到的按键都是机械弹性开关，当开关闭合时，线路导通，开关断开时，线路断开。根据按键的排列方式不同，可分为独立式按键键盘和矩阵式按键键盘两种。

(1)独立式按键键盘

独立式按键是直接用 I/O 口的一根线与一个按键相连，每个 I/O 口的按键状态不影响其他 I/O 口按键的状态。图 4.1 所示为具有 4 个独立按键的键盘系统。当某个键按下时，对引脚读出的逻辑值为 0，未按下键时读出的逻辑值为 1。C51 使用“key＝P1；”或“key＝P1_1；”语句即可读出 P1 口的逻辑值，并根据该值可知按键的状态。

下面是 4 个按键控制一个发光二极管的程序。

```
#include<AT89X51.H>
unsigned char count=0;              //定义发光二极管闪烁时间
sbit LED=P1^0;                      //定义发光二极管的名字
```

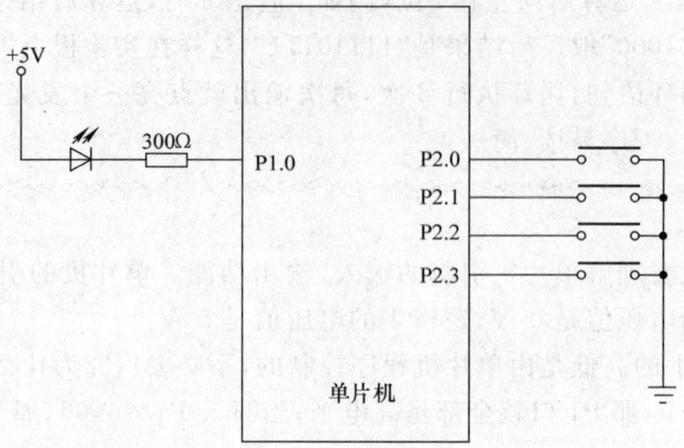

图 4.1　独立式按键键盘

```
void Delay_xMs(unsigned int x)             //延时函数
{
    unsigned int i,j;
    for(i=0;i<x;i++)
    {
        for(j=0;j<110;j++);
    }
}

void key()                                 //检测按键状态函数
{ //按键状态的不同,返回的 count 值也不同
    if((P2&0x0F)==0x0F)count=0;  //没有按键按下
    if(P2_0==0)count=1;          //P2_0 按键被按下
    if(P2_1==0)count=2;          //P2_1 按键被按下
    if(P2_2==0)count=3;          //P2_2 按键被按下
    if(P2_3==0)count=4;          //P2_3 按键被按下
}

void main(void)
{
   while(1)
   {
     key();
     if(count! =0)                         //当有按键按下时
   {//发光二极管闪烁,闪烁时间由 count 决定
       LED=1;                              //发光二极管灭
```

```
        Delay_xMs(count * 1000);        //保持发光二极管灭状态
        LED=0;                          //发光二极管亮
        Delay_xMs(count * 1000);        //保持发光二极管亮状态
      }
    }
  }
```

由实验结果可以看出，有按键按下时发光二极管就会发光，但按键不一样，发光的时间不同。实验说明，单片机可以读取按键引脚的逻辑状态。

读取按键的原理图如图 4.2 所示。在单片机 P2 端口的每个引脚已经有上拉电阻，当按键没有按下时，由于有上拉电阻单片机引脚读出的逻辑值是 1；当按键被按下时，单片机引脚电平通过按键接 GND 电平，此时读出的逻辑值是 0。

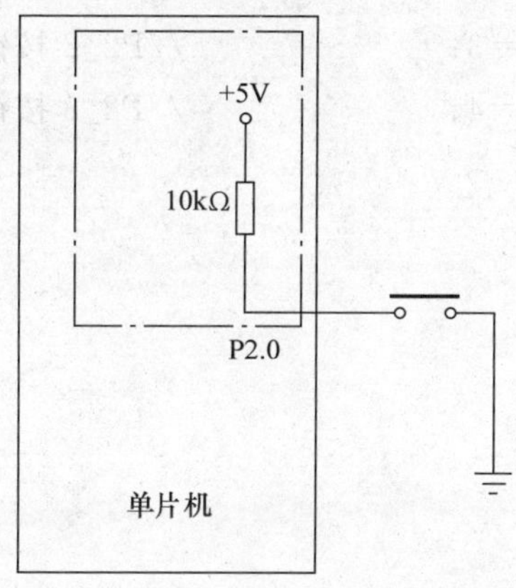

图 4.2　读取按键原理图

小知识——单片机的按键是否需要外接上拉电阻

许多教材的按键电路图是在按键的引脚上加一个上拉电阻，这样的电路是没错的。但实际工程中没有必要这样做，因为单片机在 P1、P2、P3 端口的内部已经有上拉电阻。

P0 口没有内部的上拉电阻，因此一般设计电路板时加上排阻作为上拉电阻。

实际工程中，经常将读取按键状态的过程编辑成函数。下面是按键有返回值的代码。

```
#include<AT89X51.H>
unsigned char count=0;                  //定义发光二极管闪烁时间
sbit LED=P1^0;                          //定义发光二极管的名字

void Delay_xMs(unsigned int x)          // 延时函数
{
    unsigned int i,j;
    for(i=0;i<x;i++)
    {
```

```
        for(j=0;j<110;j++);
    }
}

unsigned char mm key()                  //检测按键状态函数
{
  unsigned char count;                  //定义按键返回值
//按键状态的不同,返回的 count 值也不同
  if((P2&0x0F)==0x0F)count=0;           //没有按键按下
  if(P2_0==0)count=1;                   //P2_0 按键被按下
  if(P2_1==0)count=2;                   //P2_1 按键被按下
  if(P2_2==0)count=3;                   //P2_2 按键被按下
  if(P2_3==0)count=4;                   //P2_3 按键被按下
  return count;
}

void main(void)
{  unsigned char mm;
   while(1)
   {
    mm=key();                           //读取按键的值
    if(mm!=0)                           //当有按键按下时
    {                                   //发光二极管闪烁,闪烁时间由 mm 决定
      LED=1;                            //发光二极管灭
      Delay_xMs(mm*1000);               //保持发光二极管灭状态
      LED=0;                            //发光二极管亮
      Delay_xMs(mm*1000);               //保持发光二极管亮状态
    }
   }
}
```

(2)按键的抖动问题

实际编程时需要注意按键的抖动问题。通常所用的按键为轻触机械开关,正常情况下按键的接点是断开的,当按压按键时,由于机械触点的弹性作用,一个按键开关在闭合时不会马上稳定地接通,在断开时也不会一下子断开,时序如图 4.3 所示,抖动时间的长短由按键的机械特性及操作人员按键动作决定,一般为 5～20 ms;按键稳定闭合时间的长短由操作人员的按键按压时间长短决定,一般为零点几秒至数秒不等。

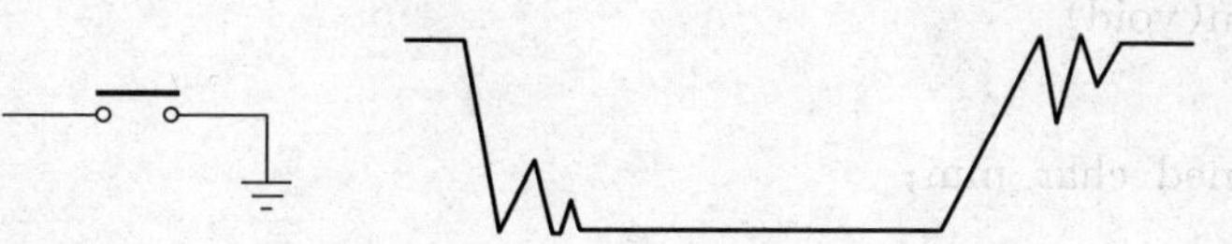

图 4.3　按键开关的时序

解决按键抖动问题的程序如下。

```
#include <AT89X51.H>
unsigned char count=0;                //定义发光二极管闪烁时间
sbit LED=P1^0;                        //定义发光二极管的名字

void Delay_xMs(unsigned int x)        // 延时函数
{
    unsigned int i,j;
    for(i=0;i<x;i++)
    {
        for(j=0;j<110;j++);
    }
}

unsigned char mm key()                //检测按键状态函数
{
   unsigned char count;               //定义按键返回值
//按键状态的不同,返回的 count 值也不同
   if((P2&0x0F)! =0x0F)               //表示有按键按下
    {
      Delay_xMs(5);                   //延时一段时间,去抖动
      if(P2_0==0)count=1;             //P2_0 按键被按下
      if(P2_1==0)count=2;             //P2_1 按键被按下
      if(P2_2==0)count=3;             //P2_2 按键被按下
      if(P2_3==0)count=4;             //P2_3 按键被按下
    }
    else
    count=0;                          //没有按键按下返回值
    return count;
}
```

```
void main(void)
{
    unsigned char mm;
    while(1)
    {
     mm=key();                          //读取按键的值
      if(mm!= 0)                        //当有按键按下时
      { //发光二极管闪烁,闪烁时间由 mm 决定
         LED=1;                         //发光二极管灭
         Delay_xMs(mm*1000);            //保持发光二极管灭状态
         LED=0;                         //发光二极管亮
         Delay_xMs(mm*1000);            //保持发光二极管亮状态
      }
    }
}
```

程序中多了一条语句“Delay_xMs(5);”,功能是检测出有按键按下时,延时一段时间,达到按键去抖动效果。

(3)矩阵式按键键盘

当键盘中按键数量较多时,为了减少 I/O 口的占用,通常将按键排列成矩阵形式。矩阵式按键键盘是指按键排成行和列,按键在行列交叉处,两端分别与行线和列线相连,这样 i 行 j 列可连接 $i\times j$ 个按键,但只需要 $i+j$ 条接口线。图 4.4 所示为 4 行 4 列的矩阵式按键键盘。

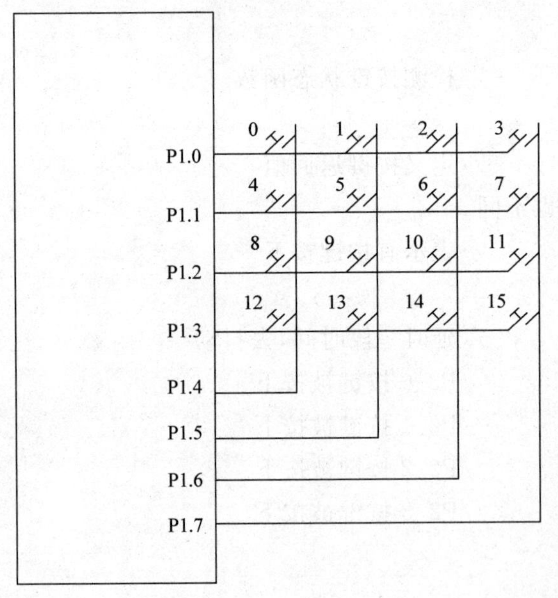

图 4.4 矩阵式按键键盘

矩阵式结构的键盘要复杂一些。列线需通过电阻接正电源,并将行线所接的单片机的I/O口作为输出端,而列线所接的 I/O 口则作为输入端(相当于编程控制的接地端)。这样,当按键没有按下时,所有的输出端都是高电平,代表无键按下;行线输出是低电平,一旦有键按下,则输入线就会被拉低,这样通过读入输入线的状态就可得知是否有键按下。

本实训 P1 口用作键盘的 I/O 口,键盘的列线接到 P1 口的低 4 位,键盘的行线接到 P1 口的高 4 位。列线 P1.0～P1.3 分别接有 4 个上拉电阻到正电源+5 V,并把列线 P1.0～P1.3 设置为输入线,行线 P1.4～P1.7 设置为输出线。4 根行线和 4 根列线形成 16 个相交点,接 16 个按键。

图 4.5 所示是读取阵列按键状态程序的流程图。

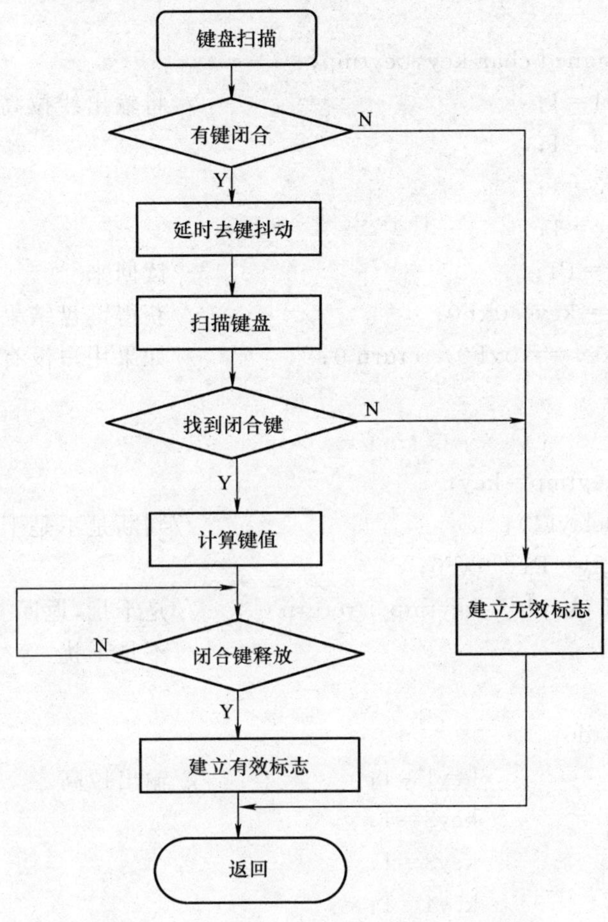

图 4.5　读取阵列按键状态程序的流程图

程序代码如下：

```
#include<REGX51.H>
#define key1   P1_4                          //键盘定义
#define key2   P1_5
#define key3   P1_6
#define key4   P1_7
void Delay_xMs(unsigned int x)               // 延时函数
{
    unsigned int i,j;
    for(i=0;i<x;i++)
    {
        for(j=0;j<110;j++);
    }
}
```

```
unsigned char keyb()
{
    unsigned char key,keytmp;
    key1=1;                              //将输出线拉高
    key2=1;
    key3=1;
    key4=1;
    key=P1;                              //读回来
    key=key&0xF0;                        //获得键盘结果
    if(key==0xF0) return 0;              //如果用户没有按键返回 0
    else
    {
      keytmp=key;
      delay(1);                          //判断是不是干扰
      key=P1&0xF0;
      if (key! =keytmp ) return 0;       //是干扰,返回 0
      else                               //不是干扰,等待用户释放按键
      {
        do{
                key1=1;                  //输出拉高
                key2=1;
                key3=1;
                key4=1;
                key=P1 & 0xF0;           //读回来
          }
        while(key! =0xF0);               //等待用户释放
        switch(keytmp)
        {
            case 0x70: return 1;         //返回用户按键结果
            case 0xB0: return 2;
            case 0xB0: return 3;
            case 0xB0: return 4;
        }
      }
    }
}
void main()
{
```

```
    unsigned char keym=0;                    //键盘返回结果的缓冲区
    while(1)                                 //设置一个无限制循环
    {
        keym=keyb();                         //得到按键结果
        ……                                   //根据按键,处理其他事务
    }
}
```

4.5　LED 数码管显示技术(实训六)

本实训主要通过单片机实现动态数码显示的编程,理解如何将 C 语言与单片机外围器件的编程联系起来。

在单片机系统中,通常用 LED 数码管来显示各种数字或符号。由于它具有显示清晰、亮度高、使用电压低、寿命长的特点,使用非常广泛。

图 4.6 所示是几种数码管的图片,有单位数码管、双位数码管、四位数码管,另外还有右下角不带点的数码管,还有"米"字数码管等。

图 4.6　几种数码管实物图

不管将几位数码管连在一起,其显示原理都是一样的,都是通过点亮内部的发光二极管来发光。数码管的结构如图 4.7 所示,由 7 个条形发光二极管和 1 个小圆点发光二极管组成。

根据接线形式,发光二极管可分成共阴极型和共阳极型。共阴极数码管是指将所有发光二极管的阴极接到一起。共阴极数码管在应用时应将公共极 COM 接到地线 GND 上,当某一字段发光二极管的阳极为高电平时,相应字段就点亮。共阳极数码管是指将所有发光二极管的阳极接到一起。共阳极数码管在应用时应将公共极 COM 接到+5 V 电源上,当某一字段发光二极管的阴极为低电平时,相应字段就点亮。

图 4.8 所示为数码管静态显示的接口电路,共阳极数码管的段码由 P1 口来控制,COM 端接+5 V 电源。将单片机 P1 口的 P1.0～P1.7 引脚依次与数码管的 a、b、…、f、dp 段控制引脚相连接。要显示数字"0",则数码管的 a、b、c、d、e、f 段应点亮,其他段灭,需向 P1 口传送数据 11000000B(即 C0H),该数据就是与数字"0"相对应的共阳极字型编码。

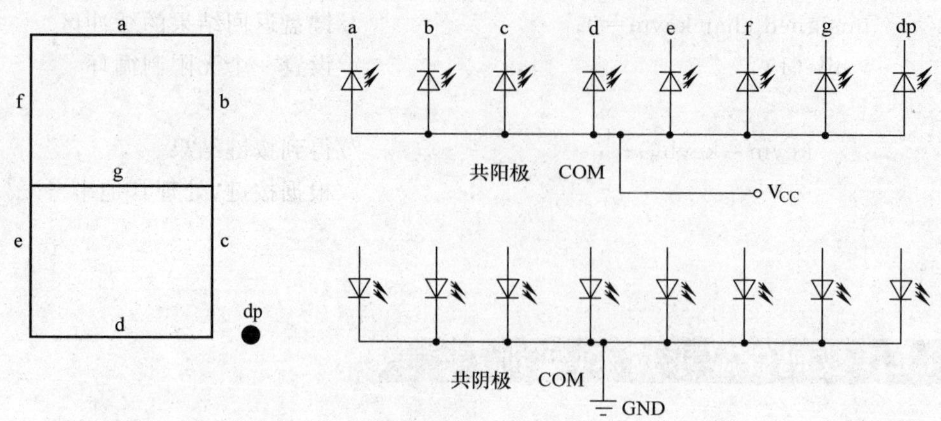

图 4.7 数码管的内部结构

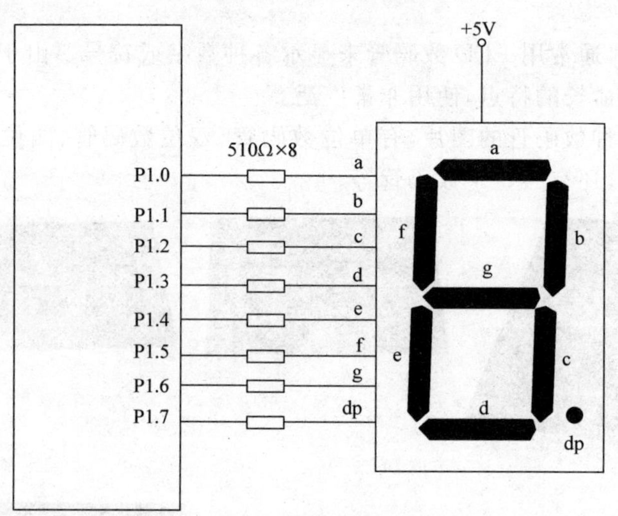

图 4.8 两位数码管静态显示接口电路

若共阴极数码管的 COM 端接地，要显示数字"1"，则数码管的 b、c 段点亮，其他段灭，需向 P1 口传送数据 00000110(即 06H)，这就是数字"1"的共阴极字型编码。表 4.2 是共阴极数码管的字型编码，该编码只对图 4.8 的连接电路适用，如果数码管的引脚与单片机的引脚连接顺序有改变，那么字型编码需要改变。

表 4.2 共阴极数码管的字型编码

"0"	3FH	"8"	7FH
"1"	06H	"9"	6FH
"2"	5BH	"A"	77H
"3"	4FH	"B"	7CH
"4"	66H	"C"	39H
"5"	6DH	"D"	5EH
"6"	7DH	"E"	79H
"7"	07H	"F"	71H

1. LED 数码管的静态显示

静态显示是指当数码管显示某一字符时，相应的发光二极管恒定导通或恒定截止。如图 4.8 所示，各位数码管的公共端恒定接地（共阴极数码管）或＋5 V 电源（共阳极数码管）。每个数码管的 8 个段控制引脚分别与 1 个 8 位 I/O 端口相连。只要 I/O 端口有显示字型编码输出，数码管就显示对应字符，并保持不变。P1 端口输出不同的编码，数码管就能显示不同的字符。

程序 1：下面语句可以实现数码管静态显示。

```
#include<REGX51.H>                    //51单片机头文件
#define uint unsigned int
#define uchar unsigned char
//显示编码
uchar code table [ ]={0x3F,0x06,0x5B,0x4F,0x66,0x6D};
void Delay_xMs(uint x)                //延时函数
{
  ……
}

void main( )
{
    uchar num;
    while(1)
    {
        for(num=0;num<6;num++)
        {
            P1=table [num];           //显示0~5
            Delay_xMs(1000);          //延时
        }
    }
}
```

可以看出，数码显示与前面的发光二极管的实验程序类似，不过此处显示时 P1 口需要送出特定的编码。为了使数码管的 8 个发光二极管能够显示出相应的字符，需要编程控制 8 个发光二极管的亮灭状态，即需要送出 table [ ]数组定义的编码。

注意：table [ ]数组定义的编码与实际电路有关，即数码管的引脚与单片机引脚的连接顺序不一样，编码就不一样。

小知识——code 关键词的具体应用

程序中"uchar code table[]={……}"语句是数码管编码的定义。

编码定义方法与 C 语言中的数组定义方法非常相似，不同的地方是在数组类型后面多了一个 code 关键字，code 表示编码的意思。

单片机 C 语言中定义数组时是要占用内存空间的，而使用 code 关键字定义编码时是数据被直接分配到程序空间中，编译后编码占用的是程序存储空间，而非内存空间。但是 code 关键字定义的变量只能读，不能修改。

AT89S51 单片机只有 128 个内存字节供用户进行变量定义使用，因此单片机的内存空间是宝贵的。超过 128 个变量编译程序会报错。但 AT89S51 有 4 096 个字节的程序存储空间供用户使用，相对内存空间来说程序存储空间要大得多。因此对于液晶显示器的汉字点阵的定义、数码管显示编码的定义、查表计算内容的定义，一般使用 code 关键字，因为定义后无须改变其内容。

2. LED 数码管的动态显示

图 4.9 所示为用动态显示方式点亮 6 个共阳极数码管的电路。图中将各个共阳极数码管对应的段选控制端并联在一起，仅用一个 P1 口控制。为了增加驱动能力，用八同相三态缓冲器/线驱动器 74LS245 驱动。各数码管的公共端，也称"位选端"，由 P2 口控制，用六反相驱动器 74LS04 驱动。

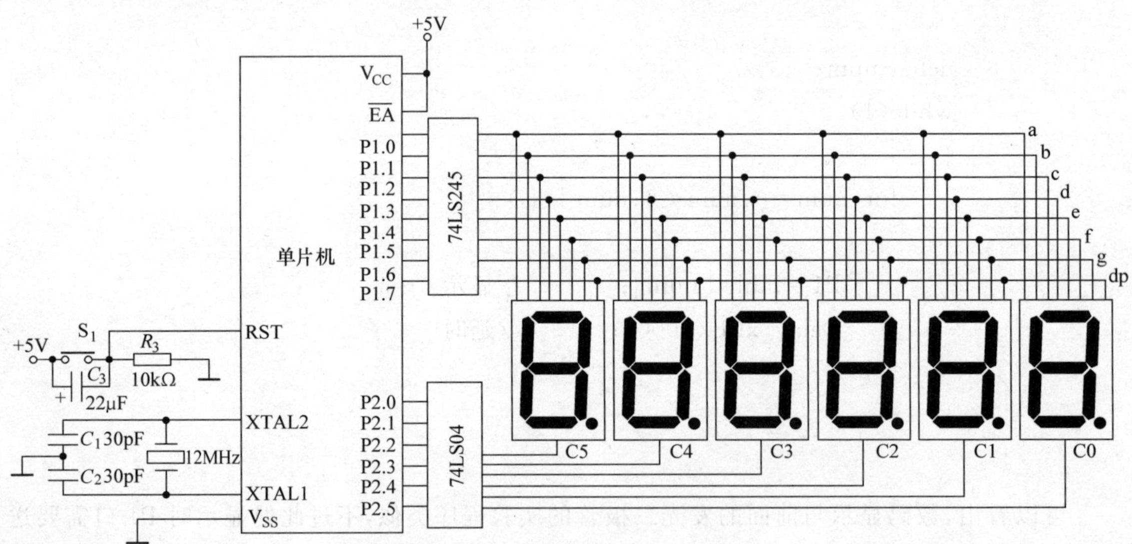

图 4.9　数码管动态显示电路图

动态显示是一种按位轮流点亮各位数码管的显示方式，即需要一个接口完成字型编码的输出（字型选择），另一接口完成各数码管的轮流点亮（数位选择）。

在某一时段，只让其中一位数码管的"位选端"有效，并送出相应的字型显示编码，此时其他位的数码管因"位选端"无效而都处于熄灭状态。下一时段按顺序选通另外一位数码管，并送出相应的字型显示编码。按此规律循环下去，即可使各数码管分别间断地显示出相应的字符。当循环显示频率较高时，利用人眼的暂留特性，看不出闪烁显示现象。6位数码管显示“012345”的程序如程序2、程序3所示。

数码管动态扫描的含义

所谓数码管动态扫描显示，是指轮流向各数码管送出字型码和相应的位选，利用发光二极管的余晖和人眼视觉暂留作用，使人的感觉好像各数码管同时都在显示，而实际上多位数码管是一位一位轮流显示的，只是轮流的速度非常快，人眼已经无法分辨出来。

程序2：

```
#include <REGX51.H>
#define uint unsigned int
#define uchar unsigned char

uchar code table [ ]={0x06,0x5B,0x4F,0x66,0x6D, 0x7D};
//显示字型码

void Delay_xMs(unsigned int x)          // 延时函数
{
    uint i,j;
    for(i=0;i<x;i++)
    {
        for(j=0;j<110;j++);
    }
}

void main(void)
{
    uchar i,temp;
    while(1)
    {
      temp=0xFE;                        //位选端控制
      for(i=0;i<5;i++)
      {
        P2=~temp;                       //位选码取反后送P2口
        P1=table [i];                   //显示字型码送P1口
        temp =temp<<1;                  //位选码左移一位,选中下一位LED
        Delay_xMs(1 500);               //延时1 500 ms
      }
    }
}
```

程序 2 的执行结果是第 1 个数码管显示 1,时间为 1.5 s,然后关闭它,立即让第 2 个数码管显示 2,时间为 1.5 s,再关闭它……一直到最后一个数码管显示 6,时间同样为 1.5 s。然后再进行同样的下一轮显示,并一直循环下去。

上面的程序实现了实训的要求,但还没有体现出本节的重点,下面将每个数码管点亮的时间缩短到 100 ms,编译并下载到单片机。可看见数码管变换显示的速度快多了。再将延时的时间缩短至 10 ms,此时已经可隐约看见 6 个数码管上同时显示着数字"123456",但是看上去有些闪烁。再将延时的时间缩短至 1 ms,这时 6 个数码管上的显示没有闪烁感,清晰地显示着"123456"。具体程序如程序 3 所示。

程序 3:

```
#define uint unsigned int
#define uchar unsigned char

uchar code table [ ]={0x06,0x5B,0x4F,0x66,0x6D, 0x7D};
//显示字型码

void Delay_xMs(unsigned int x)          // 延时函数
{
    uint i,j;
    for(i=0;i<x;i++)
    {
        for(j =0;j<110;j++);
    }
}

void main(void)
{
    uchar i,temp;
    while(1)
    {
      temp=0xFE;                        //位选端控制
      for(i=0;i<5;i++)
      {
        P2=~temp;                       //位选码取反后送 P2 口
        P1=table [i];                   //显示字型码送 P1 口
        temp=temp<<1;                   //位选码左移一位,选中下一位 LED
        Delay_xMs(1);                   //延时 1 ms
      }
    }
}
```

通过上面两个程序，已经很清楚地知道数码管动态扫描显示的概念和实现原理。所谓动态扫描显示，即轮流向各位数码管送出字型码和相应的位选，利用发光二极管的余晖和人眼视觉暂留作用，使人的感觉好像各位数码管同时都在显示，而实际上多位数码管是一位一位轮流显示的，只是轮流的速度非常快，人眼已经无法分辨出来。当然，每秒扫描的次数越多显示的视觉效果越好，但扫描的次数越多需要的CPU资源越多，实际工程中每秒扫描25次效果就可以了。

与静态显示方式相比，当显示位数较多时，动态显示方式可节省I/O端口的资源，硬件电路简单；但其显示的亮度低于静态显示方式；由于CPU要不断地依次运行扫描显示程序，将占用CPU更多的时间。

3. LED数码管在单片机工程中的实际应用

下面程序是LED数码管在单片机工程中实际应用的例子，关键是如何将输入的十进制数“1283”显示到数码管上。

程序4：

```
#include<REGX51.H>
#define uint unsigned int
#define uchar unsigned char

sbit Speak=P3^2;                    //对应CPU管脚P3.2

uchar code Led_Show [10]={ 0x3F,0x06,0x5B,0x4F,0x66,
0x6D,0x7D,0x07,0x7F,0x6F};          //对应0～9显示码

void Delay_xMs(unint x)             //1 ms延时函数
{
    uint i,j;
    for(i=0;i<x;i++)
    {
        for(j=0;j<113;j++);
    }
}

//数码管显示子程序，输入1个十进制数，在数码管上显示出该十进制
void show(uint dat)
{
  uchar temp;
  uchar k;
  k=dat;
  P1_0=0;
```

```
    temp=k/1000; k=k%1000;
    P0=Led_Show [temp];
    Delay_xMs(1);

    P1_0=1;P1_1=0;
    temp=k/100; k=k%100;
    P0=Led_Show [temp];
    Delay_xMs(1);

    P1_1=1;P1_2=0;
    temp=k/10; k=k%10;
    P0=Led_Show [temp];
    Delay_xMs(1);

    P1_2=1;P1_3=0;
    P0=Led_Show [k];
    Delay_xMs(1);P1_3=1;
}

/*-----------------------------------------
主程序
功能:在数码管上依次显示数字 0~9,并伴有蜂鸣声
-----------------------------------------*/
void main()
{
    unsigned int i,j;
    while(1)
    {
      for(j=0;j<20;j++)show(i); //调用显示十进制数函数 20 次
      ……                          //其他代码
    }
}
```


程序中,将显示功能编成函数“void show(uint dat)”,使用函数语句“temp=k/100; k=k%100;”将 1 个 4 位的十进制数分解成 4 个 1 位的十进制数,并分时动态显示在 4 个数码管上。

4.6 根据液晶的时序图进行编程(实训七)

学习 LCD 液晶显示技术,以液晶显示模块为例,练习根据器件的时序图进行编程。在日

常生活中，液晶显示模块已成为很多电子产品的显示器件，应用在计算器、万用表、电子表等很多电子产品中。它不仅省电，而且能够显示大量的信息，如文字、曲线、图形等，其显示效果与数码管相比有了很大的提高。下面以常见的字符液晶显示模块LCD1602为例来介绍液晶显示模块。

LCD1602是可以用来显示字母、数字、符号等的点阵型液晶显示模块，提供5×7点阵的显示模式，提供显示数据缓冲区DDRAM、字符发生器CGROM和字符发生器CGRAM。大多数LCD1602是基于HD44780芯片的，控制原理也是完全相同。

1. LCD1602与单片机的连接电路

字符点阵液晶显示模块有16个引脚，如图4.10所示。主要技术参数如下：显示容量为16×2个字符，芯片工作电压为4.5～5.5 V，工作电流为2.0 mA，字符尺寸为2.95 mm×4.35 mm。

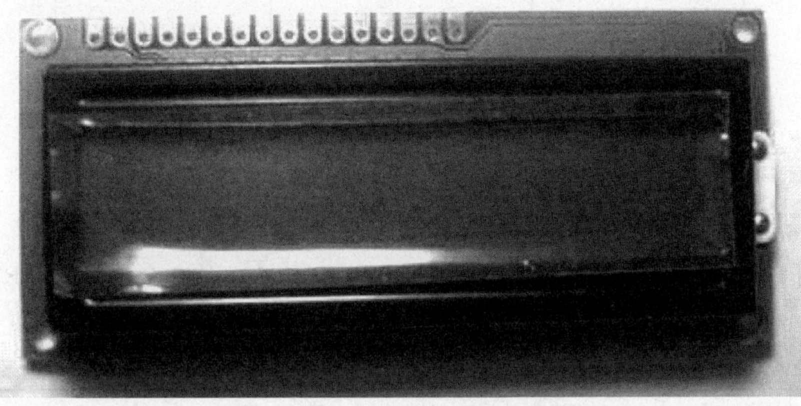

图4.10　LCD1602液晶显示模块

LCD1602液晶显示模块引脚的功能含义见表4.3。

表4.3　LCD1602液晶显示模块引脚的功能含义

引脚	名称	功能描述
1	V_{SS}	电源地引脚
2	V_{DD}	+5 V电源引脚，接5 V正电源
3	VO	液晶显示器对比度调整端(0～5 V)，接正电源时对比度最弱，接地时对比度最高，使用时可以通过一个10 kΩ的电位器调整对比度
4	RS	数据和指令选择控制端。RS=0，命令输出；RS=1，数据输入、输出
5	R/W	读写控制信号线。R/W =0时进行写操作，R/W=1时进行读操作。当RS和R/W都为低电平时，可以写入指令或者显示地址；当RS=0且R/W=1时，可以读入信号；当RS=0且R/W=0时，可以写入数据
6	E	数据读写操作控制位。当E端由高电平跳变成低电平时，液晶显示模块执行命令
7～14	DB0～DB7	8位双向数据线
15	A	背光源正极
16	K	背光源负极

液晶模块与单片机的连接电路如图 4.11 所示。

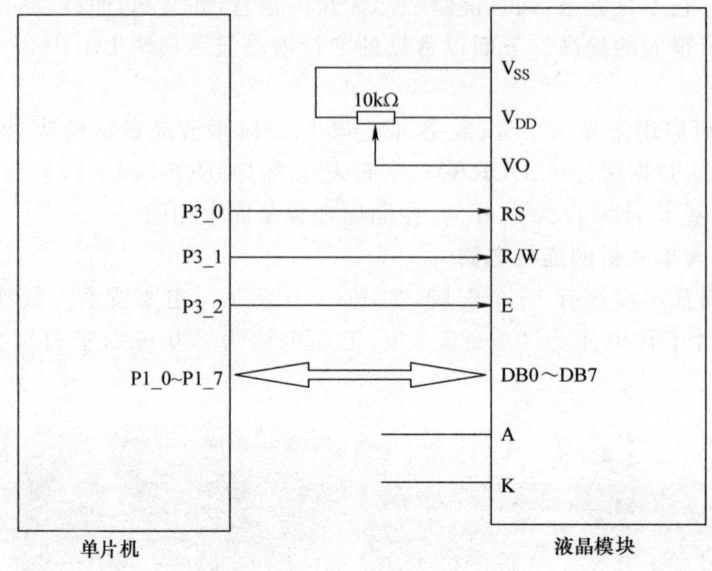

图 4.11　液晶模块与单片机的连接电路

2. LCD1602 的基本操作

单片机对 LCD1602 的基本操作主要有 3 种，由 LCD1602 的 3 个引脚 RS、R/W 和 E 的状态确定，如表 4.4 所示。

表 4.4　LCD1602 的基本操作

操作	RS	R/W	描　述
写命令	0	0	命令代码从 D0～D7 写入液晶显示模块，用于液晶显示模块的初始化、清屏、光标定位等
读状态	0	1	从 D0～D7 读出状态字，状态字的高位是忙标志。当忙标志为 1 时，表明显示模块正在进行内部操作，此时不能进行其他读写操作
写数据	1	0	单片机向液晶显示模块写入要显示的内容，液晶显示模块改变显示内容

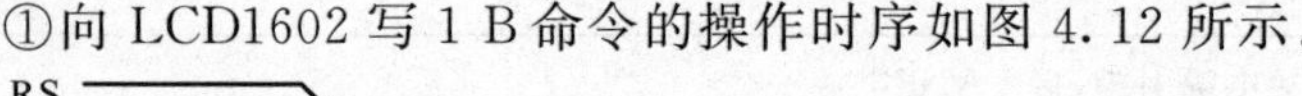

①向 LCD1602 写 1 B 命令的操作时序如图 4.12 所示。

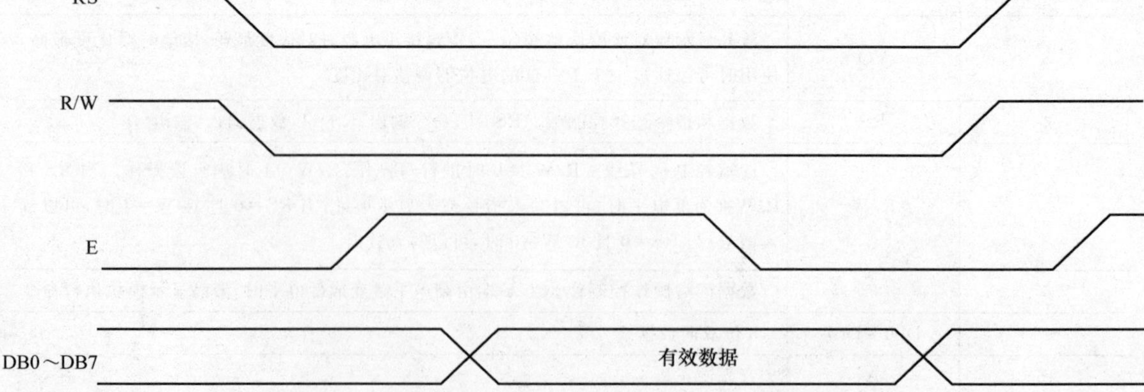

图 4.12　向 LCD 1602 写 1 B 命令的操作时序

根据上面的时序图,可以得出下面函数。

```
void wr_lcd_comm (uchar content) //写命令
{
    LCD_check_busy();
    rs=0;
    rw=0;                      //命令代码准备写入液晶显示模块
    P1=content;                //单片机的引脚准备好输出的命令
    e=1;
    delay(1);                  //延时函数
    e=0;                       //E 端由高电平跳变成低电平,液晶显示模块
                                 执行命令
}
```

LCD1602 液晶显示模块内部的控制器共有 11 条控制指令,如表 4.5 所示,具体命令解释如下。

表 4.5　LCD 1602 的控制指令

序号	指　令	RS	R/W	D7	D6	D5	D4	D3	D2	D1	D0
1	清显示	0	0	0	0	0	0	0	0	0	1
2	光标返回	0	0	0	0	0	0	0	0	1	*
3	置输入模式	0	0	0	0	0	0	0	1	I/D	S
4	显示开/关控制	0	0	0	0	0	0	1	D	C	B
5	光标或字符移位	0	0	0	0	0	1	S/C	R/L	*	*
6	置功能	0	0	0	0	1	DL	N	F	*	*
7	置字符发生存储器地址	0	0	0	1	字符发生存储器地址					
8	置数据存储器地址	0	0	1	显示数据存储器地址						
9	读忙标志或地址	0	1	BF	计数器地址						
10	写数据	1	0	要写的数据内容							
11	读数据	1	1	读出的数据内容							

指令 1:清显示,指令码 01H,光标复位到地址 00H 位置。

指令 2:光标返回,光标返回到地址 00H。

指令 3:置输入模式。I/D:表示光标移动方向,高电平右移,低电平左移。S:表示屏幕上所有文字是否左移或者右移,高电平表示有效,低电平则无效。

指令 4:显示开/关控制。D:控制整体显示的开与关,高电平表示开显示,低电平表示关显示。C:控制光标的开与关,高电平表示有光标,低电平表示无光标。B:控制光标是否闪烁,高电平闪烁,低电平不闪烁。

指令 5:光标或字符移位。S/C:高电平时移动显示的文字,低电平时移动光标。

指令 6:置功能。DL:高电平时为 4 位总线,低电平时为 8 位总线。N:低电平时为单行显示,高电平时双行显示。F: 低电平时显示 5×7 的点阵字符,高电平时显示 5×10 的点阵字符。

指令 7:置字符发生存储器地址。

指令 8:置数据存储器地址。

指令 9:读忙标志或地址。BF:忙标志位,高电平表示忙,此时模块不能接收命令或者数据;如果为低电平表示不忙。

指令 10:写数据。写数到 CGRAM 或 DDRAM。

指令 11:读数据。从 CGRAM 或 DDRAM 读数据。

②向 LCD1602 写 1B 数据的操作时序如图 4.13 所示。

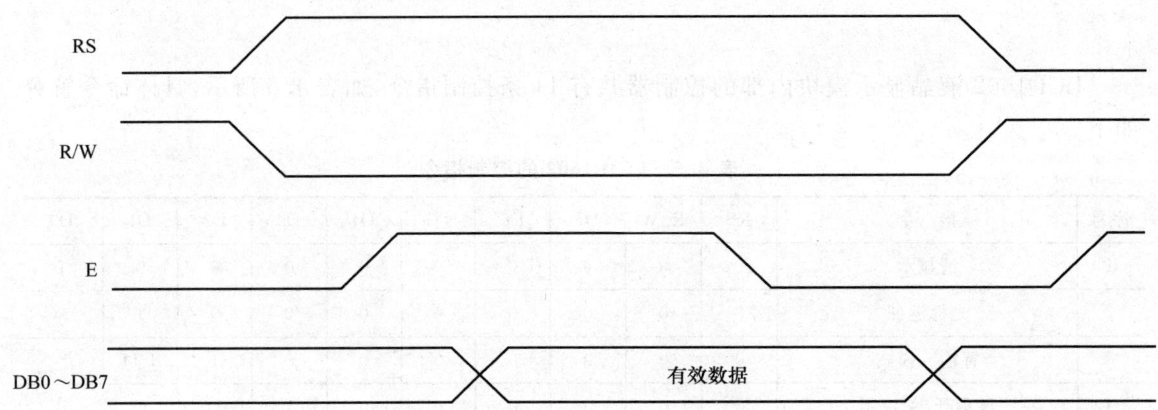

图 4.13 向 LCD1602 写 1 B 数据的操作时序

根据上面的时序图,可以得出下面函数:

```
void wr_lcd_dat (uchar content) //写数据
{
    LCD_check_busy();
    rs=1;
    rw=0;              //数据代码准备写入液晶显示模块
    P1=content;        //单片机的引脚准备好输出的数据
    e=1;
    delay(1);          //延时函数
    e=0;               //E 端由高电平跳变成低电平,液晶显示模块改变
                         显示内容
}
```

③从 LCD1602 读液晶显示模块状态的操作时序如图 4.14 所示。

从 D0～D7 读出的状态字,其高位是忙标志。当忙标志为 1 时,表明 LCD 正在进行内部

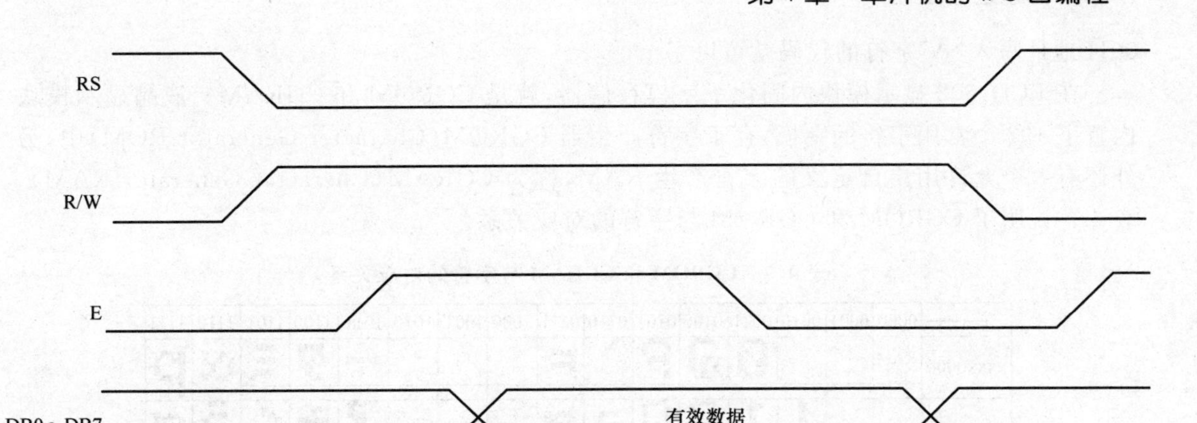

图 4.14　从 LCD1602 读液晶显示模块状态的操作时序

操作，此时不能进行其他读写操作。根据上面的时序图，可以得到下面的检查忙函数。

```
void LCD_check_busy()    //检查液晶显示模块忙函数
{
    do
    {
        rs=0;
        rw=1;            //准备读出液晶显示模块状态
        P1=0xFF;
        e=1;
        delay(1);        //延时函数
        e=0;             //E 端由高电平跳变成低电平，向液晶显示模块写入命令
    }
    while(P1^7==1);      //单片机的引脚准备好输出的数据
}
```

3. LCD1602 的显示原理

LCD1602 可以显示内部常用字符（包括阿拉伯数字、英文字母大小写、常用符号和日文假名等），也可以显示自定义字符（单个或多个字符组成的简单汉字、符号、图案等，最多可以产生 8 个自定义字符）。

LCD1602 内置了 DDRAM、CGROM 和 CGRAM。DDRAM 就是显示数据 RAM，用来寄存待显示的字符代码，共 80 个字节，其地址和显示位置的对应关系见表 4.6。

表 4.6　DDRAM 地址与显示位置的对应关系

DDRAM	显示位置	1	2	3	4	5	6	7	……	40
地址	第 1 行	00H	01H	02H	03H	04H	05H	06H	……	27H
	第 2 行	40H	41H	42H	43H	44H	45H	46H	……	67H

编程时如果要在 LCD1602 屏幕的第 1 行第 1 列显示 1 个“A”字符，就要向 DDRAM 的

00H 地址写入“A”字符的代码就可以了。

在 LCD1602 显示模块内固化了字模存储器，就是 CGROM 和 CGRAM。液晶显示模块内置了 192 个常用字符的字模，存于字符产生器 CGROM(Character Generator ROM)中，另外还有 8 个允许用户自定义的字符产生 RAM，称为 CGRAM(Character Generator RAM)。表 4.7 说明了 CGROM 和 CGRAM 与字符的对应关系。

表 4.7　CGROM 和 CGRAM 与字符的对应关系

↲	0000	0001	0010	0011	0100	0101	0110	0111	1000	1001	1010	1011	1100	1101	1110	1111
xxxx0000	CG RAM (1)			0	@	P	`	p				ー	タ	ミ	α	p
xxxx0001	(2)		!	1	A	Q	a	q			。	ア	チ	ム	ä	q
xxxx0010	(3)		"	2	B	R	b	r			「	イ	ツ	メ	β	θ
xxxx0011	(4)		#	3	C	S	c	s			」	ウ	テ	モ	ε	∞
xxxx0100	(5)		$	4	D	T	d	t			、	エ	ト	ヤ	μ	Ω
xxxx0101	(6)		%	5	E	U	e	u			・	オ	ナ	ユ	σ	ü
xxxx0110	(7)		&	6	F	V	f	v			ヲ	カ	ニ	ヨ	ρ	Σ
xxxx0111	(8)		'	7	G	W	g	w			ァ	キ	ヌ	ラ	g	π
xxxx1000	(1)		(	8	H	X	h	x			ィ	ク	ネ	リ	√	x̄
xxxx1001	(2)		)	9	I	Y	i	y			ゥ	ケ	ノ	ル	⁻¹	y
xxxx1010	(3)		*	:	J	Z	j	z			ェ	コ	ハ	レ	j	千
xxxx1011	(4)		+	;	K	[	k	{			ォ	サ	ヒ	ロ	ˣ	万
xxxx1100	(5)		,	<	L	¥	l	|			ャ	シ	フ	ワ	¢	円
xxxx1101	(6)		-	=	M	]	m	}			ュ	ス	ヘ	ン	£	÷
xxxx1110	(7)		.	>	N	^	n	→			ョ	セ	ホ	゛	ñ	
xxxx1111	(8)		/	?	O	_	o	←			ッ	ソ	マ	゜	ö	█

字符代码 0x00～0x0F 为用户自定义的字符图形 RAM(对于 5×8 点阵的字符，可以存放 8 组；对于 5×10 点阵的字符，可以存放 4 组)，即 CGRAM；0x20～0x7F 为标准的 ASCII 码；0xA0～0xFF 为日文字符和希腊文字符；其余字符码(0x10～0x1F 及 0x80～0x9F)没有定义。

从表 4.7 中可以看出，“A”字的对应上面高位代码为 0100，对应左边低位代码为 0001，合起来就是 01000001(即 41H)。

对于表 4.7 中 0x20～0x7F 的代码，因为是标准的 ASCII 码，因此使用 C51 语句向液晶显示模块的 DDRAM 写字符代码数据时，可以直接用“P1＝A”这样的语句。Keil C51 在编译时就把“A”自动转为 41H。

4. LCD1602 的初始化

LCD1602 上电时，都必须按照一定的时序对 LCD1602 进行初始化操作，主要任务是设置 LCD1602 的工作方式、显示状态、清屏、输入方式、光标位置等。程序如下：

```
void init_lcd (void)
{
    e=0;
    wr_lcd_comm (0x01);          //清屏，数据指针清 0 地址指针指向 00H
    wr_lcd_comm (0x06);          //光标的移动方向，写一个字符后地址指针加 1
    wr_lcd_comm (0x0C);          //设置开显示，不显示光标
    wr_lcd_comm (0x38);          //设置 1602 显示，5×7 点阵，8 位数据接口
}
```

5. 显示光标定位函数

下面是显示光标定位的函数，其中 posx、posy 是显示字符的位置坐标。

```
void LocateXY(char posx,char posy)
{
  unsigned char temp;
  temp=posx & 0xF;
  posy &=0x1;
  if (posy)temp|=0x40;
  temp|=0x80;
  wr_lcd_comm (temp);
}
```

6. LCD1602 的显示字符

下面是在指定位置显示出一个字符的函数，其中 Wdata 是字符型。

```
void DispOneChar(Uchar x,Uchar y,Uchar Wdata)
{
  LocateXY(x, y);              // 定位显示地址
  wr_lcd_dat(Wdata);           // 写字符
}
```

7. 编程

实现在 LCD1602 液晶屏幕的第 1 行显示“GOOD LUCK”，在第 2 行显示“12345678”，程序代码如下：

```
#include <REGX51. H>
unsigned char code table [ ]="GOOD LUCK ";
unsigned char code table1 [ ]="1234567";
unsigned char num;
```

```
sbit e=P3^2;                    //input enable;
sbit rw=P3^1;                   //H=read; L=write;
sbit rs=P3^0;                   //H=data; L=command;
void delay(unsigned int z)
{
    unsigned int x,y;
    for(x=z;x>0;x--)
    for(y=110;y>-0;y--);
}
LCD_check_busy()
{
    ......
}

wr_lcd_comm (uchar content)
{
    ......
}

wr_lcd_dat (uchar content)
{
    ......
}

void LocateXY( char posx,char posy)
{
    ......
}

void DispOneChar(Uchar x,Uchar y,Uchar Wdata)
{
    ......
}

void main ()
{
    delay(50);                  // 启动时必须延时，等待 LCD1602 进入工作状态
```

```
    init_lcd ();
    while (1)
    {
      write _ com(0x80);              //光标位置定在第1行第1列
       for(num=0;num<9;num++)
       {
          write_data(table [num]);
          delay(5);
       }
       wr_lcd_comm(0x80+0x40);  //光标位置定在第2行第1列
       for(num=0;num<7;num++)
       {
          wr_lcd_dat(table1 [num]);
          delay(5);
       }
    }
}
```

改一下程序

编程实现第1行从右侧移入“Hello everyone!”,同时第2行从右侧移入“Welcome to here!”,移入速度自定。

4.7　根据说明书对128×64汉字液晶显示模块进行编程

4.7.1　128×64汉字液晶显示模块的说明书

1. 常用汉字液晶显示模块的型号

现在常用的128×64汉字液晶显示模块多是ST7920及兼容芯片的液晶显示模块。该液晶显示模块内部含有国标一级、二级简体中文字库,内置国标8 192个16×16点阵的汉字和128个16×8点阵的ASCII字符集,并提供两种界面来连接微处理器,即8位并行方式以及串行连接方式。利用该模块灵活的接口方式和简单、方便的操作指令,可构成全中文人机交互图形界面。液晶显示模块使用低电源电压(V_{DD}:3.0～5.5 V)。

液晶显示界面如图4.15所示。

2. 模块接口说明

128×64液晶显示模块有20个引脚,各引脚的功能描述见表4.8。

控制器接口信号说明如下。

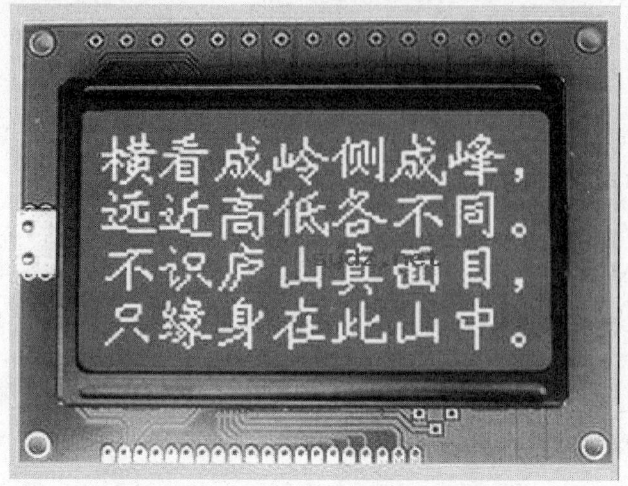

图 4.15　128×64 汉字液晶显示模块界面

表 4.8　128×64 液晶显示模块引脚的描述

管脚号	管脚名称	电平	管脚功能描述
1	V_{SS}	0 V	电源地
2	V_{CC}	3～5 V	电源正
3	VO	—	对比度(亮度)调整
4	RS(CS)	H/L	数据、命令选择端，RS＝H 表示显示数据，RS＝L 表示显示指令
5	R/W(SID)	H/L	读写控制信号或串行数据输入
6	E(SCLK)	H/L	使能信号
7～14	DB0～DB7	H/L	三态数据线
15	PSB	H/L	H 表示 8 位或 4 位并口方式，L 表示串口方式
16	NC	—	空脚
17	RESET	H/L	复位端，低电平有效
18	VOUT	—	LCD 驱动电压输出端
19	A	V_{DD}	背光源正端(＋5 V)
20	K	V_{SS}	背光源负端

①RS，R/W 的配合选择决定控制界面的 4 种模式，如表 4.9 所示。

表 4.9　对液晶显示模块的读写控制

RS	R/W	功能说明
L	L	MPU 写指令到指令暂存器(IR)
L	H	读出忙标志(BF)及地址计数器(AC)的状态
H	L	MPU 写入数据到数据暂存器(DR)
H	H	MPU 从数据暂存器(DR)中读出数据

②E 信号是使能信号，当 E 的引脚逻辑状态由高电平变为低电平时，液晶显示模块才执

行读写状态。

3. 液晶显示模块内部的寄存器

(1) 忙标志BF

BF标志提供内部工作情况，BF=1表示模块在进行内部操作，此时模块不接受外部指令和数据；BF=0时，模块为准备状态，随时可接受外部指令和数据。

利用读液晶显示模块状态指令，可以将BF读到DB7总线，从而检验模块的工作状态。

(2)字型产生ROM(CGROM)

字型产生ROM(CGROM)提供8 192个触发器用于模块屏幕显示开和关的控制。DFF=1为开显示(DISPLAY ON)，DDRAM的内容就显示在屏幕上；DFF=0为关显示(DISPLAY OFF)。

DFF的状态是由指令DISPLAY ON/OFF和RST信号控制的。

(3)显示数据RAM(DDRAM)

模块内部显示数据RAM提供64×2个位元组的空间，最多可控制4行16字(64个字)的中文字型显示，当写入显示数据RAM时，可分别显示CGROM与CGRAM的字型。此模块可显示3种字型，分别是半角英数字型(16×8)、CGRAM字型及CGROM中文字型。3种字型的选择，由在DDRAM中写入的编码选择。在0000H～0006H的编码中(其代码分别是0000、0002、0004、0006共4个)将选择CGRAM的自定义字型，02H～7FH的编码中将选择半角英数字的字型，至于A1以上的编码将自动地结合下一个位元组，组成两个位元组的编码形成中文字型的编码BIG5(A140～D75F)，GB(A1A0～F7FFH)。

(4)字型产生RAM(CGRAM)

字型产生RAM提供图像定义(造字)功能，可以提供4组16×16点的自定义图像空间，使用者可以将内部字型没有提供的图像字型自行定义到CGRAM中，便可和CGROM中的定义一样地通过DDRAM显示在屏幕中。

(5)地址计数器AC

地址计数器是用来储存DDRAM和CGRAM之一的地址，它可由设定指令暂存器来改变，之后只要读取或写入DDRAM和CGRAM的值时，地址计数器的值就会自动加一，当RS为0而R/W为1时，地址计数器的值会被读取到DB6～DB0中。

(6)光标/闪烁控制电路

此模块提供硬件光标及闪烁控制电路，由地址计数器的值来指定DDRAM中的光标或闪烁位置。

4. 液晶显示模块的指令说明

液晶显示模块控制芯片提供基本指令和扩充指令，如表4.10和表4.11所示。

表4.10　液晶显示模块基本指令

指令	指令码										功能
	RS	R/W	D7	D6	D5	D4	D3	D2	D1	D0	
清除显示	0	0	0	0	0	0	0	0	0	1	将DDRAM填满“20H”，并且设定DDRAM的地址计数器(AC)到“00H”

续表

指令	指令码										功能
	RS	R/W	D7	D6	D5	D4	D3	D2	D1	D0	
地址归位	0	0	0	0	0	0	0	0	1	X	设定 DDRAM 的地址计数器(AC)到"00H",并且将游标移到开头原点位置;这个指令不改变 DDRAM 的内容
显示状态开/关	0	0	0	0	0	0	1	D	C	B	D=1:整体显示 ON C=1:游标 ON B=1:游标位置反白允许
进入点设定	0	0	0	0	0	0	0	1	I/D	S	指定在数据的读取与写入时,设定游标的移动方向及指定显示的移位
游标或显示移位控制	0	0	0	0	0	1	S/C	R/L	X	X	设定游标的移动与显示的移位控制位,这个指令不改变 DDRAM 的内容
功能设定	0	0	0	0	1	DL	X	RE	X	X	DL=0/1:4/8 位数据 RE=1:扩充指令操作 RE=0:基本指令操作
设定 CGRAM 地址	0	0	0	1	AC5	AC4	AC3	AC2	AC1	AC0	设定 CGRAM 地址
设定 DDRAM 地址	0	0	1	0	AC5	AC4	AC3	AC2	AC1	AC0	设定 DDRAM 地址(显示位址) 第 1 行:80H～87H 第 2 行:90H～97H
读取忙标志和地址	0	1	BF	AC6	AC5	AC4	AC3	AC2	AC1	AC0	读取忙标志(BF)可以确认内部动作是否完成,同时可以读出地址计数器(AC)的值
写数据到 RAM	1	0	数据								将数据 D7～D0 写入到内部的 RAM (DDRAM/CGRAM/IRAM/GRAM)
读出 RAM 的值	1	1	数据								从内部 RAM 读取数据 D7～D0 (DDRAM/CGRAM/IRAM/GRAM)

表 4.11　液晶扩充指令

指　令	指令码										功能
	RS	R/W	D7	D6	D5	D4	D3	D2	D1	D0	
待命模式	0	0	0	0	0	0	0	0	0	1	进入待命模式
卷动地址开关开启	0	0	0	0	0	0	0	0	1	SR	SR=1:允许输入垂直卷动地址 SR=0:允许输入 IRAM 和 CGRAM 地址
反白选择	0	0	0	0	0	0	0	1	R1	R0	选择两行中的任一行作反白显示,并可决定反白与否。初始值 R1R0=00,第一次设定为反白显示,再次设定变回正常

续表

指　令	指　令　码										功　能
	RS	R/W	D7	D6	D5	D4	D3	D2	D1	D0	
睡眠模式	0	0	0	0	0	0	1	SL	X	X	SL＝0:进入睡眠模式 SL＝1:脱离睡眠模式
扩充功能设定	0	0	0	0	1	CL	X	RE	G	0	CL＝0/1:4/8 位数据 RE＝1:扩充指令操作 RE＝0:基本指令操作 G＝1/0:绘图开关
设定绘图 RAM 地址	0	0	1	0 AC6	0 AC5	0 AC4	AC3 AC3	AC2 AC2	AC1 AC1	AC0 AC0	设定绘图 RAM 先设定垂直(列)地址 AC6AC5…AC0 再设定水平(行)地址 AC3AC2AC1AC0 将以上 16 位地址连续写入即可

备注:当 IC1 在接受指令前,微处理器必须先确认其内部处于非忙碌状态,即读取 BF 标志时,BF 需为 0 方可接受新的指令;如果在送出一个指令前并不检查 BF 标志,那么在前一个指令和这个指令中间必须延长一段较长的时间,即是等待前一个指令确实执行完成。

5. 串口方式下液晶显示模块的读写时序图

本例程使用液晶显示模块的串口工作方式,这样可以节省单片机的引脚资源。图 4.16 所示是串口数据线模式下数据的传输过程。图 4.17 所示是串口方式下单片机读写数据到液晶显示模块的时序图。

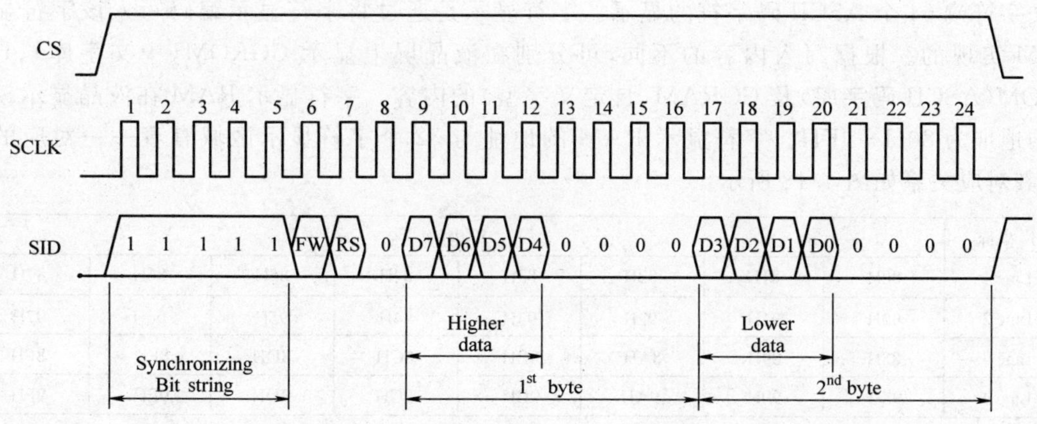

图 4.16　串口数据线模式下数据的传输过程

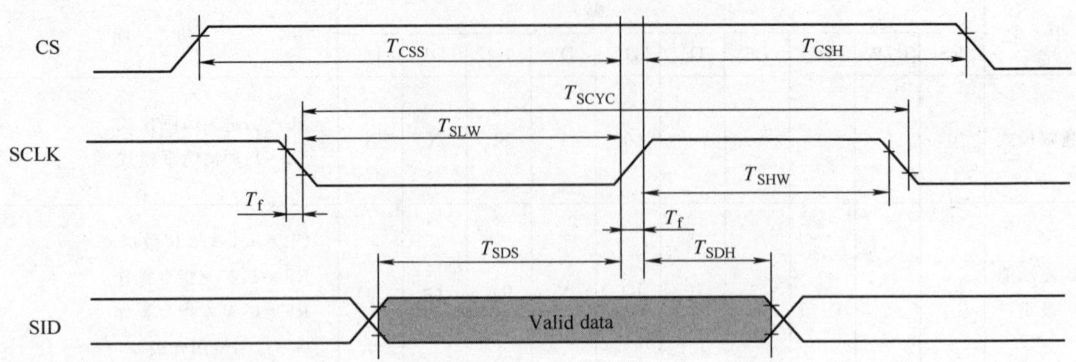

图 4.17　串口方式下单片机读写数据到液晶显示模块的时序图

6. 编程显示图形或汉字

(1)图形显示

水平方向 X 以字为单位，垂直方向 Y 以位为单位，先设垂直地址再设水平地址。(连续写入两个字节的资料来完成垂直与水平的坐标地址)

垂直地址范围：AC5～AC0。

水平地址范围：AC3～AC0。

绘图 RAM 的地址计数器(AC)只会对水平地址(X 轴)自动加 1，当水平地址＝0FH 时会重新设为 00H，但并不会对垂直地址做进位自动加 1，故当连续写入多笔资料时，程序需自行判断垂直地址是否需重新设定。

(2)中文字符显示

液晶显示模块自带中文字库，每屏可显示 4 行 8 列共 32 个 16×16 点阵的汉字，每个显示 RAM 可显示 1 个中文字符或 2 个 16×8 点阵全高 ASCII 码字符，即每屏最多可实现 32 个中文字符或 64 个 ASCII 码字符的显示。字符显示是通过将字符显示编码写入该字符显示 RAM 实现的。根据写入内容的不同，可分别在液晶屏上显示 CGROM(中文字库)、HCGROM(ASCII 码字库)及 CGRAM(自定义字型)的内容。字符显示 RAM 在液晶显示模块中的地址为 80H～9FH。字符显示 RAM 的地址与 32 个字符显示区域有着一一对应的关系，其对应关系如图 4.18 所示。

Y 坐标	X 坐标							
Line 1	80H	81H	82H	83H	84H	85H	86H	87H
Line 2	90H	91H	92H	93H	94H	95H	96H	97H
Line 3	88H	89H	8AH	8BH	8CH	8DH	8EH	8FH
Line 4	98H	99H	9AH	9BH	9CH	9DH	9EH	9FH

图 4.18　128×64 液晶显示模块汉字显示坐标

(3)应用说明

用带中文字库的 128×64 液晶显示模块时应注意以下几点。

①欲在某一个位置显示中文字符时，应先设定显示字符位置，即先设定显示地址，再写入中文字符编码。

②显示 ASCII 字符过程与显示中文字符过程相同。不过在显示连续字符时，只需设定一次显示地址，由模块自动对地址加 1 指向下一个字符位置，否则显示的字符中将会有一个空 ASCII 字符位置。

③当字符编码为 2 B 时，应先写入高位字节，再写入低位字节。

④模块在接收指令前，处理器必须先确认模块内部处于非忙状态，即读取 BF 标志时 BF 需为 0，方可接受新的指令。如果在送出一个指令前不检查 BF 标志，则在前一个指令和这个指令中间必须延迟一段较长的时间，即等待前一个指令确定执行完成。指令执行的时间可参考指令表中的指令执行时间说明。

⑤RE 为基本指令集与扩充指令集的选择控制位。当变更 RE 后，以后的指令集将维持在最后的状态，除非再次变更 RE 位，否则使用相同指令集时，无须每次均重设 RE 位。

4.7.2　根据说明书对 128×64 汉字液晶显示模块进行编程

根据资料，液晶显示模块提供两种界面来连接微处理器：8 位并行方式以及串行连接方式。本例使用串行连接方式。根据引脚的功能表得出液晶显示模块与单片机串行连接图，如图 4.19 所示。单片机使用 12 MHz 晶振，液晶在 VO 与 V_{DD} 及 V_{SS} 这 3 个脚间接一个 10 kΩ 的电位器，电位器的中间脚接 VO，其他两脚接 V_{DD} 和 V_{SS}。调节电位器的大小，直到有显示为止。

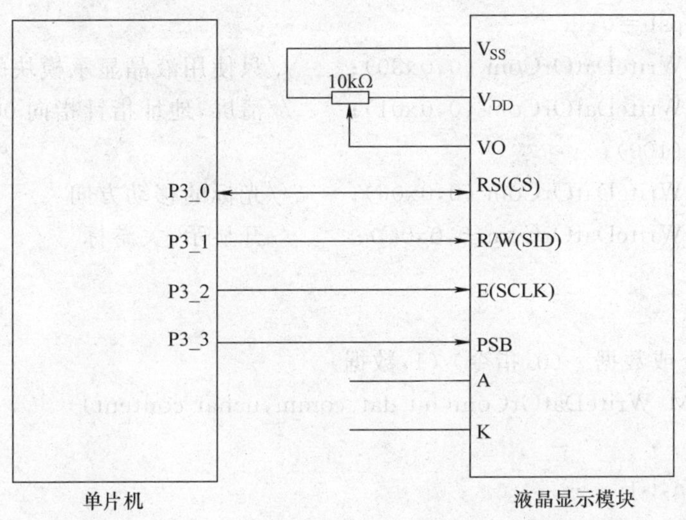

图 4.19　128×64 液晶显示模块与单片机串行连接图

根据单片机读写数据到液晶显示模块的时序图，可以得出下面函数。

```
#include <REGX51.H>
#define uint unsigned int
#define uchar unsigned char
sbit LCM_psb=P3^3;                    //H=并口；L=串口
sbit LCM_cs=P2^5;                     //数据、命令选择端
```

```
sbit LCM_sid=P2^6;                   //串行数据输入
sbit LCM_sclk=P2^7;                  //使能信号
sbit ACC0 =ACC^0;
sbit ACC7 =ACC^7;
uchar code tab1 [ ]="横看成岭侧成峰,远近高低各不同。不识庐山真面目,只缘身在此山中。";

void DelayM(unsigned int a)          //延时函数1 ms/次
{
  unsigned char i;
  while( --a! =0)
  {
    for(i=0;i<125; i++);
  }
}
void LCM_init(void)                  //初始化液晶显示模块
{
  LCM_rst=1;
  LCM_psb=0;
  LCM_WriteDatOrCom (0,0x30);        //只使用液晶显示模块的基本指令
  LCM_WriteDatOrCom (0,0x01);        //清屏,地址指针指向00H
  Delay (100);
  LCM_WriteDatOrCom (0,0x06);        //光标的移动方向
  LCM_WriteDatOrCom(0,0x0C);         //开显示,关游标
}

//写指令或数据  (0,指令)(1,数据)
void LCM_WriteDatOrCom(bit dat_comm,uchar content)
{
  uchar a,i,j;
  Delay(50);
  a=content;
  LCM_cs=1;
  LCM_sclk=0;
  LCM_sid=1;
  for(i=0;i<5;i++)
  {
    LCM_sclk=1;
```

```
    LCM_sclk=0;
  }
  LCM_sid=0;
  LCM_sclk=1;
  LCM_sclk=0;
  if(dat_comm)
    LCM_sid=1;                          //data
  else
    LCM_sid=0;                          //command
  LCM_sclk=1;
  LCM_sclk=0;
  LCM_sid=0;
  LCM_sclk=1;
  LCM_sclk=0;
  for(j=0;j<2;j++)
  {
    for(i=0;i<4;i++)
    {
      a=a<<1;
      LCM_sid=CY;
      LCM_sclk=1;
      LCM_sclk=0;
    }
    LCM_sid=0;
    for(i=0;i<4;i++)
    {
      LCM_sclk=1;
      LCM_sclk=0;
    }
  }
}

void chn_disp (uchar code *chn)
{
  uchar i,j;
  LCM_WriteDatOrCom  (0,0x30);
  LCM_WriteDatOrCom  (0,0x80);
  for (j=0;j<4;j++)
```

```
    {
      for (i=0;i<16;i++)
      LCM_WriteDatOrCom  (1,chn [j*16+i ]);
    }
}

void LCM_clr(void)                          //清屏函数
{
    LCM_WriteDatOrCom (0,0x30);
    LCM_WriteDatOrCom (0,0x01);
    Delay (180);
}

//向 LCM 发送一个字符串,长度 64 字符之内
void LCM_WriteString(unsigned char  *str)
{
    while(*str! = '\0')
    {
        LCM_WriteDatOrCom(1, *str++);
    }
    *str=0;
}

main()
{
    LCM_init();                             //初始化液晶显示器
    LCM_clr();                              //清屏
    chn_disp(tab1);                         //显示欢迎字
    while(1){;}
}
```


4.8 使用 ADC0832 接收模拟量数据(实训八)

ADC0832 是美国国家半导体公司生产的一种 8 位分辨率、双通道 A/D 转换芯片。由于它体积小、兼容性好、性价比高而深受欢迎,目前有很高的普及率。本实训使用 ADC0832 芯片来了解 A/D 转换器的原理。

小提示——单片机系统为什么要使用 A/D 转换芯片？

现实生活中，如温度、压力、位移、图像等都是模拟量，即它的表示方法是模拟量。

在单片机能够编程的引脚中，只能处理二进制信号（即 0、1 两种状态）。单片机的 CPU 只能进行二进制运算。因此对单片机系统而言，无法直接识别模拟量，必须将模拟量转换成数字量。所谓数字量，就是用一系列 0 和 1 组成的二进制代码来表示某个信号大小的量。

单片机需要采集模拟信号时，通常需要在前端加上模拟量/数字量转换器，简称模/数转换器，即常说的 A/D 转换芯片。

A/D 转换芯片的功能是对输入的模拟信号采样，然后再把这些采样值转换为数字量。因此，一般的 A/D 转换过程是通过采样保持、量化和编码这 3 个步骤完成的，即首先对输入的模拟电压信号采样，采样结束后进入保持时间，在这段时间内将采样的电压量转化为数字量，并按一定的编码形式给出转换结果，然后开始下一次采样。

量化后的数字的位数表示量化的精度，位数越多表示的精度越高，位数越少表示的精度越低。一般量化的位数有 8 位、10 位、12 位、16 位、22 位等。

许多传感器已经集成了 A/D 转换功能，可以与单片机直接连接。

ADC0832 为 8 位分辨率 A/D 转换芯片，其最高分辨可达 256 级，芯片转换时间仅为 32 μs，转换速度快且稳定性能强。独立的芯片使能输入，可以使更多器件直接连接在同一单片机的引脚上，节省单片机引脚资源。通过 DI 数据输入端，可以轻易地实现通道功能的选择。5 V 电源供电时，输入电压可以在 0～5 V 之间。DO、DI、CLK、$\overline{CS}$引脚的输入、输出电平与 TTL/CMOS 相兼容，可以与单片机直接连接。

图 4.20 所示是 ADC0832 引脚图，各引脚功能见表 4.12。

图 4.20　ADC0832 引脚图

表 4.12　ADC0832 各引脚功能

引脚	引脚名字	引　脚　功　能
1	$\overline{CS}$	片选使能，低电平芯片使能
2	CH0	模拟输入通道 0，或作为 IN+/－使用

续表

引脚	引脚名字	引 脚 功 能
3	CH1	模拟输入通道 1,或作为 IN+/−使用
4	GND	芯片参考零电位(地)
5	DI	数据信号输入,选择通道控制
6	DO	数据信号输出,转换数据输出
7	CLK	芯片时钟输入
8	V_{CC}/V_{REF}	电源输入及参考电压输入

根据各引脚功能的描述,引脚 8 和引脚 4 是电源输入端,需要接 5 V 电源。引脚 2 和引脚 3 是模拟信号输入端。正常情况下 ADC0832 与单片机的接口应为 4 条数据线,分别是$\overline{CS}$、CLK、DO、DI。但由于 DO 端与 DI 端在通信时不会同时有效,并与单片机的接口是双向的,所以电路设计时可以将 DO 和 DI 并联在一根数据线上。具体连接电路如图 4.21 所示。该电路功能是测定输液管中是否有液滴通过,传感器是一个光敏二极管(一种光电转换二极管,工作时两端加反向电压,没有光照时,其反向电阻很大,只有很微弱的反向饱和电流;当有光照时,就会产生很大的反向电流,而且光照越强该电流就越大)。有液滴通过输液管时,光敏二极管的电阻会变化,从而引起 CH0 端电压的变化,ADC0832 将该电压值转换并被单片机读取。

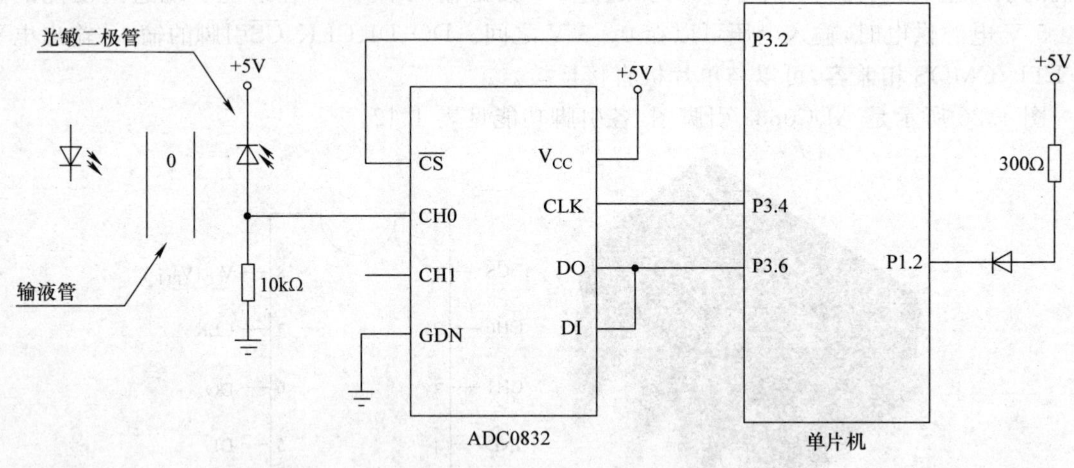

图 4.21 单片机与 ADC0832 的连接电路

ADC0832 工作时序如图 4.22 所示。当 ADC0832 未工作时,其$\overline{CS}$输入端应为高电平,此时芯片禁用,CLK 和 DO/DI 的电平可任意。当要进行 A/D 转换时,须先将$\overline{CS}$使能端置于低电平,并且保持低电平直到转换完全结束。此时芯片开始转换工作,同时由处理器向芯片时钟输入端 CLK 输入时钟脉冲,DO/DI 端则使用 DI 端输入通道功能选择的数据信号。在第 1 个时钟脉冲下降之前,DI 端必须是高电平,表示起始信号。在第 2、3 个脉冲下降之前,DI 端应输入 2 位数据用于选择通道功能。

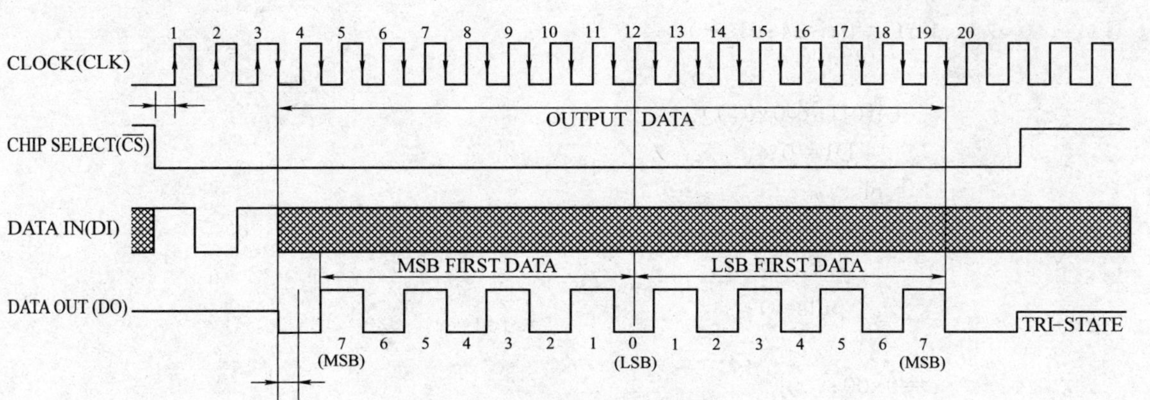

图 4.22　ADC0832 的工作时序

根据上面时序图，读 ADC0832 的代码如下。

```
#include <regx51.h>
sbit CLK=P3^4;
sbit D1=P3^6;
sbit D0=P3^7;
sbit CS=P3^2;
sfr p2=0xA0;
 #define VMAX 5

  void delay(int timer)
  {
    while(--timer);
  }

  void pulse(void)
  {
      CLK=1;
      delay(4);
      CLK=0;
  }

  unsigned char ADC0832(void)
  {
    unsigned char i;
    unsigned char a;
    delay(2);
    CS=0;
    a=0x07;              //通道选择,07 一通道,06 二通道
```

```
    for(i=0;i<4;i++)
    {
        if(!(a&0x01))
          D1=0;
        else
          D1=1;
          a=a>>1;
          pulse();
    }
    a=0x00;
    for(i=0;i<8;i++)
    {
      pulse();
      a=a<<1;
      if(D0)
      a=a+1;
    }
    CS=1;
    return a;
}

main()
{
    unsigned char k;
    k=ADC0832();            //读取 A/D 转换结果
    if(k>125)
    P1_2=0;
    else
    P1_2=1;                 //显示读取结果
    ……
}
```


4.9 使用 TLV5618 输出模拟量数据(实训九)

小提示——单片机系统为什么要使用 D/A 转换芯片?

单片机能够编程的引脚中,都只能处理二进制信号(即 0、1 两种状态),当单片机在输出数字信号时,通常在输出级要加上数字量/模拟量转换器,简称数/模转换器,即常说的 D/A(Digital to Analog)芯片。

一般 D/A 转换器的位数有 8 位、10 位、12 位、16 位、24 位等。

TLV5618 是美国 TexasInstruments 公司生产的带有缓冲基准输入的可编程双路 12 位数/模转换器。DAC 输出电压范围为基准电压的两倍,且其输出是单调变化的。该器件使用简单,用 5 V 单电源工作,并包含上电复位功能以确保可重复启动。通过 CMOS 兼容的 3 线串行总线可对 TLV5618 实现读写控制,通过单片机输出 16 位数据产生模拟输出。数字输入端的特点是带有斯密特触发器,因而具有高的噪声抑制能力。由于是串行输入结构,能够节省单片机 I/O 资源,价格适中、分辨率较高,因此在仪器仪表中有较为广泛的应用。

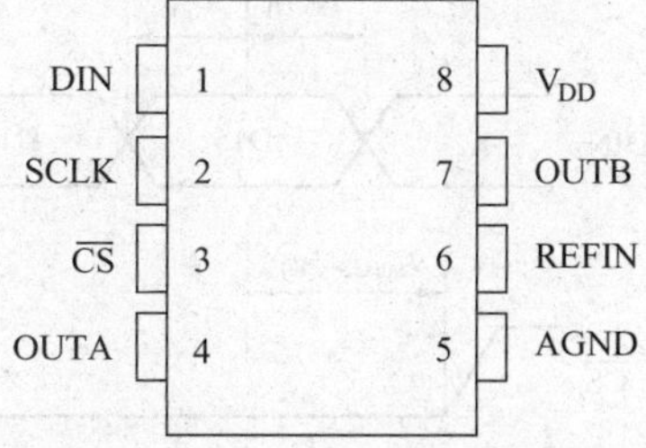

图 4.23　TLV5618 的引脚图

TLV5618 的引脚如图 4.23 所示,引脚功能描述见表 4.13,单片机与 TLV5618 的连接电路如图 4.24 所示。

表 4.13　TLV5618 引脚功能

编号	引脚名称	说明
1	DIN	串行时钟输入
2	SCLK	串行数据输入
3	$\overline{CS}$	片选,低电平有效
4	OUTA	DACA 模拟输出
5	AGND	模拟地
6	OUTB	DACB 模拟输出
7	REFIN	基准电压输入
8	V_{DD}	电源正极

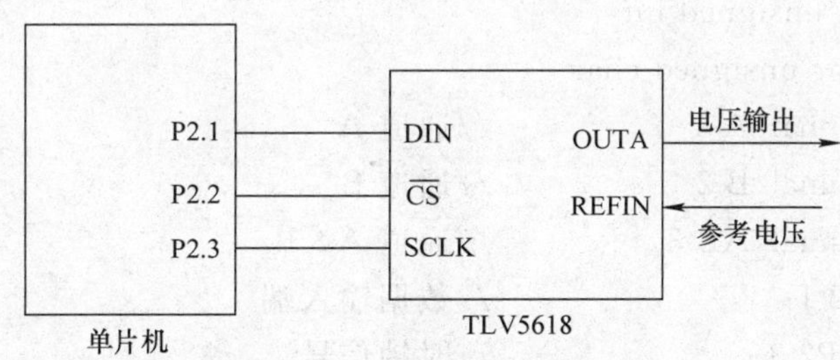

图 4.24　单片机与 TLV5618 的连接电路

图 4.25 所示为 TLV5618 的工作时序。当片选($\overline{CS}$)为低电平时,输入数据由时钟定时,以最高有效位在前的方式读入 16 位移位寄存器,其中前 4 位为编程位,后 12 位为数据位。SCLK 的下降沿把数据移入输入寄存器,然后$\overline{CS}$的上升沿把数据送到 DAC 寄存器。所有$\overline{CS}$的跳变应当发生在 SCLK 输入为低电平时。可编程位 D15～D12 的功能见表 4.14。

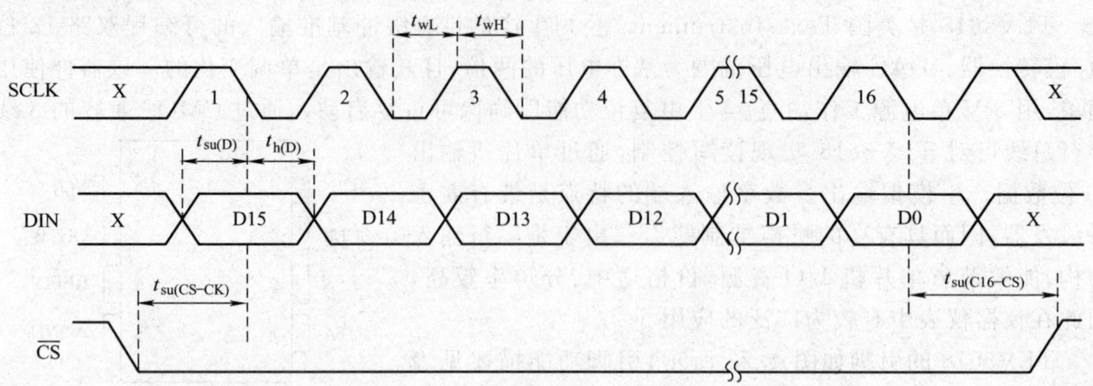

图 4.25　TLV5618 的工作时序

表 4.14　可编程位 D15～D12 的功能

编程位				功　能
D15	D14	D13	D12	
1	X	X	X	把串行接口寄存器的数据写入锁存器 A，并用缓冲器锁存数据更新锁存器 B
0	X	X	0	写锁存器 B 和双缓冲锁存器
0	X	X	1	仅写双缓冲锁存器
X	1	X	X	14 μs 建立时间
X	0	X	X	3 μs 建立时间
X	X	0	X	上电（Power－up）操作
X	X	1	X	断电（Power－down）方式

下面是编程控制 TLV5618 输出三角波电压的程序，程序的参考电压为 2.5 V。

```
#include <REGX51.H>          //单片机头文件
#include <intrins.h>
#define uint unsigned int
#define uchar unsigned char
#define Channal_A 1           //通道 A
#define Channal_B 2           //通道 B
#define Channal_AB 3          //通道 A&B
sbit DIN=P2^1;                //数据输入端
sbit SCLK=P2^3;               //时钟信号
sbit CS=P2^2;                 //片选输入端，低电平有效

//进行 D/A 转换函数，Dignum 是要转换的数据
void DA_conver(uint Dignum)
{
  uint Dig=0;
```

```
    uchar i=0;
    SCLK=1;
    CS=0;                        //片选有效
    for(i=0;i<16;i++)            //写入16 bit的控制位和数据
    {
      Dig=Dignum&0x8000;
      if(Dig)
        DIN=1;
      else
        DIN=0;
      SCLK=0;
      _nop_();
      Dignum<<=1;
      SCLK=1;
      _nop_();
    }
    SCLK=1;
    CS=1;                        //片选无效
}

//模式、通道选择,并进行DA转换函数
//Data_A是A通道转换的电压值,Data_B是B通道转换的电压值
//Channal:通道选择,其值为Channal_A,Channal_B或Channal_AB
//Model是速度控制位,0为slow mode,1为fast mode
void Write_A_B(uint Data_A,uint Data_B,uchar Channal,bit Model)
{
    uint Temp;
    if(Model)
        Temp=0x4000;
    else
        Temp=0x0000;
        switch(Channal)
    {
    case Channal_A: //A通道
        DA_conver(Temp|0x8000|(0x0FFF&Data_A));
    break;
    case Channal_B:  //B通道
        DA_conver(Temp|0x0000|(0x0FFF&Data_B));
```

```
        break;
        case Channal_AB:
            DA_conver(Temp|0x1000|(0x0FFF&Data_B)); //A&B 通道
            DA_conver(Temp|0x8000|(0x0FFF&Data_A));
        break;
        default: break;
        }
    }

    main(void)
    {
        uint i;
        Write_A_B(0x0355,0x0000,Channal_A,0);             //A 通道
        Write_A_B(0x0000,0x0600,Channal_B,1);             //测量 B 通道
        while(1)
        {
            for(i=0;i<0x0FFF;i++)                         //三角波
            {
                Write_A_B(0xc000+i,0x0000,Channal_A,0);
                delay(5);                                 //延时
            }
        }
    }
```

小知识——"_nop_();"语句的意义

1. "nop"指令即空指令。

2. 运行该指令时，它只是消耗 CPU 的时间，其他什么都不做，但是会占用一个指令的时间。

3. "nop"起简单的延时作用，当指令间需要有延时，可以插入该指令。

第 5 章　单片机的中断系统

本章要点

掌握中断的概念。

熟悉 51 型单片机中断系统的结构。

熟悉与单片机中断相关的寄存器。

掌握中断系统的编程。

中断是为使单片机具有对外部或内部随机发生的事件进行实时处理的能力而设置的。中断能够使 CPU 对内部或外部的突发事件及时地作出响应,并执行相应的程序。中断功能的存在,很大程度上提高了单片机处理外部或内部事件的能力。它也是单片机最重要的功能之一,是学习单片机必须要掌握的。

5.1　什么是中断

中断是指通过硬件来改变 CPU 的运行方向。单片机在执行程序的过程中,由于某种原因向 CPU 发出中断请求信号,使 CPU 暂时中止原来程序的执行,而转去为该突发事件服务,待处理程序执行完毕后,再继续执行原来被中断的主程序。这种主程序在执行过程中由于外界的原因而被中间打断的情况称为"中断"。

小提示

在 CPU 与外设交换信息时,存在着一个快速的 CPU 与慢速的外设之间的矛盾。为解决这个问题,产生了中断的概念。

中断现象在现实生活中也会经常遇到,例如:你在看书—手机响了—你在书上作个记号—你接通电话和对方聊天—谈话结束—你从书上的记号处继续看书,这就是一个中断过程。通过中断,你一个人在一特定的时刻,同时完成了看书和打电话两件事情。

中断的执行过程类似于函数的调用,区别在于中断的发生是随机的,其对中断服务程序的调用是在检测到中断请求信号后自动完成的。而函数的调用是由编程人员事先安排好的。因此,中断又可定义为 CPU 自动执行中断服务程序并返回原程序执行的过程。

从中断的定义可以看到中断应具备中断源、中断响应、中断返回这样 3 个要素。中断源发出中断请求,单片机对中断请求进行响应,当中断响应完成后应进行中断返回,返回被中断的地方继续执行原来被中断的程序。

在单片机中使用中断有以下优点。

①可以提高 CPU 的工作效率。计算机有了中断功能以后,CPU 和外设就可以同步工

作。CPU 启动外设后就可以继续执行原程序,而外设完成指定的操作后可以向 CPU 发出中断请求,CPU 执行中断,这样 CPU 减少了不必要的等待和查询时间。

②便于实时处理。有了中断功能后,实时测控现场的各个参数、信息,在任何时刻都可以向 CPU 发出中断申请,要求 CPU 及时处理。这样 CPU 就可以在最短的时间内处理瞬息变化的现场情况。

5.2 51 单片机的中断源

51 系列单片机的中断系统可以提供 5 个中断源(52 子系列是 6 个),如表 5.1 所示。

表 5.1 51 系列单片机的中断源

中断源	产生中断的条件
外部中断 0	由 P3.2 引脚输入信号,可以通过设置 IT0 位决定是低电平有效还是下降沿有效。当输入信号有效,即向 CPU 申请中断
外部中断 1	由 P3.3 引脚输入信号,可以通过设置 IT1 位决定是低电平有效还是下降沿有效。当输入信号有效,即向 CPU 申请中断
T0 溢出中断	当 T0 产生溢出时
T1 溢出中断	当 T1 产生溢出时
串行口中断	串行口成功接收或发送一帧数据

51 单片机内部一共有 5 个中断源,也就是说有 5 种情况发生时单片机就会去处理中断程序。

5.3 51 单片机中断的相关控制寄存器

中断处理的相关控制寄存器有中断允许控制寄存器 IE、定时器/计数器控制寄存器 TCON 和中断优先权控制寄存器 IP。

1. 中断允许寄存器 IE

IE 寄存器决定中断的开放和禁止,可按位寻址,各位说明如下。

B7	B6	B5	B4	B3	B2	B1	B0
EA	保留	保留	ES	ET1	EX1	ET0	EX0

①EA:中断允许总控位。EA=0 时,则所有中断请求均被禁止;EA=1 时,各中断的产生由对应的启动位决定。

②EX0/EX1:外部中断允许控制位。若置 1,则对应外部中断源可以申请中断;否则,对应外部中断申请被禁止。

③ET0/ET1:定时/计数中断允许控制位。若置 1,则对应定时器/计数器可以申请中断;若置 0,对应定时器/计数器不能申请中断。

④ES：串行中断允许控制位。ES＝1 时，允许串行中断；ES＝0 时，禁止串行中断。

小提示

图中，值班室对教室的灯有总控开关，教室里每个灯有自己的开关。值班室送电时，教室的灯可由教室里的开关控制；但如果总控开关不送电，无论如何操作教室里的开关，教室的灯都不会亮。

对 IE 寄存器，EA 类似于总控开关，其他位类似于教室开关。

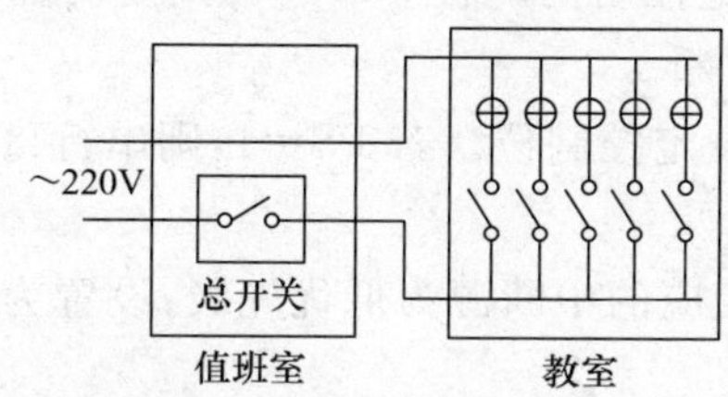

2. 定时器/计数器控制寄存器 TCON

TCON 寄存器用来记录各个中断源所产生的中断标志位，并包含定时器/计数器的启动控制位，可按位寻址，各位说明如下。

B7	B6	B5	B4	B3	B2	B1	B0
TF1	TR1	TF0	TR0	IE1	IT1	IE0	IT0

①IE0/IE1：外部中断请求标志位。当 CPU 采样到 $\overline{INT0}$（或 $\overline{INT1}$）端出现有效中断请求时，IE0（IE1）位由硬件置 1。当中断响应完成转向中断服务程序时，由硬件把 IE0（或 IE1）清 0。

②IT0/IT1：外部中断请求信号方式控制位。若置 1 则对应外部中断为脉冲下降沿触发方式，若置 0 就是低电平触发方式。

③TF0/TF1：定时器/计数器溢出中断请求标志位。若其为 1，表示对应定时器/计数器的计数值已由全 1 变为全 0，在向 CPU 申请中断。

3. 中断优先权控制寄存器 IP

IP 寄存器用来设定各种中断信号产生的优先次序。中断优先级的概念可以用下面例子说明。假如你在洗衣服的时候，突然水开了，同时电话也响起了，接下来你只能去处理一件事，那你该处理哪件事呢？你将会根据自己的实际情况来选择其中一件更重要的事先处理，在这里你认为更重要的事就是优生级较高的事情。单片机在执行程序时同样也会遇到类似的状况，即同一时刻发生了两个中断，那么单片机该先执行哪个中断呢？这取决于单片机内部的一个特殊功能寄存器——中断优先级控制寄存器 IP 的设置情况。

默认情况下 8051 中断源优先控制权如下：

（低）ES ← ET1 ←EX1← ET0 ← EX0（高）

可以通过设置中断优先权控制寄存器 IP，分配中断源的优先中断权。IP 寄存器可按位寻址，各位说明如下。

B7	B6	B5	B4	B3	B2	B1	B0
保留	保留	保留	PS	PT1	PX1	PT0	PX0

①PX0:外部中断 0 优先级设定控制位。PX0=1,外部中断 0 设定为高优先级中断;PX0=0,就是低优先级中断。

②PT0:T0 中断优先级设定控制位。若 PT0=1,则定时器/计数器 0 被设置为高优先级中断;PT0=0,就是低优先级中断。

③PX1:外部中断 1 优先级设定控制位。若 PX1=1,则外部中断 1 设定为高优先级中断;PX1=0,就是低优先级中断。

④PT1:T1 中断优先级设定控制位。若 PT1=1,则定时器/计数器 1 被设置为高优先级中断;PT1=0,就是低优先级中断。

⑤PS:串行口中断优先级设定控制位。若 PS=1,则串行口中断被设定为高优先级;PS=0,就是低优先级中断。

以上各位设置为 0 时,则相应的中断源为低优先级;设置为 1 时,则相应的中断源为高优先级。

优先级的控制原则如下:低优先级中断请求不能打断高优先级的中断服务;但高优先级中断请求可以打断低优先级的中断服务,从而实现中断嵌套。

如果一个中断请求已被响应,则同级的其他中断服务将被禁止,即同级不能嵌套。

如果同级的多个中断同时出现,则按 CPU 查询次序确定哪个中断请求先被响应。其查询次序为:外部中断 0→定时中断 T0→外部中断 1→定时中断 T1→串行口中断。

中断优先级控制中,除了中断优先级控制寄存器之外,还有两个不可寻址的优先级状态触发器。其中一个用于指示某一高优先级中断正在进行服务,从而屏蔽其他高优先级中断;另一个用于指示某一低优先级中断正在进行服务,从而屏蔽其他低优先级中断,但不能屏蔽高优先级的中断。此外,对于同级的多个中断请求查询的次序安排,也是通过专门的内部逻辑实现的。

4. 中断响应条件

单片机响应中断的条件是:

①中断总允许位 EA 置 1;

②申请中断的中断允许位置 1;

③有中断源提出中断申请;

④无同级或高级中断正在服务;

⑤检测到有中断请求到来的机器周期是当前正在执行指令的最后一个机器周期,这样可保证当前指令的完整执行。

5. 单片机的中断响应

单片机中断响应可以分为以下几个过程:

①停止主程序运行,当前指令执行完后立即终止现在执行的程序;

②对于外部中断源,单片机在每个机器周期的 S5P2 时刻对中断请求引脚进行采样,如果有效的中断请求信号到来,就置位 IE0/IE1;(对于定时器/计数器中断和串行口中断,由于它们的中断请求发生在芯片内部,因此不存在中断请求信号采样问题,只需硬件电路在 S5P2 时刻将满足条件的中断源请求反映到相关标志位中即可)

③保护断点,把程序计数器 PC 的当前值压入堆栈,保存终止的地址(即断点地址),以便

从中断服务程序返回时能够继续执行该程序；

④执行中断处理程序；

⑤中断返回，执行完中断处理程序后，从堆栈恢复程序计数器 PC 值，从中断处返回到主程序，继续往下执行。

以上工作是由计算机自动完成的，与编程者无关。

6. 中断请求的撤销

中断响应后，TCON 和 SCON 的中断请求标志位应及时撤销。否则意味着中断请求仍然存在，有可能造成中断的重复查询和响应，因此需要在中断响应完成后，撤销其中断标志。

(1)定时中断请求的撤销

硬件自动把 TF0(TF1)清 0，不需要用户参与。

(2)串行中断请求的撤销

需要软件清 0。

(3)外部中断请求的撤销

脉冲触发方式的中断标志位的清 0 是自动的。电平触发方式的中断标志位的清 0 是自动的，但是如果低电平持续存在，在以后的机器周期采样时，又会把中断请求标志位(IE0/IE1)置位。

5.4　C 语言中断程序的写法

C51 编译器支持在 C 语言源程序中直接编写 51 单片机的中断服务函数程序，从而减轻了采用汇编语言编写中断服务程序的烦琐程度。为了能在 C 语言源程序中直接编写中断服务函数，C51 编译器对函数的定义有所扩展，增加了一个扩展关键字“interrupt”。“interrupt”是 C51 函数定义时的一个选项，加上这个选项即可以将函数定义成中断服务函数。

定义中断服务函数的一般形式为：

```
函数类型　函数名(形式参数表) interrupt n　[using m]
{
/* ISR */
}
```

interrupt 后面的 n 是中断号，n 的取值范围为 0～31。编译器从 8n+3 处产生中断向量，具体的中断号 n 和中断向量取决于 51 系列单片机中不同的芯片。51 单片机的常用中断源和中断向量见表 5.2。

表 5.2　51 单片机常用中断源和中断向量

中断编号	中断源	入口地址
0	外部中断 0	0003H
1	定时器/计数器 0 溢出	000BH
2	外部中断 1	0013H

续表

中断编号	中断源	入口地址
3	定时器/计数器 1 溢出	001BH
4	串行口中断	0023H
5	定时器/计数器 2 溢出	002BH

m 用来选择 8051 单片机中不同的工作寄存器组。单片机 RAM 中使用 4 个不同的工作寄存器组，每个寄存器组中包含 8 个工作寄存器（R0～R7），m 分别选中 4 个不同的工作寄存器组。如果不用该选项，则由编译器选择一个寄存器组作为绝对寄存器组访问。

中断程序的编程需要先初始化中断系统，即对相关外部中断寄存器加以设定，如 TCON、IE、IP 等，然后编写中断服务程序。一旦某种中断源产生中断时，便会自动执行事先设定的各种中断服务程序控制程序。

使用 C51 编写中断程序，需要在主程序中初始化中断系统，再单独编写中断服务函数。C51 中断程序编程的基本步骤如下：

①设置 IE 寄存器，置位相应中断源的中断允许标志及 EA 使能相关中断，此项必须有；

②设置 IP 寄存器，设定所用中断源的中断优先级，此项可选，可以不设置；

③对外部中断应设定中断请求信号形式（电平触发/脉冲下降沿触发），设置寄存器 TCON 的 IT0、IT1 项；

④对于定时器/计数器中断应设置工作方式（定时/计数）；

⑤单独编写中断服务函数，此项必须有。

中断程序的一般格式如下：

```
#include <REGX51.H>        //包含 51 的特殊寄存器头文件
unsigned char xxx,…;       //定义全局变量，方便中断函数与程序进行数据交换

//中断服务函数
void int0_intfun (void) interrupt 0 using x
{
  ……                       //根据工程需要编程
  ……                       //使用全局变量与其他函数进行数据信息共享
}                          //中断返回

  ……                       //其他中断服务函数

void main ()
{
```

```
    IE=xx;  //使能对应的中断
    while(1)  //主程序循环
    {
    //使用全局变量与中断函数进行数据信息共享
    }
}
```

【例 5.1】 在单片机的 P1 口上接 8 个发光二极管,外部中断 0 通过按键接低电平,下降沿有效,要求每发生一次 INT0 外部中断,指示灯移动 1 位。硬件电路如图 5.1 所示。

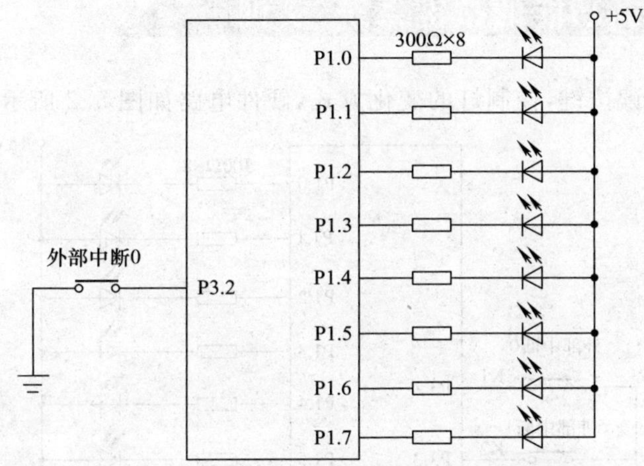

图 5.1　外部中断 INT0 控制指示灯移动电路

程序代码如下:

```
#include <REGX51.H>            //包含 51 的特殊寄存器头文件
unsigned char temp;

//中断服务子程序
void int0_intfun (void) interrupt 0 using 1
{
    P1=temp;
    temp=temp>>1;
}                              //中断返回

void main ()
{
    IE=0x81;                   //使能外部中断 0,可用 EA=1;EX0=1;
    IT0=1;                     //外中断下降沿产生中断
    temp=0x01;
    while(1);                  //主程序循环
}
```

小提示

1. 单片机中断是一个单独的函数。
2. 主函数不调用该函数,平时不执行该程序。
3. 当中断条件满足,硬件向 CPU 提出中断申请时,执行该函数。
4. 想使用中断,首先设置 IE 寄存器,使能中断。
5. 可以同时编程同时能使 5 个中断,这时需要 5 个中断函数。

5.5 有外部中断功能的按键系统(实训十)

用外部中断方式读按键,控制灯的变化方式,硬件电路如图 5.2 所示。

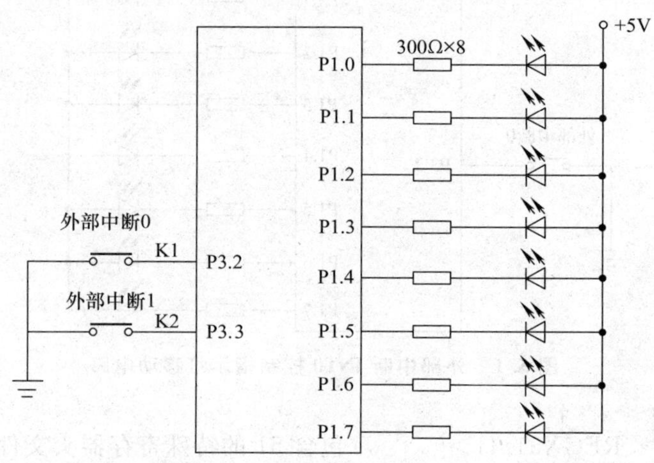

图 5.2 外部中断控制灯变换电路

在电路图中,单片机 P3.2 引脚接在按键 K1。当按下 K1 时,可触发 INT0 中断。中断必须预先初始化才会启动。

思考:中断触发方式如何初始化中断?观察系统能否立即响应按键操作,理解中断作用。

5.6 单片机中断编程

1. 在程序中使用中断的目的

(1)程序中使用中断可以减少单片机 CPU 的工作量

例如前面“LED 数码管显示技术”一节中的“程序 4”可以使用中断实现数码管显示,具体代码修改如下。

```
#include<REGX51.H>
#define uint unsigned int
#define uchar unsigned char
```

```
uchar code Led_Show[10]=……;     //对应 0～9 显示码
uint temp;                        //要显示的 4 位数
//数码管显示子程序,输入一个十进制数,在数码管上显示出该十进制数
void show(uint dat)
{
  uchar temp;
  uchar k;
  k=dat;
  P1_0=0;
  temp=k/1000; k=k%1000;
  P0=Led_Show[temp];
  Delay_xMs(1);
  P1_0=1;P1_1=0;
  temp=k/100; k=k%100;
  P0=Led_Show[temp];
  Delay_xMs(1);

  P1_1=1;P1_2=0;
  temp=k/10; k=k%10;
  P0=Led_Show[temp];
  Delay_xMs(1);

  P1_2=1;P1_3=0;
  P0=Led_Show[k];
  Delay_xMs(1);P1_3=1;
}
void TIMER0(void) interrupt 1
{
  TH0=(65536-50000)/256;
  TL0=(65536-50000)%256;
  show(temp);
}

void main()
{
  TMOD=0x01;
  TH0=(65536-50000)/256;
```

```
    TL0=(65536-50000)%256;
    IE=0x82;
    TR0=1;
    while(1)
    {
    temp=5678;                    //修改要显示的内容
    ……                            //其他代码
    }
}
```

程序中，定时器设定为每秒中断 20 次左右，每次中断执行一次数码管扫描，这样就可以实现数码管的动态显示。主程序中没有专门的数码管显示代码。如果显示程序放在主程序中会一直占用 CPU 的资源，而使用中断可以节省 CPU 的资源。

以后要讲的单片机串口接收数据一节，如果使用查询法进行编程，在主程序中需要有一段代码对单片机是否接收到了数据进行查询，这样会一直占用 CPU 的部分资源。如果使用中断法进行编程设计，那么单片机接收到数据后才执行一次中断函数，这样可以减少程序占用 CPU 的资源。

(2)程序中使用中断可以提高单片机对事件的处理速度

例如单片机串口接收数据，如果使用查询法进行编程设计，需要一个程序周期才能查询一次，从数据准备好到开始传输的时间不确定，实时性不好。而如果使用中断法进行编程设计，那么单片机接收到数据后马上执行一次中断函数。使用中断发送中断传输时，数据或设备准备好信号有效时马上产生一个中断，此时马上进入中断处理程序可以进行数据传输，省去循环等待时间，例如 9 600 bps 时查询发送约占用单片机 10 ms，而中断发送只占用单片机几十微秒。这说明使用中断能够使数据及时传输。

2. 中断函数使用全局变量与其他函数进行信息交换

为了能够编好一个简洁的中断程序，应抓住中断的特点——实时性，针对实时中断数据采集系统，也就是中断的特点在于数据的采集。因此在中断程序中只应处理数据采集和标志位的设置，而将数据的处理放在中断之外，由主程序通过循环检测执行数据处理工作，具体做法是先定义需要的全局变量，作为采集来的数据的传递媒体，即存储采集数据，等待主程序的处理；中断程序负责数据的采集，并且将采集来的数据值赋给全局变量；主程序通过条件循环语句反复检测“存储缓冲区”情况，及时处理采集信息。这样的处理方法既能有效地实现中断的功能，又可以极大地缩减每个中断的时间，提高整个程序的反应速度。

习　题

1. 什么是中断？中断与调用子程序有何异同？举例说明 I/O 的中断控制。

2. 51 单片机有几个中断源？有几级中断优先级？各中断标志是怎样产生的，又是如何清除的？

3. 51 单片机响应中断的条件是什么？

4. 简述 CPU 响应中断的过程。

5. 外部中断有几种触发方式？如何选择？在何种触发方式下，需要在外部设置中断请求触发器？为什么？

6. 设在单片机的 P1.0 口接一个开关，用 P1.1 口控制一个发光二极管。要求当开关按下时 P1.1 口能输出低电平，控制发光二极管发亮，编制一个查询方式的控制程序。如果开关改接在 INT0 口，改用中断的方式，编一个中断控制程序。

7. 用两个开关在两地控制一盏楼梯灯，用单片机控制，两个开关分别接在 INT0 和 INT1，采用中断方式，试编写该中断控制程序。

第 6 章 单片机的定时器/计数器

本章要点

理解定时器/计数器的工作原理。

掌握定时器/计数器寄存器的设置。

掌握定时器/计数器的编程。

在测控系统中,经常需要定时检测某些物理参数,或间隔一定时间来进行某种控制。这些定时任务可以通过编写延时程序的方法实现,但该方法占用 CPU 时间,影响 CPU 的工作效率,同时该延时的时间不精确,不适合用于实时控制。51 单片机内置了两个可编程的 16 位定时器/计数器 T0 和 T1,可用作定时控制以及对外部事件的计数。

6.1 定时器/计数器的结构及功能

51 单片机定时器/计数器的逻辑结构如图 6.1 所示。

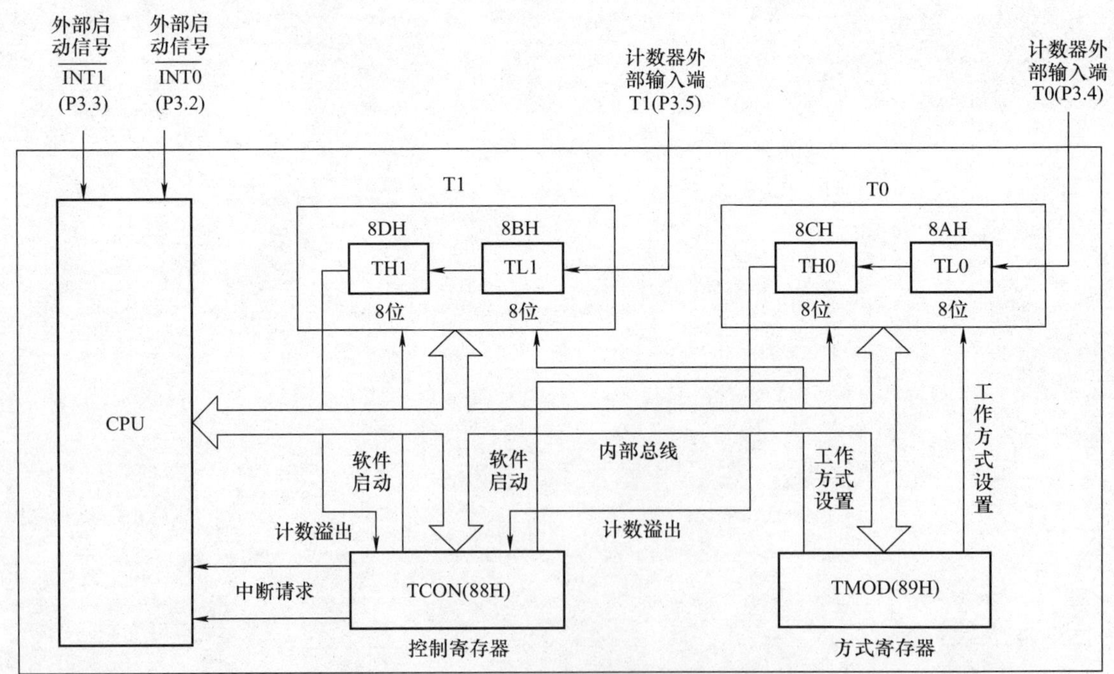

图 6.1 51 单片机定时器/计数器的结构框图

16 位的定时器/计数器分别由两个 8 位专用寄存器组成,即 T0 由 TH0 和 TL0 构成,T1

由TH1和TL1构成,每个寄存器均可单独访问。这些寄存器用于存放定时或计数初值。内部有一个8位的定时器方式寄存器TMOD和一个8位的定时控制寄存器TCON。这些寄存器之间是通过内部总线和控制逻辑电路连接起来的。

定时器/计数器实质上是一个加1计数器,其控制电路受软件控制、切换。

小提示

定时器类似一个电子表,两者比较如下。

电 子 表	定时器 T0
先安上电池后开始自动计时	使 TR0 置 1 后,定时器开始工作
时间计数值根据秒自动地变换	每个机器周期使时间标记加 1(TH0、TL0)
电子表计时到 24 点时溢出	到溢出点产生溢出标记
溢出后时间值恢复到 0	TH0 和 TL0 都是 0
可以调整电子表当前的时间初始值	根据定时的时间长短修改 TH0、TL0

单片机的两个定时器/计数器均有两种工作方式,即定时工作方式和计数工作方式。这两种工作方式由TMOD的D6位和D2位(即C/$\overline{T}$位)选择,其中D6位选择T1的工作方式,D2位选择T0的工作方式,工作原理如图6.2所示。

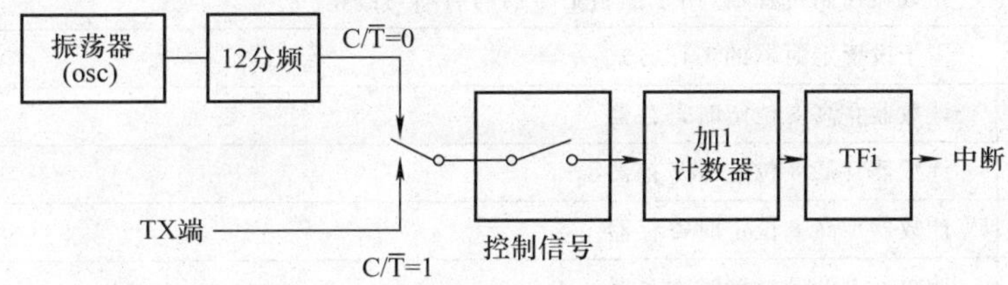

图 6.2 工作原理图(TX 代表 T1 或 T0)

1. 计数功能

当定时器/计数器设置为计数工作方式时,计数器对来自输入引脚T0(P3.4)和T1(P3.5)的外部信号计数,外部脉冲的下降沿将触发计数。此时,单片机在每个机器周期对外部计数脉冲进行采样。如果前一个机器周期采样为高电平,后一个机器周期采样为低电平,即为一个有效的计数脉冲,在下一机器周期进行计数,TH0、TL0(TH1、TL1)加1。可见采样计数脉冲是在两个机器同期进行的,因此计数脉冲频率不能高于晶振频率的1/24。

2. 定时功能

当定时器/计数器设置为定时工作方式时,TH0、TL0(TH1、TL1)计数器对内部机器周期计数,计数脉冲输入信号由内部时钟提供,每过一个机器周期,计数器增1,直至计满溢出。

定时器的定时时间与系统的振荡频率紧密相关,因为每个机器周期有固定时间,即一个机器周期由晶振的12个振荡脉冲组成。如果单片机系统采用$f_{osc}=12$ MHz晶振,则计数器的计数频率$f_{cont}=f_{osc}\times1/12$为1 MHz,计数器计数脉冲的周期等于机器周期,即

$$T_{cont}=1/f_{cont}=1/(f_{osc}\times1/12)=12/f_{osc}$$

式中:f_{osc}为单片机振荡器的频率,f_{cont}为计数脉冲的频率。

这是最短的定时周期，适当选择定时器的初值可获取各种定时时间。MCS－51 单片机的定时器/计数器工作于定时方式时，其定时时间由计数初值和所选择的计数器的长度（如 8 位、13 位或 16 位）来确定。

每一个机器周期，都使计数器加 1，直到计数器计满为止。当计数器计满后，下一个机器周期使计数器清 0，即溢出过程。

由开始计数到溢出，这段时间就是“定时”时间。定时时间长短与计数器预先装入的初值有关。初值越大，定时越短；初值越小，定时越长。最大定时时间为 65 536 个机器周期。

小知识

TH0、TL0 是两个 8 位计数器，最大值是 65 535，不可能是 65 536。65 535 再加 1 时计数器值会变成 0，这就是计数器的溢出。

6.2 定时器/计数器相关的控制寄存器

T0/T1 工作过程是通过一些控制寄存器实现的，相关寄存器见表 6.1。

表 6.1 定时器/计数器相关的寄存器

名称	功能描述
TCON	计数器控制寄存器，用于控制定时器的启动与停止
TMOD	用于设置定时器的工作方式
TH0	计数器 0 高 8 位定时寄存器
TL0	计数器 0 低 8 位定时寄存器
TH1	计数器 1 高 8 位定时寄存器
TL1	计数器 1 低 8 位定时寄存器

1. 工作方式控制寄存器 TMOD

TMOD 为 8 位寄存器，用于控制 T0 和 T1 的工作方式和工作模式。低 4 位用于 T0，高 4 位用于 T1。该寄存器不能按位寻址，各位含义如下。

B7	B6	B5	B4	B3	B2	B1	B0
GATE	C/$\overline{T}$	M1	M0	GATE	C/$\overline{T}$	M1	M0
决定 T1 的工作方式				决定 T0 的工作方式			

①GATE：门控位。当 GATE＝1 时，INT0 或 INT1 引脚为高电平，同时 TCON 中的 TR0 或 TR1 控制位为 1 时，定时器/计数器 0 或 1 才开始工作。若 GATE＝0，则只要将 TR0 或 TR1 控制位设为 1，定时器/计数器 0 或 1 就开始工作。

②C/$\overline{T}$：定时器或计数器功能的选择位。C/$\overline{T}$＝1 为计数器，通过外部引脚 T0 或 T1 输入计数脉冲。C/$\overline{T}$＝0 为定时器，由内部系统时钟提供计时工作脉冲。

③M1、M0：工作模式选择。

M1M0＝00：工作模式 0，13 位定时器/计数器。

M1M0＝01：工作模式 1，16 位定时器/计数器。

M1M0=10：工作模式2，8位自动加载定时器/计数器。

M1M0=11：工作模式3，计数器1停止定时工作，而计数器0分为两个独立的8位计数器，由TH0、TL0、TH1及TL1来负责定时的任务。

2. 定时器/计数器控制寄存器TCON

TCON各位含义如下。

B7	B6	B5	B4	B3	B2	B1	B0
TF1	TR1	TF0	TR0	IE1	IT1	IE0	IT0

①TF0/TF1：定时器/计数器溢出中断请求标志位。当计数器计数溢出时，单片机将该位置1。使用查问方式时，此位作状态可供查询，但应注意查询有效后应采用软件将该位清0；使用中断方式时，此位作中断标志位，在进入中断服务程序时由片内硬件自动清0。

②TR0/TR1：定时器/计数器运行控制位。TR0(TR1)=0时停止定时器/计数器工作，TR0(TR1)=1时启动定时器/计数器工作。该位根据需要由软件方法使其置1或清0。

小经验

定时器/计数器是内部集成的器件，使用时只需设置即可使用。

6.3　定时器/计数器的工作模式

定时器/计数器有4种工作模式。

1. 工作模式0

图6.3所示是T0在定时工作模式0下的逻辑结构。模式0是对两个8位计数器TH0、TL0(或TH1、TL1)进行计数操作。其中高8位用8位，低8位只用低5位，从而构成了一个13位计数器。

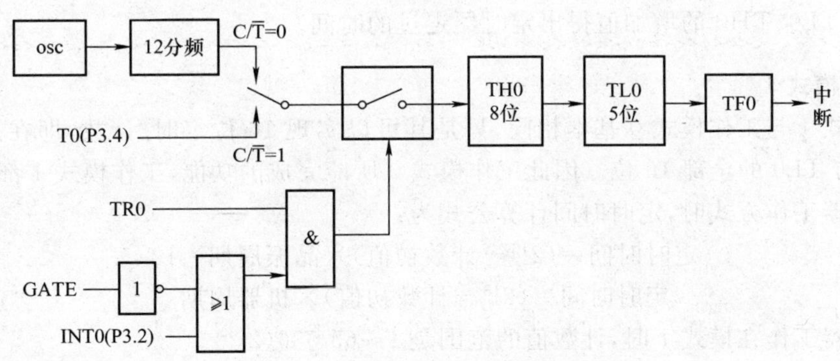

图6.3　T0在工作模式0下的逻辑结构

计数时低8位TL0(TL1)中低5位计满向高8位TH0(TH1)进位，TH0(TH1)计满则使标志位TF0或TH1置1，在允许中断的情况下产生中断申请。

(1)定时功能

C/T̄=0，定时器对机器周期计数。定时时间的计算公式为：

$$定时时间=(2^{13}-计数初值)\times 晶振周期\times 12$$

$$定时时间=(2^{13}-计数初值)\times 机器周期$$

(2)计数功能

$C/\overline{T}=1$,控制开关接通计数引脚 T0(P3.4)或 T1(P3.5),此时在 T0 就计数 P3.4(或 P3.5)引脚上到来的脉冲个数,每检测到一个脉冲下降沿,就加 1 次。即它作为计数器使用外部计数脉冲通过引脚供 13 位计数器使用。计数值的范围是 1~8 192(2^{13})。

例如设 51 单片机晶振频率为 6 MHz,使用定时器 1 以模式 0 产生周期为 500 μs 的等宽正方波脉冲,在门 P1.7 端输出。

欲产生周期为 500 μs 的等宽正方波脉冲,只需在门 P1.7 端以 250 μs 为周期交替输出高低电平即可,因此定时时间应为 250 μs。设待求计数初值为 X,则

$$(2^{13}-X)\times 2\times 10^{-6}=250\times 10^{-6}$$

$$X=8\ 067$$

于是 TL1=03H,TH1=FCH。

小提示——关于初始值的计算

定时器定时时间是从初始值到溢出点的时间,许多初学者觉得不理解。

为什么不是从 0 开始,而且要到溢出点呢?这与单片机的硬件设计有关。当定时器 T0 或 T1 溢出时,单片机硬件会产生 TF0、TF1 标记并可以产生中断。为了使用溢出标记,所以使用定时器进行编程时一般先设置定时器的初始值,然后到溢出点时检测 TF0(TF1)或进行中断处理。

定时器运行时 TH0、TL0 的值在不断加 1,最后加到溢出点。每加 1 次的时间为一个机器周期的时间。

实际上,如果不使用 TF0、TF1 标记(中断),也可以随时读出 TL0、TH0 的值,并且通过计算 TL0、TH0 的增加值得出定时器走过的时间。

2. 工作模式 1

工作模式 1 与工作模式 0 基本相同,只是其可以实现 16 位定时/计数,即在这种方式下使用 TH0 与 TL0 的全部 16 位。因此工作模式 0 所能完成的功能,工作模式 1 都可以实现。

在定时器工作方式时,定时时间计算公式为:

$$定时时间=(2^{16}-计数初值)\times 晶振周期\times 12$$

$$定时时间=(2^{16}-计数初值)\times 机器周期$$

当计数器工作在模式 1 时,计数值的范围是 1~65 536(2^{16})。

上例中,计数器工作在方式 1 时,X=8067。可以计算出:TL1=83H,TH1=FFH。

3. 工作模式 2

图 6.4 所示是 T0 在工作模式 2 下的逻辑结构。工作模式 2 能自动加载计数初值。这种工作模式将 16 位计数器分为两部分,即以 TL0(TL1)作计数器,以 TH0(TH1)作预置计数器,初始化时把计数初值分别装入 TL0(TL1)和 TH0(TH1)中。当计数器溢出时,通过片内硬件控制自动将 TH0(TH1)中的计数初值重新装入 TL0(TL1)中,然后 TL0(TL1)又重新计数。

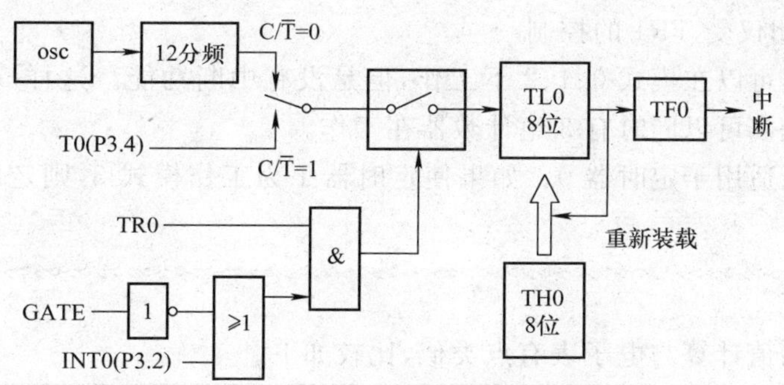

图 6.4　T0 在工作模式 2 下的逻辑结构

定时时间的计算公式为：

$$定时时间=(2^8-计数初值)\times晶振周期\times12$$

$$定时时间=(2^8-计数初值)\times机器周期$$

当 8 位计数器工作在模式 2 时，计数值的范围是 1～256。

这种自动重新加载初始值的工作方式非常适用于循环或循环计数，例如用于产生固定脉宽的脉冲。此外，T1 还可以作为串行数据通信的波特率发生器使用。

4. 工作模式 3

图 6.5 所示是 T0 在定时工作模式 3 下的逻辑结构。模式 3 的工作和前面所介绍的 3 种模式不太一样，计数器 0 被分为 2 个独立的 8 位计数器，分别由 TL0 及 TH0 来计数。其中，TL0 仍然使用 T0 的各控制位、引脚和中断溢出标志，而 TH0 要占用 T1 的 TR1 和 TF1。

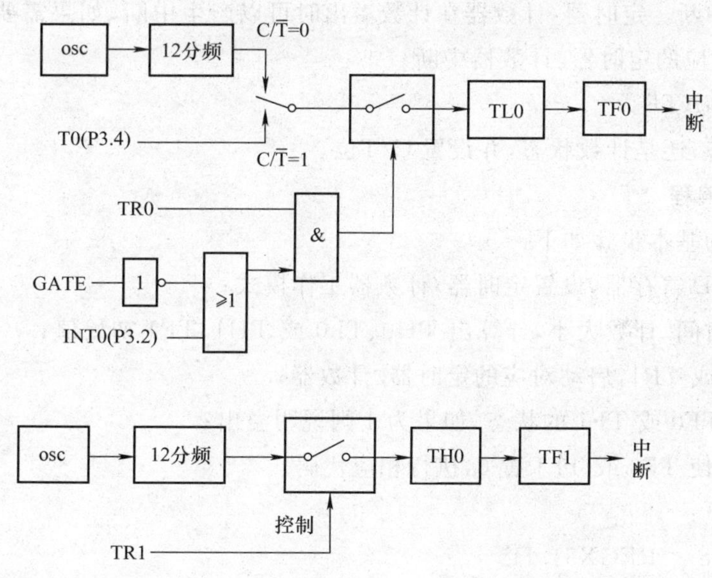

图 6.5　T0 在工作模式 3 下的逻辑结构

其中 TL0 用原 T0 的各控制位、引脚和中断源，即 C/$\overline{T}$、GATE、TR0、TF0 和 T0(P3.4)引脚、INT0(P3.2)引脚。TL0 除仅用 8 位寄存器外，其功能和操作与模式 0(13 位计数器)、模式 1(16 位计数器)完全相同，可设置为定时器方式或计数器方式。

TH0 只有简单的内部定时功能，它占用了定时器 T1 的控制位 TR1 和 T1 的中断标志位

TF1,其启动和关闭仅受 TR1 的控制。

计数器 1 仍然可以在模式 0、1、2 下工作,但是没有中断功能。这样 51 单片机的计时器在模式 3 工作时最多可以同时有 3 组计数器在工作。

工作模式 3 只适用于定时器 0。如果使定时器 1 为工作模式 3,则定时器 1 将处于关闭状态。

小提示

定时器初始值计算与电子表有点类似,比较如下。

电子表的操作	定时器的操作
看一下几点了	读一下寄存器 TH0、TL0(TH1、TL1)
显示时间不停地一秒一秒地增加	定时器的 TH0、TL0 在不断地加 1 操作
在 12 点有人请科室的同事吃饭	定时器在计数溢出时会产生 TF0 或 TF1 标志,并可产生中断
离吃饭地点有 45 min 的路程,需要几点出发?	离溢出点需要 30 ms,假如使用 12 MHz 的晶振,你能计算出此时 TH0、TL0 应是什么值?

6.4 C 语言对定时器/计数器的编程

C51 对定时器/计数器的编程过程可分为查询法和中断法。编程需要考虑以下问题。

①是否需要中断。定时器/计数器在计数溢出时可以产生中断,如果需要该中断,则设置 IE 寄存器,使能对应的定时器/计数器中断。

②是否需要 GATE。

③是定时状态,还是计数状态,并设置 $C/\overline{T}$位。

1. 查询法的编程

查询法编程的基本步骤如下:

①设置 TMOD 寄存器,设置定时器/计数器工作模式;

②根据定时时间/计数大小,计算出 TH0、TL0 或 TH1、TL1 初始值;

③设置 TR0 或 TR1,启动对应的定时器/计数器;

④循环查询 TF0 或 TF1 的状态,如果为 1 则说明溢出;

⑤如果溢出,使 TF0 或 TF1 置 0,执行相应代码。

具体格式如下:

```
#include <REGX51.H>
void main(void)
{
  TMOD=……;        //设定工作模式
  TR0=1;           //启动定时器
  while(1)
```

```
    {
      TH0=……;
      TL0=……;          //根据定时时间赋初始值
      while(!TF0);     //判断是否已经到溢出点,未到一直循环
      ……              //输出结果
      TF0=0;           //人工将 TF0 置位
    }
  }
```

2. 中断法的编程

主程序初始化定时器/计数器及中断系统,初始化基本步骤如下:

①设置 IE 寄存器,置位相应 ET0 或 ET1 标志位及 EA 位,使能进行相关中断;

②设置 TMOD 寄存器,设置定时器/计数器工作模式;

③根据定时时间/计数大小,计算出 TH0、TL0 或 TH1、TL1 初始值;

④设置 TR0 或 TR1,启动对应的定时器/计数器;

⑤单独编写中断服务函数。

具体格式如下:

```
#include <REGX51.H>

void time(void) interrupt  1(或 3)     //定时器中断
{
……                                     //定时器/计数器服务代码
}

void main(void)
{
  TMOD=……;                            //设定工作模式
  TH0=……;
  TL0=……;                             //根据定时时间赋初始值
  IE=……;                              //允许定时器中断
  TR0=1;                               //启动定时器
  while(1);
}
```

下面举例说明各种工作模式下的编程。

【例 6.1】　在定时状态下,进行工作模式 1 的编程。设单片机晶振频率为 6 MHz,使用工作模式 1,产生周期为 500 μs 的等宽正方波,并由 P1.0 输出。

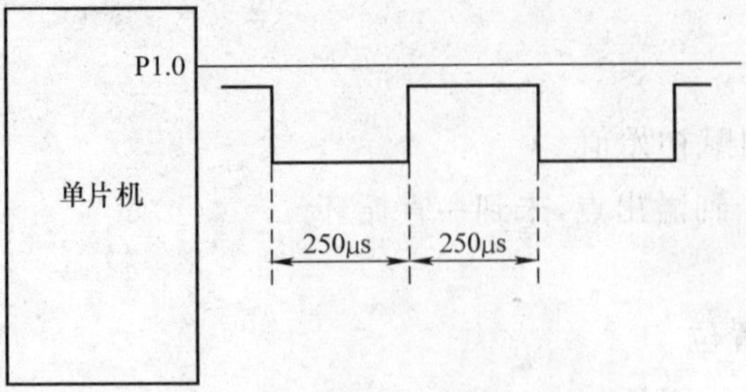

图 6.6　方波输出电路设计

分析：题目的要求可用图 6.6 来表示。由图可以看出只要使 P1.0 的电位每隔 250 μs 取一次反即可，所以定时时间应取 250 μs。

(1)计算计数初值

设计数初值为 X，由定时计算公式知：

$(2^{16}-X)\times 2\ \mu s=250\ \mu s$

$X=65411D$

$X=1111111110000011B$

$X=0FF83H$，TH1＝0FFH，TL1＝83H

(2)专用寄存器的初始化

TMOD 设置的对应值如下：

GATE	C/$\overline{T}$	M1	M0	GATE	C/$\overline{T}$	M1	M0
0	0	0	1	0	0	0	0

所以，TMOD 应设置为 10H。

方法一：以查询方式编程，程序如下。

```
#include <REGX51. H>
void main(void)
{
  TMOD=0x10;          //设定工作模式
  TR1=1;              //启动定时器
  while(1)
  {
   TH1=0xFF;
   TL1=0x83;          //根据定时时间赋初始值
   while(!TF1);       //判断是否已经到溢出点，未到一直循环
   P1_0=!P1_0;        //输出结果
   TF1=0;             //人工将 TF1 置位
  }
}
```


“while(! TF1);”语句的功能是查询 T1 是否已经到溢出点。当定时器没有到溢出点时，“TF1”的值是 0，“! TF1”的值是 1，因此 while()语句的条件满足，此时单片机一直处在 while()语句的循环状态。只有当定时器溢出后，“TF1”的值变为 1，while()语句的条件不满足，程序才跳出该循环。定时器溢出表示定时时间到，“P1_0=! P1_0;”语句是输出结果。定时器溢出后因为 TF1 的值是 1，所以使用“TF1=0;”语句人工将 TF1 置位。

方法二：以中断方式编程，利用定时器 T0 作 250 μs 定时，达到定时值后引起中断，在中断服务程序中，使 P1.0 的状态取一次反，并再次定时 250 μs。TMOD 应设置为 01H，程序如下。

```
#include <REGX51.H>
void time(void) interrupt 1          //T0 中断
{
  P1_0=!P1_0;
  TH0=0xFF;
  TL0=0x83;
}
void main(void)
{
  TMOD=0x01;                         //设定工作模式
  P1_0=0;
  TH0=0xFF;
  TL0=0x83;                          //根据定时时间赋初始值
  IE=0x82;                           //允许定时器中断
  TR0=1;                             //启动定时器
  while(1);
}
```

【例 6.2】 工作模式 2 的应用。设单片机晶振频率为 6 MHz，使用工作模式 2，产生周期为 500 μs 的等宽正方波，并由 P1.0 输出。

> **小经验——使用定时器的工作模式 2 实现更精确的定时**
>
> 当模式 0、模式 1 用于循环重复定时计数时，每次计数满溢出，寄存器全部为 0，第 2 次计数还得重新装入计数初值。这样编程麻烦，而且影响定时时间精度，而模式 2 解决了这种缺陷。

解：用定时器 1，工作模式 2，由 T1 的中断来实现。

计数初值 $X1=256-125=131=83H$，所以 TH1＝TL1＝83H。

设置 TMOD：GATE＝0；$C/\overline{T}=0$；M1M0＝10B，TMOD＝20H（定时方式，模式 2）。

程序代码如下：

```
#include <REGX51.H>
void time(void) interrupt 3       // T1 中断
{
  P1_0=!P1_0;                     // P1.0 取反输出
}

void main(void)
{
  TMOD=0x20;
  TH0=0x83;
```

```
    TL0=0x83;                    //T1计数初值
    IE=0x82;
    TR1=1;                       //启动T1
    while(1);
}
```

由以上程序可以看出，在模式2下，定时器每次溢出后不必人工装入定时器初始值。计数的最高值是256，其他与模式1相同。

> **小经验**
>
> 定时器一般使用工作模式1和工作模式2，其他两种模式一般不用。

【例6.3】 模式3的应用。通常情况下，T0不运行于工作模式3，只有在T1处于工作模式2，并不要求中断的条件下才可能使用。这时，T1往往用作串行口波特率发生器，TH0用作定时器，TL0作为定时器或计数器。模式3是为了使单片机有1个独立的定时器/计数器、1个定时器以及1个串行口波特率发生器的应用场合而特地提供的。这时，可把定时器1用于工作模式2，把定时器0用于工作模式3。

程序代码如下：

```
#include <REGX51.H>

void time(void) interrupt 1          //T0中断
{
    TL0=0xFA;                        //T0重赋初值
    P1_0=!P1_0;                      //P1.0取反输出
}

void time(void) interrupt 3          //T1中断
{
    TH0=0x9C;                        //T1重赋初值
    P1_2=!P1_2;                      //P1.2取反输出
}

void main(void)
{
    TMOD=0x23;                       //T0模式3,定时,T1模式2,定时
    TH0=0x9C;                        //T1计数初值
    TL0=0xFA;                        //T0计数初值

    //下面是设置T0、T1定时器
```

```
    IE=0x8a;                       //开放 T0、T1 中断
    TR1=1;                         //启动 T1
    TR0=1;                         //启动 T0

    //下面是设置波特率
    SCON=0x40;
    TMOD=0x20;
    TH1=0xe8;
    TL1=0xe8
    while(1);
}
```

【例 6.4】 TMOD 寄存器中 GATE 位的应用。利用 GATE 门控位测量从 INT1 引脚输入的正脉冲宽度。

小知识——GATE 位的作用

GATE 位是 TMOD 寄存器的一位，可以设置为 0、1 两种状态，其作用如图所示。当 GATE=0 时，只有 TR1 位控制定时器/计数器的开关。当 GATE=1 时，除了 TR1 位外，还有 INT1 引脚的电平两者同时控制定时器/计数器的开关。

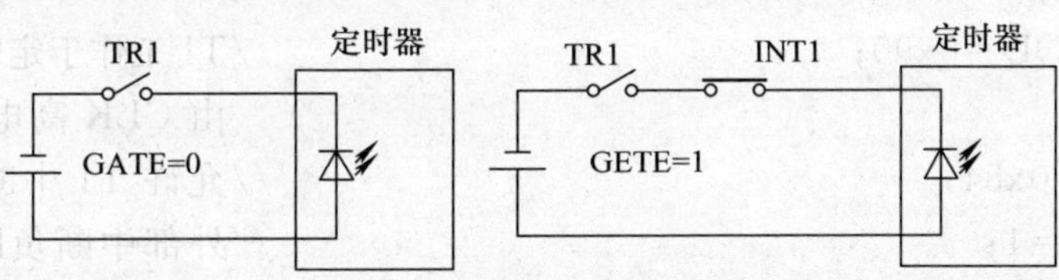

解：脉冲信号从单片机的 INT1 中断引脚输入，这样可以通过 INT1 引脚控制定时器 T1 的启停，测量原理如图 6.7 所示。正脉冲宽度是电平从低到高开始计时(上升沿)，一直到由高到低结束(下降沿)，中间持续的时间即为脉冲宽度。

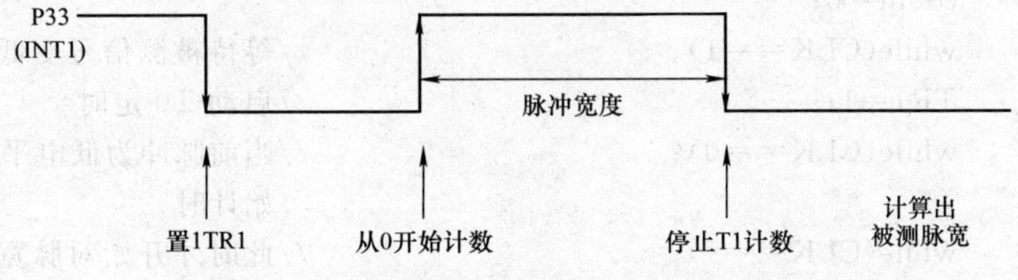

图 6.7　利用 GATE 门控位测量脉冲宽度原理

图 6.7 是利用 GATE 门控位测量脉冲宽度原理。GATE 是单片机定时器的门控位，GATE=1 时，INT1 管脚为高电平，而且同时 TR1 为 1 时定时器才进行计时工作。从图 6.7 可以看出，当输入脉冲为高电平时，T1 对脉冲计时。当脉冲为低电平时，尽管 TR1 为 1，T1 仍立即停止对脉冲的计时，此时再设置 TR1 为 0 并读出脉冲的定时时间。这样通过使用

GATE 位，能够在脉冲高电平变为低电平时使定时器立即停止计时，保证了测量的准确度。

(1)定时器 T1 工作在模式 1

在计时状态，GATE=1，方式控制字 TMOD=10010000B=90H。

(2)计算初值

由于被测正脉冲宽度未知，设定定时初值为 0，此时一次中断计数的值是 65 536。

程序代码如下：

```
#include <regx51.h>                          /*头文件的包含*/
sbit CLK=P3^3;                               //被测信号输入端

uchar count;                                 //T1 溢出次数

void timer1(void) interrupt 3                //定时器 T1 中断
{
  count++;                                   //中断计数器加 1
}

void main(void)
{
    unsigned long wide;
    TMOD=0x90;                               //T1 工作于定时模式 1,GATE=1,
                                               由 CLK 高电平启动计时
    IE=0x84;                                 //允许 T1 中断
    IT1=1;                                   //外部中断负跳变触发
    while(1)
    {
      TH1=0;                                 //测试前,计数器清 0
      TL1=0;
      count=0;
      while(CLK==1);                         //等待被测信号变低
      TR1=1;                                 //启动 T0 定时
      while(CLK==0);                         //当前脉冲为低电平,定时器未开
                                               始计时
      while(CLK==1);                         //此时才开始对脉宽计时
      TR1=0;                                 //停止计时
      wide=(count*65536)+(TH1<<8)+TL1;       //算出脉宽
      ……;                                    //处理结果
    }
}
```

从程序可以看出，脉宽的计算方法是 wide=定时器中断的次数+当前定时器的值。

6.5　用定时器/计数器 T0 作跑马灯(实训十一)

1. 实训题目

用定时器/计数器 T0 作跑马灯。

2. 实训任务

用 AT89S51 的定时器/计数器 T0 产生 2 s 的定时，当第 1 个 2 s 定时到来时，L1 指示灯开始以 0.2 s 的速率闪烁，当下一个 2 s 定时到来之后，L2 开始以 0.2 s 的速率闪烁，如此循环下去。0.2 s 的闪烁速率也由 T0 来完成。

3. 电路原理图

硬件电路如图 2.10 所示，8 个发光二极管 L1～L8 分别接在单片机的 P1.0～P1.7 接口上。

4. 程序设计分析

T0 工作在模式 1(最高定时约 65 ms)，系统设置定时 50 ms 时，采用中断编程。

此时 IE＝1；TH0＝(65 536－50 000)/256；TL0＝(65 536－50 000)％256。

定时 2 s 需要 40 次中断，而定时 0.2 s 需要 4 次中断。

每次 2 s 定时到时，L1～L8 要交替闪烁。采用 ID 号来识别，当 ID＝0 时 L1 在闪烁，当 ID＝8 时 L8 在闪烁。

5. C 语言参考程序

```
#include <REGX51.H>
unsigned char tcount2s;
unsigned char tcount02s;
unsigned char ID;          //第几个灯
bit flag=0;                //明灭状态
void TIMER0(void) interrupt 1
{
  tcount2s++;
  if(tcount2s==40)     //2 s 的定时
  {
    tcount2s=0;
    ID++;              //决定控制第几个 LED
    flag=0;            //灯开始状态是发光
    if(ID==8) ID=0;
  }
  tcount02s++;
  if(tcount02s==4)     //0.2 s 的定时
  {
```

```
        if(flag)
        P1_0=~(0x01<<ID);
        else
        P1_0=0xFF;            //全灭
        flag=! flag;
        tcount02s=0;
    }
  }
  void main(void)
  {
    TMOD=0x01;
    TH0=(65536-50000)/256;
    TL0=(65536-50000)%256;
    IE=0x82;
    TR0=1;
    while(1);
  }
```

小提示——~(0x01<<ID)语句是什么功能?

0x01 表示二进制 00000001。ID 表示 0~7 之间的数,对应 8 个灯。如果是第 3 个灯,(0x01<<2)计算结果是 00000100B。

(0x01<<2)经过"~"符号按位取反后结果是 11111011B。

6.6 用定时器/计数器的计数方式编程

51 单片机的两个定时器/计数器均有两种工作方式,即定时工作方式和计数工作方式。这两种工作方式由 TMOD 的 D6 位和 D2 位选择,即 C/$\overline{T}$位,其中 D6 位选择 T1 的工作方式,D2 位选择 T0 的工作方式。

小知识

51 单片机用作计数器时,对从芯片引脚 T0 或 T1 上输入的脉冲进行计数;用作定时器时,对内部机器周期脉冲进行计数,通过设置 TMOD 的 C/$\overline{T}$位决定。其他编程方法是一样的。

【例 6.5】 如在某啤酒自动生产线上,需要每生产 100 瓶执行装箱操作,将生产出的啤酒自动装箱,由 P1.0 引脚控制包装机的启停。试用单片机 T0 的计数功能实现该控制要求。

硬件电路如图 6.8 所示,生产线上装有传感装置,每检测到一瓶啤酒经过就向单片机发送一个脉冲信号,这样使用计数功能就可实现。设用 T0 的工作模式 2 来完成该题目。

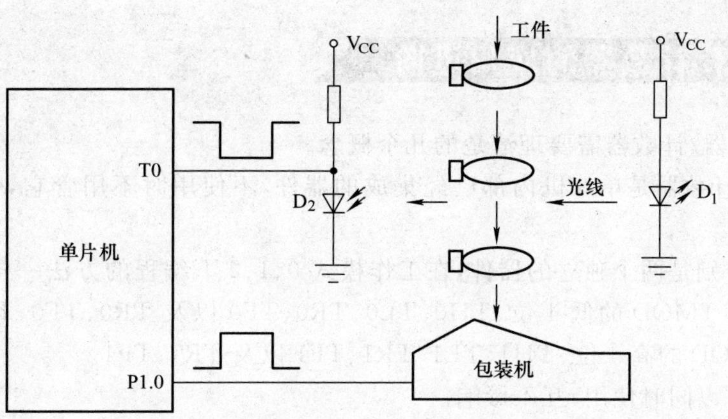

图 6.8　啤酒自动生产线

```
＃include ＜REGX51. H＞
unsigned int count；

void time0_int(void) interrupt 1        //定时器/计数器 0 中断服务程序
{
  unsigned char i；
  count＋＝count；                      //箱数计数器加 1
  P1_1＝1；                             //启动外设包装
  for(i＝0；i＜100；i＋＋)；            //给外设足够时间
  P1_0＝0；                             //停止包装
}

void main()
{
  P1_0＝0；
  count＝0；                            //箱数计数器清 0
  TMOD＝0x06；                          //置定时器/计数器 0 工作方式
  TH0＝0x9C；
  TL0＝0x9C；                           //计数初值送计数器
  EA＝1；
  ET0＝1；
  TR0＝1；                              //启动定时器/计数器 0
  while(1)；
}
```

6.7 定时器/计数器的应用进阶

①关于定时器/计数器需要理清楚的几个概念。

a. 定时器/计数器是单片机内部已经集成的器件，不使用时不用管它，使用时直接编程即可。

b. T0、T1 分别是两个独立的器件，在工作模式 0、1、2 下编程的方法一样。T0 对应的特殊功能寄存器是 TMOD 的低 4 位、TH0、TL0、TR0、TF0 以及 TR0、TF0，T1 对应的特殊功能寄存器是 TMOD 的高 4 位、TH1、TL1、TR1、TF1 以及 TR1、TF1。

②T0、T1 可以同时使用，互不影响。

③定时器/计数器的编程格式是固定的。定时器/计数器的编程有固定的语句，使用时按需修改参数即可。

④对于固定的格式，能够改变的只是设置的参数。例如设置 TMOD 来改变定时器的工作模式，设置 TH0、TL0 改变定时器的初始值。

⑤在实际应用中可以根据需要将某个定时器/计数器设为定时方式或设为计数方式。如果使用串口通信还需要将 T1 或 T2 设为串行口波特率发生器。

6.8 使用定时器中断对红外线遥控器解码(实训十二)

红外线遥控是目前使用最广泛的一种通信和遥控手段。由于红外线遥控装置具有体积小、功耗低、功能强、成本低等特点，因而继彩电、录像机之后，在录音机、音响设备、空调机以及玩具等其他小型电器装置上也纷纷采用红外线遥控。工业设备中，在高压、辐射、有毒气体、粉尘等环境下，采用红外线遥控不仅可靠而且能有效地隔离电气干扰。

1. 红外遥控系统

通用红外遥控系统由发射和接收两大部分组成。应用编/解码专用集成电路芯片进行控制操作，如图 6.9 所示。发射部分包括键盘矩阵、编码和调制、LED 红外发送器，接收部分包括光/电转换放大器、解调/解码电路。

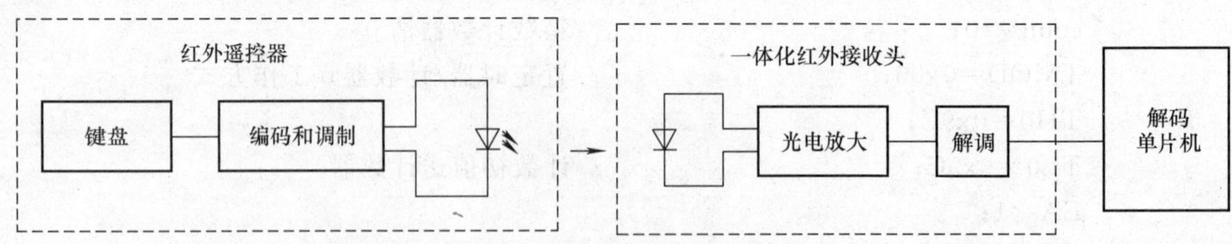

图 6.9 红外线遥控系统框图

2. 红外遥控发射器及其编码

遥控发射器专用芯片很多，常见的编码方式是采用脉宽调制的串行码，以脉宽为 0.565 ms、间隔为 0.56 ms、周期为 1.125 ms 的组合表示二进制的“0”，以脉宽为 0.565 ms、间隔为 1.685 ms、周期为 2.25 ms 的组合表示二进制的“1”，其波形如图 6.10 所示。

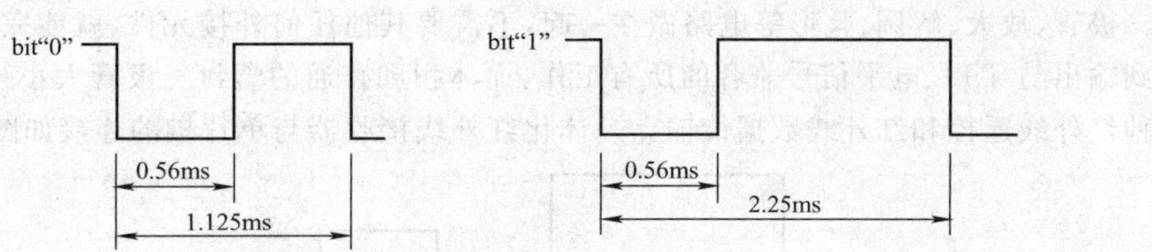

图 6.10　遥控码的"0"和"1"

（注：所有波形为接收端的，与发射端相反）

由上述"0"和"1"组成的 32 位二进制码经 38 kHz 的载频进行二次调制以提高发射效率，达到降低电源功耗的目的。然后再通过红外发射二极管产生红外线向空间发射。遥控信号编码波形如图 6.11 所示。

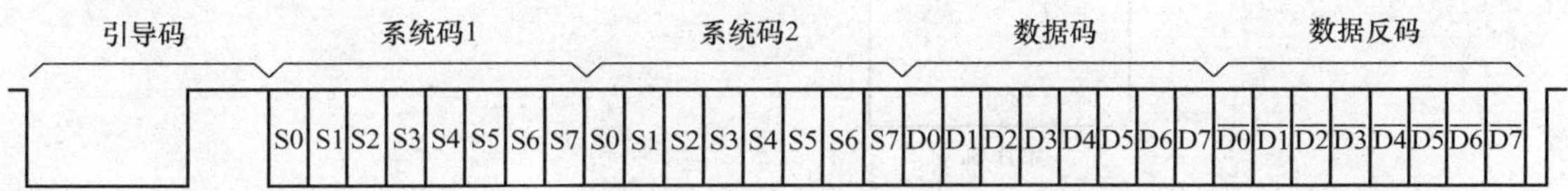

图 6.11　遥控信号编码波形图

32 位二进制码前 16 位为用户识别码，能区别不同的电气设备，防止不同机种遥控码互相干扰，该芯片的用户识别码固定为十六进制 01H；后 16 位为 8 位操作码（功能码）及其反码。

遥控器在按键按下后，周期性地发出同一种 32 位二进制码，周期约为 108 ms。一组码本身的持续时间随它包含的二进制"0"和"1"的个数不同而不同，一般为 45～63 ms，图 6.12 所示为发射波形图。

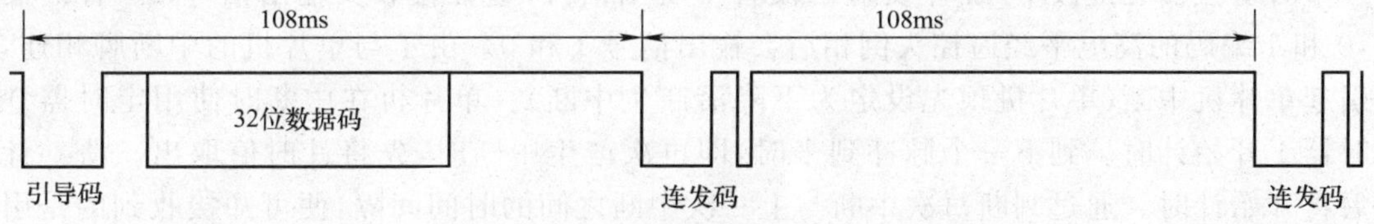

图 6.12　遥控连发信号波形图

当一个键按下超过 36 ms，振荡器使芯片激活，将发射一组 108 ms 的编码脉冲，这 108 ms 发射代码由一个引导码（9 ms）、一个结果码（4.5 ms）、低 8 位地址码（9～18 ms）、高 8 位地址码（9～18 ms）、8 位数据码（9～18 ms）和这 8 位数据的反码（9～18 ms）组成。如果键按下超过 108 ms 仍未松开，接下来发射的代码（连发码）将仅由起始码（9 ms）和结束码（2.25 ms）组成，如图 6.13 所示。

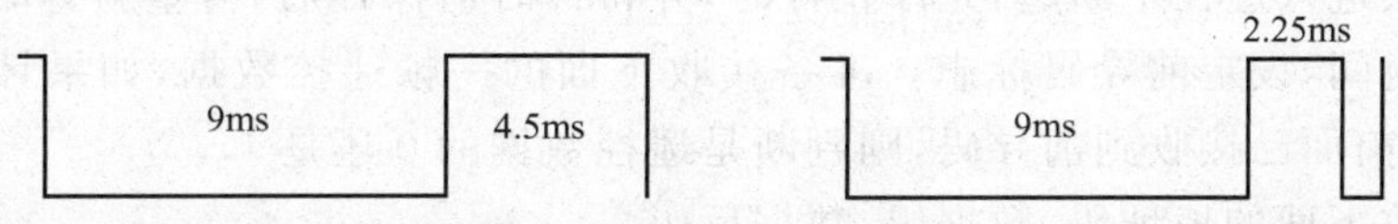

图 6.13　引导码与连发码

3. 遥控信号接收装置

接收电路可以使用一种集红外线接收和放大于一体的一体化红外线接收器，它将红外接收二极管、放大、解调、整形等电路做在一起，不需要其他任何外接元件，就能完成从红外线接收到输出与 TTL 电平信号兼容的所有工作，而体积和普通的塑封三极管大小一样，它适用于各种红外线遥控和红外线数据传输。一体化红外线接收器与单片机的连接如图 6.14 所示。

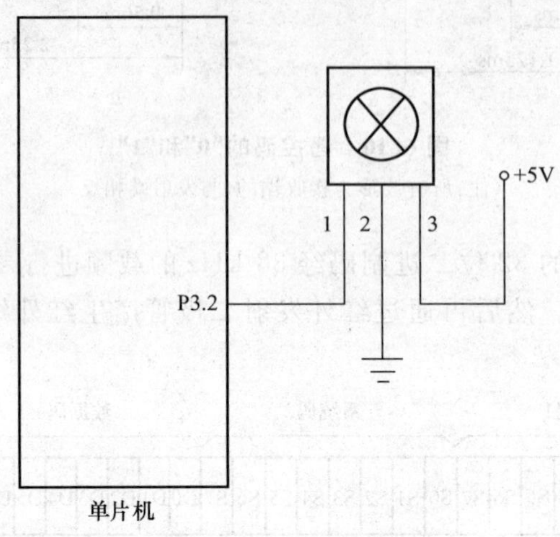

图 6.14　一体化红外线接收器与单片机的连接

接收器有 3 个引脚，即 OUT、GND、V_{CC}，与单片机接口非常方便。

①脉冲信号输出接 OUT，直接接单片机的 I/O 口。

②GND 接系统的地线(0 V)。

③V_{CC}接系统的电源正极(+5 V)。

4. 遥控信号的解码算法及程序编制

平时遥控器无键按下，红外发射二极管不发出信号，遥控接收头输出信号 1。有键按下时，0 和 1 编码的高电平经遥控头倒相后会输出信号 1 和 0。由于与单片机的中断脚相连，将会引起单片机中断(单片机预先设定为下降沿产生中断)。单片机在中断时使用定时器 0 或定时器 1 开始计时。到下一个脉冲到来时，即再次产生中断时，先将计时值取出。清 0 计时值后再开始计时。通过判断每次中断与上一次中断之间的时间间隔，便可知接收到的是引导码还是 0 和 1。如果计时值为 9 ms，接收到的是引导码；如果计时值等于 1.12 ms，接收到的是编码 0；如果计时值等于 2.25 ms，接收到的是编码 1。在判断时间时，应考虑一定的误差值。因为不同的遥控器由于晶振参数等原因，发射及接收到的时间也会有很小的误差。

以接收 TC9012 遥控器编码为例，解码方法如下。

①设外部中断 0(或者 1)为下降沿中断，定时器 0(或者 1)为 16 位计时器，初始值均为 0。

②第 1 次进入遥控中断后，开始计时。

③从第 2 次进入遥控中断起，先停止计时，并将计时值保存后，再重新计时。如果计时值等于前导码的时间，设定前导码标志。准备接收下面的一帧遥控数据，如果计时值不等于前导码的时间，但前面已接收到前导码，则判断是遥控数据的 0 还是 1。

④继续接收下面的地址码、数据码、数据反码。

⑤当接收到 32 位数据时，说明一帧数据接收完毕。此时可停止定时器的计时，并判断本次接收是否有效。如果两次地址码相同且等于本系统的地址，数据码与数据反码之和等于 0FFH，则接收的本帧数据码有效。否则丢弃本次接收到的数据。

⑥接收完毕,初始化本次接收的数据,准备下一次遥控接收。

程序代码如下。(使用 12 MHz 晶振)

```
#include<reg51.h>
#include<stdio.h>
#include<intrins.h>

#define TURE 1
#define FALSE 0

sbit IR=P3^2;                                    //红外接口标志
unsigned char code dofly[]=
{0x3F,0x06,0x5B,0x4F,0x66,0x6D,0x7D,0x07,0x7F,0x6F};

unsigned char irtime;                            //红外用全局变量
bit irpro_ok,irok;
unsigned char IRcord[4];
unsigned char irdata[33];

void Delay(unsigned char mS);

void tim0_isr(void) interrupt 1                  //定时器 0 中断服务函数
{
    irtime++;
}

void ex0_isr(void) interrupt 0                   //外部中断 0 服务函数
{
    static unsigned char i;
    static bit startflag;
    if(startflag)
    {

        if(irtime<42&&irtime>=33) i=0;   //引导码 TC9012 的头码
        irdata[i]=irtime;                //一次存储 32 位电平宽度
        irtime=0;
        i++;
        if(i==33)
        {
```

```
            irok=1;
            i=0;
        }
    }
    else  {irtime=0;startflag=1;}
}

void TIM0init(void)                          //定时器0初始化
{
    TMOD=0x02;                               //定时器0工作模式2,TH0是重装
                                               值,TL0是初值
    TH0=0x00;                                //reload value
    TL0=0x00;                                //initial value
    ET0=1;                                   //开中断
    TR0=1;
}

void EX0init(void)
{
    IT0 = 1;                                 //Configure interrupt 0 for falling
                                               edge on /INT0 (P3.2)
    EX0=1;                                   // Enable EX0 Interrupt
    EA=1;
}

void Ir_work(void)                           //红外键值散转程序
{
  switch(IRcord[2])                          //判断第3个数码值
  {
     case 0:P1=dofly[1];break;                  //1 显示相应的按键值
     case 1:P1=dofly[2];break;                  //2
     case 2:P1=dofly[3];break;                  //3
     case 3:P1=dofly[4];break;                  //4
     case 4:P1=dofly[5];break;                  //5
     case 5:P1=dofly[6];break;                  //6
     case 6:P1=dofly[7];break;                  //7
     case 7:P1=dofly[8];break;                  //8
     case 8:P1=dofly[9];break;                  //9
  }
```

```
    irpro_ok=0;                                   //处理完成标志
  }

  void Ircordpro(void)                            //红外码值处理函数
  {
     unsigned char i, j, k;
     unsigned char cord,value;
     k=1;
     for(i=0;i<4;i++)                              //处理 4 个字节
     {
       for(j=1;j<=8;j++)                           //处理 1 个字节 8 位
       {
          cord=irdata[k];
          if(cord>7) value=value|0x80;            //大于某值为 1
          else value=value;
          if(j<8) value=value>>1;
           k++;
       }
       IRcord[i]=value;
       value=0;
     }
     irpro_ok=1;                                   //处理完毕标志位置 1
  }

  void main(void)
  {
     EX0init();                                    //Enable Global Interrupt Flag
     TIM0init();                                   //初始化定时器 0
     P2=0x00;                                      //1 位数码管全部显示
     while(1)                                      //主循环
     {
       if(irok)
       {
         Ircordpro();                               //码值处理
         irok=0;
       }
       if(irpro_ok)                                 //step press key
       Ir_work();                                   //码值识别散转
     }
  }
```

6.9 52系列单片机的T2定时器应用

52系列单片机比51系列单片机增加了一个定时器/计数器T2。T2和T0、T1的作用相同,都可以用于定时和对外部事件计数,但定时器T2的功能比T1、T0都强大。

6.9.1 T2定时器的结构与寄存器

T2是一个16位的具有自动重装和捕获能力的定时器/计数器,它的计数时钟源可以是内部的机器周期,也可以是P1.0输入的外部时钟脉冲,且计数器的主体都是加1计数器。

52单片机中与T2有关的特殊功能寄存器有以下5个:TH2、TL2、RCAP2H、RCAP2L及T2CON。TH2、TL2组成16位计数器,RCAP2H、RCAP2L组成16位缓冲寄存器。T2有3种工作方式:捕捉方式、常数自动再装入方式和串行口波特率发生器方式。在捕捉方式时,当外部输入T2EX(P1.1)发生负跳变(下降沿)时,将TH2、TL2的当前计数值锁存到RCAP2H、RCAP2L中。在常数自动再装入方式时,RCAP2H、RCAP2L作为TH2、TL2(16位计数器)的时间初值存放的缓冲寄存器,当计数器溢出时,将RCAP2H、RCAP2L作为初值自动装入TH2、TL2(16位计数器)。

T2CON为T2的状态控制寄存器,寄存器地址为0C8H,可按位寻址,格式如下:

位地址	B7	B6	B5	B4	B3	B2	B1	B0
位符号	TF2	EXF2	RCLK	TCLK	EXEN2	TR2	C/T2	CP/RL2

①TF2:T2溢出标记。当T2溢出时TF2=1,TD2只能用软件清除,当RCLK=1或TCLK=1时,TF2将不置位。

②EXF2:T2外部标记。当EXEN2=1时,T2EX/(P1.1)引脚上的负跳变引起T2的捕捉/重装操作,此时EXF2=1。在T2中断允许时,EXF2=1将引起中断,EXF2只能用软件清除。在T2的向上、向下计数模式下(DCEN=1),EXF2的置位将不引起中断。

③RCLK:接收时钟允许。当RCLK=1时,T2的溢出脉冲可用作串行口的接收时钟信号,适于串行口模式1、3;当RCLK=0时,T1的溢出脉冲用作串行口接收时钟信号。

④TCLK:发送时钟允许。

⑤EXEN2:T2外部事件(引起捕捉/重装的外部信号)允许。当EXEN2=1时,如果T2没有作串行时钟输出(即RCLK+TCLK=0),则在T2EX(P1.1)引脚跳变将引起T2的捕捉/重装操作;当EXEN2=0时,在T2EX引脚的负跳变将不起作用。

⑥TR2:T2的启动/停止控制。

⑦C/T2:计数定时。

⑧CP/RL2:捕捉/重装选择位。

a. 当CP/RL2=1且EXEN2=1时,T2EX(P1.1)引脚的负跳变将引起捕捉操作;

b. 当CP/RL2=0且EXEN2=1时,T2EX(P1.1)引脚的负跳变将引起重装操作;

c. 当CP/RL2=0且EXEN2=0时,T2的溢出将引起T2的自动重装操作;

d. 当RCLK+TCLK=1时,CP/RL2控制位不起作用,T2被强制工作于重装方式,重装方式发生于T2溢出时,常用来作波特率发生器。

定时器2工作方式选择见表6.2。

表6.2 定时器2工作方式选择

RCLK＋TCLK	CP/RL2	TR2	模式
0	0	1	16位自动重装
0	1	1	16位捕获
1	×	1	波特率发生器
×	×	0	关闭

6.9.2 T2定时器的编程

1. 16位自动重装模式的编程

16位自动重装模式中，定时器2可通过C/T2配置为定时器或计数器，并且可编程控制递增/递减计数。计数的方向由DCEN(递减计数使能位)确定，它位于T2MOD寄存器中，T2MOD寄存器各位的功能可参看下一个知识点。当DCEN＝0时，定时器2默认为向上计数；当DCEN＝1时，定时器2可通过T2EX确定递增或递减计数。在该模式中，通过设置EXEN2位进行选择。

当EXEN2＝0时，定时器2递增计数到0FFFFH，并在溢出后将TF2置位，然后将RCAP2L和RCAP2H中的16位值作为重新装载值装入定时器2。RCAP2L和RCAP2H的值是通过软件预设。

当EXEN2＝1时，16位重新装载可通过溢出或T2EX从1到0的负跳变实现，此负跳变同时将EXF2置位。如果定时器2中断被使能，则当TF2或EXF2置1时产生中断。

定时器2模式控制寄存器T2MOD。T2MOD用来设定定时器2自动重装模式递增或递减计数，字节地址为C9H，不可位寻址。

B7	B6	B5	B4	B3	B2	B1	B0
—	—	—	—	—	—	T2OE	DCEN

①T2OE：定时器2输出允许位，当其为1时，P1.0/T2引脚输出连续脉冲信号。

②DCEN：当其为1时，T2配置成向上向下计数器。

【例6.6】 使用单片机的T2定时器实现1 s的精确定时。

解：程序设计思路是使用单片机的T2中断实现62.5 ms的延时，再使单片机循环16次，该中断就实现1 s的精确定时。

小提示

要精确定时，最好用中断方式，并且工作在自动重装载方式。这里用T2定时器，它具有16位的自动重装载功能。

T0、T1的工作方式2也是自动重装载功能，但它们都是8位的。T2定时器的自动重装载功能是16位的。因为每次处理中断都会带来一定的误差，三者相比较，T2带来的误差小得多。

T2 定时器预装载值的计算：设晶振频率为 12 MHz，机器周期是 1 μs。T2 是 16 位的定时器，最多计数 65 536 次，即最多 65 ms。要实现 1 s 的定时，取 60 ms 的定时时间。每次溢出 62 500 个机器周期，65 535－62 500＝3 035，即初始值是 3 035。

RCAP2H＊256＋ RCAP2L＝30 335＝0x767F

RCAP2H＝0x76；RCAP2L＝0x7F

程序代码如下：

```
#include <reg52.h>
sbit Led=P1^0;                  //定义 LED 位

void T2_init()                  //T2 初始化
{
    RCAP2H=0x76;
    RCAP2L=0x7F;                //重装载计数器赋初值
    ET2=1;                      //开定时器 2 中断
    EA=1;                       //开总中断
    TR2=1;                      //开启定时器，并设置为自动重装载模式
}

void Timer2() interrupt 5       //调用定时器 2，自动重装载模式
{
    unsigned char i=0;          //定义静态变量 i
    TF2=0;                      //定时器 2 的中断标志要软件清 0
    i++;                        //计数标志自加 1
    if(i==16)                   //判断是否到 1 s
    {
        i=0;                    //将静态变量清 0
        Led=~Led;               //LED 位求反
    }
}

void main()
{
    T2_init();                  //T2 初始化函数
    while(1);
}
```

注意程序中语句“TF2＝0；”，即 T2 寄存器的中断标志位 TF2 要软件清 0。

2. 捕获模式

小知识——什么是捕获?

通俗地讲,捕获就是捕捉某一瞬间的值,通常用它来测量外部某个脉冲的宽度或周期。使用捕获功能可以非常准确地测量出脉冲宽度或周期,它的工作原理是:单片机内部有两组寄存器,其中一组的内部数值是按固定机器周期递增或递减,通常这组寄存器就是定时器的计数器寄存器(TLX,THX),当与捕获功能相关的外部某引脚有一个负跳变时,捕获便会立即将此时第一组寄存器中的数值准确地获取,并且存入另一组寄存器中,这组寄存器通常被称为"陷阱寄存器"(RCAPXL,RCAPXH),同时向 CPU 申请中断,以方便软件记录。当该引脚的下一次负跳变来临时,便会产生另一个捕获,再次向 CPU 申请中断,软件记录两次捕获之间数据后,便可以准确地计算出该脉冲的周期。

要使用捕获模式,需要设置 T2CON 中的 EXEN2 的两个选项。

当 EXEN2=0 时,定时器 2 作为一个 16 位定时器或计数器(由 T2CON 中 C/T2 位选择),溢出时置位 TF2(定时器 2 溢出标志位)。该位可用于产生中断(通过使能 IE 寄存器中的定时器 2 中断使能位)。

当 EXEN2=1 时,与以上描述相同,但增加了一个特性,即外部输入 T2EX 自 1 变 0 时,将定时器 2 中 TL2 和 TH2 的当前值各自捕获到 RCAP2L 和 RCAP2H。另外,T2EX 的负跳变使 T2CON 中的 EXF2 置位,EXF2 也像 TF2 一样能够产生中断(其中断向量与定时器 2 溢出中断地址相同,在定时器 2 中断服务程序中可通过查询 TF2 和 EXF2 来确定引起中断的事件)。在捕获模式中,TL2 和 TH2 无重新装载值,甚至当 T2EX 引脚产生捕获事件时,计数器仍以 T2 脚的负跳变或振荡频率的 1/12 计数。

3. 串行口波特率发生器方式

寄存器 T2CON 的 TCLK 和 RCLK 位允许从定时器 1 或定时器 2 获得串行口发送和接收的波特率。当 TCLK=0 时,定时器 1 作为串行口发送波特率发生器;当 TCLK=1 时,定时器 2 作为串行口发送波特率发生器。RCLK 对串行口接收波特率有同样的作用。通过这两位,串行口能得到不同的接收和发送波特率,一个通过定时器 1 产生,另一个通过定时器 2 产生。

定时器 2 工作在波特率发生器模式时与 T1 的自动重装模式相似,当 TH2 溢出时,波特率发生器模式使定时器 2 寄存器重新装载来自寄存器 RCAP2H 和 RCAP2L 的 16 位的值,寄存器 RCAP2H 和 RCAP2L 的值由软件预置。

当定时器 2 配置为计数方式时,外部时钟信号由 T2 引脚进入,当工作于模式 1 和模式 3 时,波特率由下面给出的公式决定:

模式 1 和模式 3 的波特率=定时器 2 的溢出率/16

定时器/计数器可配置成"定时"或"计数"方式,在许多应用上,定时器被设置在"定时"方式(C/T2=0)。当定时器 2 作为定时器时,它的操作不同于波特率发生器。通常定时器 2 作为定时器时,它会在每个机器周期递增(1/12 振荡频率);当定时器 2 作为波特率发生器时,它以 1/2 振荡器频率递增,这时计算波特率的公式如下:

模式 1 和模式 3 的波特率=f_{osc}/32×[65 536−(RCAP2H,RCAP2L)]

式中，(RCAP2H，RCAP2L)是 RCAP2H 和 RCAP2L 的内容，为 16 位无符号整数。仅当寄存器 T2CON 中的 RCLK 或 TCLK＝1 时，定时器 2 作为波特率发生器才有效。

【例 6.7】 使用 T2 作为波特率发生器。

```
#include <REGX52.H>                      //52 系列单片机
#define uchar unsigned char
#define uint unsigned int
sbit DULA=P2^6;
sbit WELA=P2^7;
uchar str[]="hello!";
uchar i;

void delay_ms(uint xms)                  //延时函数
{
    uint x,y;
    for(x=xms;x>0;x--)
        for(y=248;y>0;y--);
}

void init()                              //12 MHz 晶振，14 400 bps 波特率，有误差
{
    DULA=0;
    WELA=0;
    delay_ms(1);
    SCON=0x50;                           //参考串口一章
    RCAP2H=(65536-26)/256;
    RCAP2L=(65536-26)%256;
    TH2=RCAP2H;
    TL2=RCAP2L;                          //T2 初始值
    T2CON=0x34;                          //T2 设置
    delay_ms(1);
}

void main()
{
    main_init();
    i=0;
    while(str[i]!='\0')
    {
```

```
        TI=0；
        SBUF=str[i]；                //发送数据
        while(！TI)；                //检测是否发送结束
        TI=0；
        i++；
      }
    while(1)；
  }
```

习　题

1. 51 系列单片机内部有几个定时器/计数器？它们分别有几种操作方式，如何选择和设定？

2. 51 系列单片机定时方式和计数方式的区别是什么？

3. 试说明方式寄存器 TMOD 和控制寄存器 TCON 的各位的功能。

4. 在计数器工作模式 0 模式下，设计一程序产生 3 ms 宽的方波信号。

5. 设晶振主频为 12 MHz，定时 1 min，必须用到定时器/计数器 0，试设计方案并编程序。

6. 晶振主频为 12 MHz，要求 P1.0 输出周期为1 ms对称方波；要求 P1.1 输出周期为 3 ms不对称方波，占空比为 1∶2(高电平短、低电平长)，试用定时器的方式 1 编程。

第 7 章　51 单片机串行接口

本章要点

了解单片机串行口的结构。

理解单片机串行口的寄存器。

掌握单片机串行口的编程。

单片机通信是指单片机与计算机或单片机与单片机之间的信息交换，通常单片机与计算机之间的通信使用得比较多。随着单片机的广泛应用和计算机网络技术的普及，单片机的通信功能越来越重要。

通信的传输方式分为两大类：并行通信与串行通信。在单片机系统中，信息的交换多采用串行通信方式。

并行通信是将数据字节的各位用多条数据线同时进行传送。并行通信的优点是控制简单、传输速度快。并行通信是构成数据信息的各位同时进行传送的通信方式，如 8 位数据或 16 位数据并行传送。图 7.1(a)所示为并行通信方式的示意图，其优点是传输速度快；缺点是需要多条传输线，当距离较远、位数又多时，导致通信线路复杂且成本高。在单片机中，一般常常用于 CPU 与 LED、LCD 显示器的连接，CPU 与 A/D、D/A 转换器之间的数据传送等并行接口方面。

串行通信是数据一位接一位地顺序传送。图 7.1(b)所示为串行通信方式的示意图，其优点是通信线路简单，只要一对传输线就可以实现通信（如电话线），从而大大地降低了成本，特别适用于远距离通信；缺点是传送速度慢。

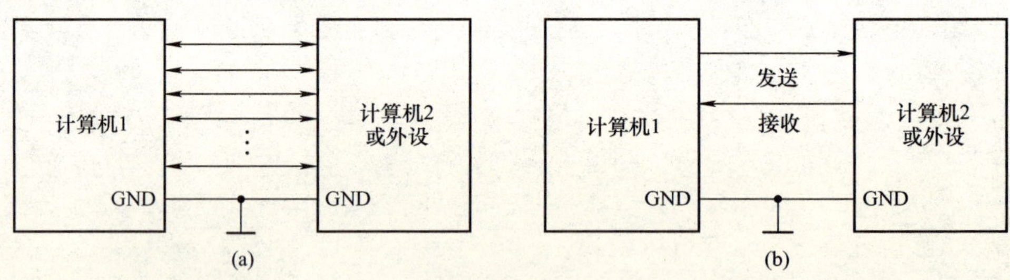

图 7.1　通信的两种基本方式

单片机内部有一个全双工的串行接口。应用该串行接口，可以实现单片机与其他外部设备（如变频器）的通信，可以与计算机进行信息交换。

7.1　串行通信基础知识

对于串行通信，数据信息、控制信息要在一条线上依次传送，为了对数据和控制信息进行区分，收发双方要事先约定共同遵守的通信协议。通信协议约定的内容包括数据格式、同步方式、传输速率、校验方式等。依发送与接收设备时钟的配置情况，串行通信可以分为异步通信和同步通信。

7.1.1 异步通信

异步通信是指通信的发送与接收设备分别使用各自的时钟去控制数据的发送和接收过程。为使双方的收发协调，要求发送和接收设备的时钟尽可能一致，异步通信示意图如图 7.2 所示。

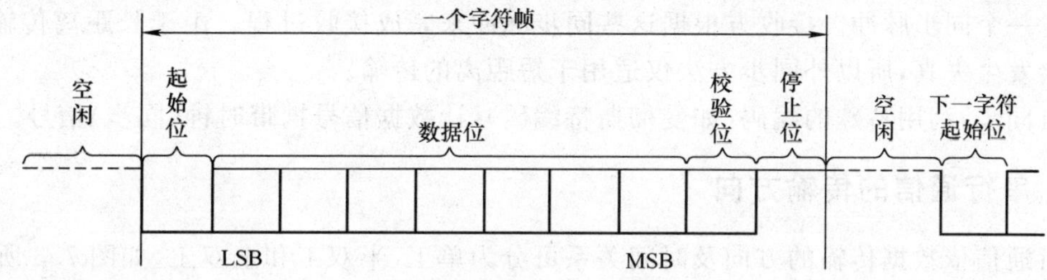

图 7.2 异步通信的格式

异步传送的特点是数据在线路上的传送不连续，在传送时数据是以字符为单位组成字符帧进行传送的。字符帧由发送端一帧一帧地发送，每一帧数据位均是低位在前、高位在后，通过传输线被接收端一帧一帧地接收。发送端和接收端可以由各自独立的时钟来控制数据的发送和接收，这两个时钟彼此独立、互不同步。

在异步通信中，接收端是依靠字符帧格式来判断发送端是何时开始发送、何时结束发送的。字符帧格式是异步通信的一个重要指标，是 CPU 与外设之间事先的约定。

字符帧也叫数据帧，由起始位、数据位、奇偶校验位和停止位 4 个部分组成。图 7.2 所示为异步传送的字符帧格式。

①起始位：位于字符帧开始，起始位为 0 信号，只占 1 位，用于表示发送字符的开始。

②数据位：紧接起始位之后的就是数据位，它可以是 5 位、6 位、7 位或 8 位，传送时低位在先、高位在后。

③奇偶校验位：数据位后面的 1 位为奇偶校验位，可 0 可 1，可要也可以不要，由用户决定。

④停止位：位于字符帧最后，用信号 1 来表示一帧字符发送的结束，可以是 1 位、1 位半或 2 位。

小知识——奇偶校验

在发送数据时，数据位尾随的 1 位为奇偶校验位（1 或 0）。奇校验时，数据中 1 的个数与校验位 1 的个数之和应为奇数；偶校验时，数据中 1 的个数与校验位 1 的个数之和应为偶数。接收字符时，对 1 的个数进行校验，若发现不一致，则说明传输数据过程中出现了差错。

在串行通信中，两相邻字符帧之间，可以没有空闲位，也可以有若干空闲位，这由用户来决定。

异步通信的特点是不要求收发双方的时钟严格一致，因而实现容易，设备开销较小，但每个字符要附加 2～3 位用于起止位，各帧之间还有间隔，因此传输效率不高。

7.1.2 同步通信

同步通信时要建立发送方时钟对接收方时钟的直接控制，使双方达到完全同步。此时，传输数据位之间的距离均为“位间隔”的整数倍，同时传送字符间不留间隙，即保持位同步关系，也保持字符同步关系。发送方对接收方的同步可以通过以下两种方法实现。

①外同步：在发送方和接收方之间提供单独的时钟线路，发送方在每个比特周期都向接收方发送一个同步脉冲。接收方根据这些同步脉冲来完成接收过程。由于长距离传输时，同步信号会发生失真，所以外同步方法仅适用于短距离的传输。

②自同步：利用特殊的编码（如曼彻斯特编码），让数据信号携带时钟（同步）信号。

7.1.3 串行通信的传输方向

串行通信依数据传输的方向及时间关系可分为单工、半双工和全双工，如图 7.3 所示。

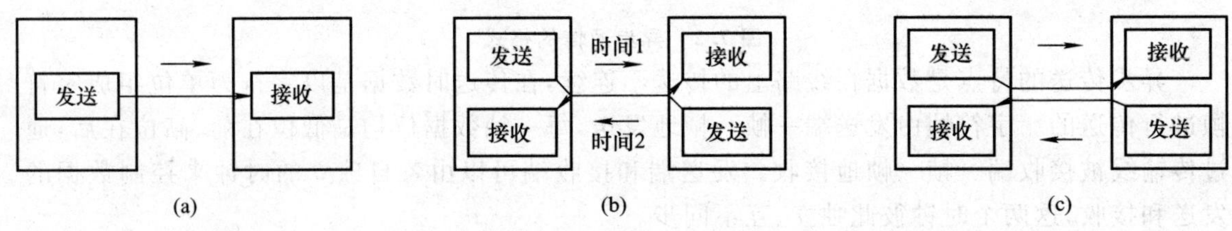

图 7.3 三种传输模式

1. 单工

单工是指数据传输仅能沿一个方向，不能实现反向传输，如图 7.3(a)所示。

2. 半双工

半双工是指数据传输可以沿两个方向，但需要分时进行，如图 7.3(b)所示。

3. 全双工

全双工是指数据可以同时进行双向传输，如图 7.3(c)所示。

7.1.4 传输速率

串行通信的速率用波特率来表示。波特率即数据传送的速率，其定义是每秒钟传送的二进制数的位数，单位是 bps。例如，数据传送的速率是 240 字符/s，而每个字符如上述规定包含 10 数位，则传送波特率为

10 位×240 字符/秒＝2 400 bps

典型串行传输的波特率有 110 bps、150 bps、300 bps、1 200 bps、2 400 bps、4 800 bps、9.6 Kbps、19.2 Kbps、28.8 Kbps、33.6 Kbps。

7.2 串行口及其有关的寄存器

51 单片机内部提供了一个标准的外围串行接口，称为 UART。UART 是一个全双工串

行接口，能够在同一时间内同时传送和接收数据。单片机串行口的引脚是 RXD(P3.0)引脚和 TXD(P3.1)引脚。与单片机串行口接收/发送有关的寄存器共有 3 个，即特殊功能寄存器 SBUF、串行口控制寄存器 SCON 和特殊功能寄存器 PCON。

1. 特殊功能寄存器(SBUF)

SBUF 是两个在物理上独立的接收、发送寄存器，一个用于存放接收到的数据，另一个用于存放待发送的数据，因此单片机可同时发送和接收数据。当程序想通过串口发送一个字节的数据时，只要使用语句将这个字节写入 SBUF 寄存器即可，单片机硬件就会将这个字节转换成串行数据从 TXD 引脚自动传送出去。当单片机接收其他设备传送过来的串行数据时，单片机通过 RXD 引脚收集该数据，并将这些串行位收集成一个字节，然后放到 SBUF 寄存器，等待 CPU 的读取。

通过对 SBUF 的读、写语句来区别是对接收缓冲器还是发送缓冲器进行操作。CPU 在写 SBUF 时，操作的是发送缓冲器；读 SBUF 时，就是读接收缓冲器的内容。

【例 7.1】 单片机通过串行口发送数据“0xAA”，C 语言的写法为

```
SBUF=0xAA;
```

单片机会自动将“0xAA”转换成标准的串行数据格式发送出去。

【例 7.2】 单片机串口已经接收到了一字节数据，如果想读出该数据并放到变量 rec 中，C 语言的写法为

```
unsingned char rec;
rec=SBUF;
```

小知识——关于串口通信时数据丢失问题

SBUF 是两个在物理上独立的接收、发送寄存器。单片机在发送数据时，访问串行发送寄存器；接收数据时，访问串行接收寄存器。接收器具有双缓冲结构，即在从接收寄存器中读出前一个已收到的字节之前，便能接收第 2 个字节，如果第 2 个字节已经接收完毕，第 1 个字节还没有读出，则将丢失其中一个字节，编程时应特别注意。对于发送器，因为数据是由 CPU 控制并发送的，所以不需要考虑发送时的数据丢失。

2. 串行口控制寄存器(SCON)

SCON 寄存器的结构如下：

B7	B6	B5	B4	B3	B2	B1	B0
SM0	SM1	SM2	REN	TB8	RB8	TI	RI

①SM0、SM1：控制串行口的工作方式。(其功能详见串行口工作方式部分)

②SM2：允许方式 2 和方式 3 进行多机通信控制位。在方式 2 或方式 3 中，如 SM2=1，则接收到的第 9 位数据(RB8)为 0 时不激活 RI。在方式 1 时，如 SM2=1，则只有收到有效停止位时才会激活 RI，若没有接收到有效停止位，则 RI 清 0。在方式 0 中，SM2 应为 0。

③REN：允许串行接收控制位。由软件置位时允许接收，由软件清 0 时终止接收。

④TB8：是工作在方式 2 和方式 3 时，要发送的第 9 位数据，根据需要由软件置位或复位。

⑤RB8：是工作在方式 2 和方式 3 时，接收到的第 9 位数据；在工作方式 1 时，如果 SM2=0，RS8 是接收到的停止位；在工作方式 0 时，不使用 RB8。

⑥TI:发送中断标志位。由片内硬件在方式0串行发送到第8位结束时置1,或在其他方式串行发送停止位的开始时置1。在转向中断服务程序后必须由软件清0。

⑦RI:接收中断标志位。由片内硬件在方式0串行接收到第8位结束时置1,其他工作方式在串口接收到停止位的中间时置1。该位在转向中断服务程序后必须由软件清0。

SCON的所有位复位时被清0。

【例7.3】 设定串口的工作方式为工作方式1,可以接收串行数据。

SCON寄存器各位设置如下:

SM0=0;SM1=1;REN=1;TI=1;

C语言的写法为

SCON=0x52;

3. 特殊功能寄存器(PCON)

PCON没有位寻址功能,与串行接口有关的只有D7位SMOD,其结构如下。

B7	B6	B5	B4	B3	B2	B1	B0
SMOD	—	—	—	GF1	GF0	PD	IDL

SMOD:波特率选择位,为波特率倍增位。当SMOD=1时,串行口波特率增加一倍。当SMOD=0时,串行口波特率为正常设定值。当系统复位时,SMOD=0。

7.3 串行接口的工作方式

51单片机串行接口的工作方式有4种,由SCON中的SM0、SM1定义,如表7.1所示。4种工作方式中,串行通信只使用方式1、2、3,方式0主要用于扩展并行输入、输出口。

表7.1 串行口工作方式

SM0	SM1	方式	功能说明	波特率
0	0	方式0	移位寄存器方式	$f_{osc}/12$
0	1	方式1	8位UART	可变
1	0	方式2	9位UART	$f_{osc}/64$ 或 $f_{osc}/32$
1	1	方式3	9位UART	可变

1. 串行工作方式0

工作方式0是同步移位寄存器方式,工作时序图如图7.4所示。在此模式下,通信的串行数据通过RXD引脚输入或输出,而TXD引脚输出同步移位脉冲。每次接收或发送的数据都是8位,没有起始位和结束位,8位的传送顺序是LSB(D0)最先。方式0的功能是用作I/O口的扩充,与前面所讲的串行式I/O无关。

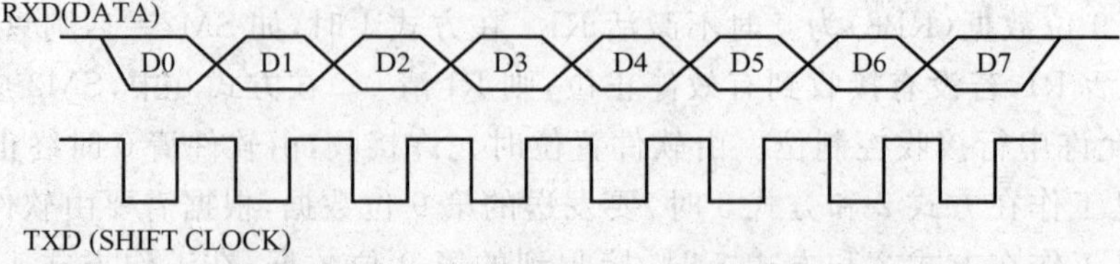

图7.4 工作方式0工作时序图

(1)使用 74LS164 扩展输出口

使用 74LS164 扩展输出口的电路图如图7.5所示。将单片机的 TXD 和 RXD 接到外部的一个 8 位串入并出(74LS164)寄存器，就可以使用方式 0 输出数据。当数据写入 SBUF 后，数据从 RXD 端在移位脉冲(TXD)的控制下，逐位移入 74LS164，74LS164 能完成数据的串并转换。当 8 位数据全部移出后，TI 由硬件置位，发出中断请求。若 CPU 响应中断，则开始执行串行口中断服务程序，数据由 74LS164 并行输出。

(2)使用 74LS165 扩展输入口

使用 74LS165 扩展输入口的电路图如图 7.6 所示。使用并入串出芯片(74LS165)利用 TXD 引脚输出移位脉冲，以控制外部的并入串出电路，将输入端口上的 8 位数据从 RXD 引脚读进来。要实现接收数据，需激活串行输入的功能，具体是由软件设定 REN＝1、RI＝0。当 REN 设置为 1 时，数据就在移位脉冲的控制下，从 RXD 端读入 8 位数据。当单片机接收到 8 位数据时，置位接收中断标志位 RI，发生中断请求。

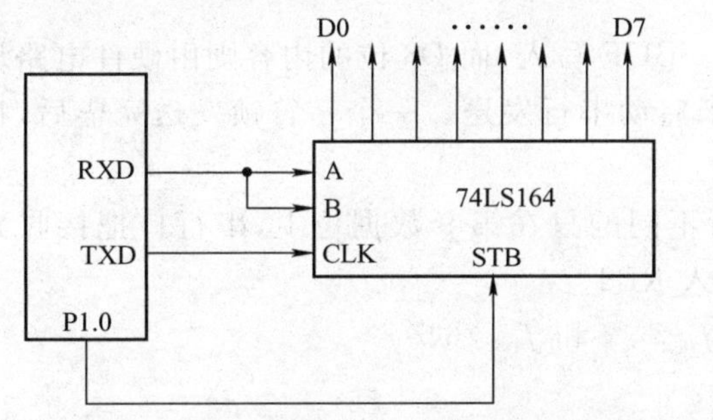

图 7.5　使用 74LS164 扩展输出口

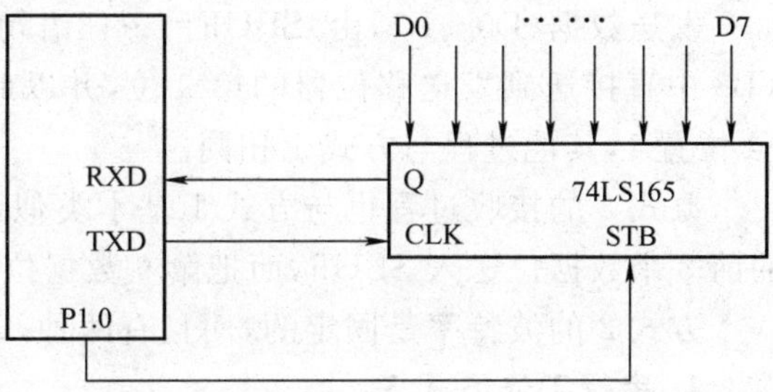

图 7.6　使用 74LS165 扩展输入口

2. 串行工作方式 1

工作方式 1 是 10 位为 1 帧的异步串行通信方式。在此模式下，串口是通过 TXD 引脚传送数据到外部，RXD 引脚则接收外面所送过来的串行数据。其帧格式如图 7.7 所示，由 10 位组成，有 1 个起始位、8 个数据位(低位在前)和 1 个停止位。

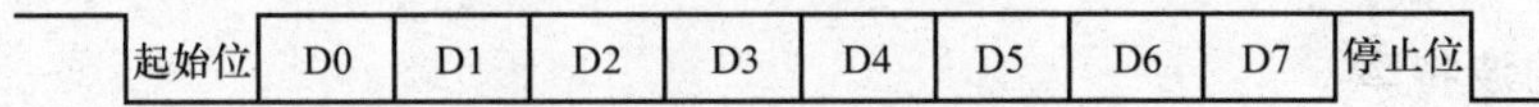

图 7.7　工作方式 1 的帧格式

工作方式 1 传送或接收位数据的波特率由 T1 控制，因此其传送速率是可变的。

串行口工作在方式 1 时，单片机会检查 RXD 引脚上是否有如图 7.5 的串行脉冲输入。当 REN＝1 且接收端检测到 RXD 引脚上有高电平到低电平的变化(起始位)，单片机串口接收端会分 8 次读入 D0～D7，当成一个字节，然后将这个接收到的 8 位数据放入 SBUF 寄存器中，把停止位送入 RB8 中，并且将 SCON 寄存器里的 RI 位置 1，等待 CPU 来读取。因此编程时只要检查 RI 位，就可以确定 SUBF 寄存器的内容是否有效。

要将一个字节的数据通过串行口传送出去时，只要将该数据写入单片机的 SBUF 寄存器，串行口就会将这个数据转换成图 7.7 所示的 1 帧数据从 TXD 引脚输出。输出 1 帧数据后，TXD 保持在高电平状态下，并将 TI 置位，通知 CPU 可以进行下一个字节的发送。

3. 串行工作方式 2

与工作方式 1 不同，方式 2 是 11 位为一帧的异步串行通信方式。其帧格式如图 7.8 所示，有 1 个起始位、8 个数据位、1 个 D8 位和 1 个停止位。D8 位在 SCON 寄存器里的一个位(TB8、RB8)，是 51 单片机为多个 CPU 之间的通信所设计的一个特殊位，如果不做多处理结构通信时，该位可以用来当做相同位(Parity)或停止位使用。

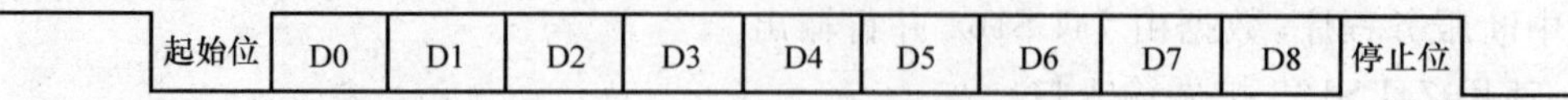

图 7.8　工作方式 2 的帧格式

在发送数据时，应先在 SCON 的 TB8 位中把第 9 个数据位的内容准备好。这可使用如下指令完成：

```
TB8=1;  //TB8 位置 1
TB8=0;  //TB8 位置 0
```

发送数据(D0～D7)由“SBUF=…;”语句向 SBUF 写入，而 D8 位的内容则由硬件电路从 TB8 中直接送到发送移位器的第 9 位，并以此来启动串行发送。一个字符帧发送完毕后，将 TI 位置 1，其他过程与方式 1 相同。

方式 2 的接收过程也与方式 1 基本类似，所不同的只在第 9 数据位上，串行口把接收到的前 8 个数据位送入 SBUF，而把第 9 数据位送入 RB8。

方式 2 的波特率是固定的，而且有两种，即 $f_{osc}/32$ 和 $f_{osc}/64$。

4. 串行工作方式 3

工作方式 3 与工作方式 2 的动作与功能完全一样，其间的差别是工作方式 3 的数据传输速率是由 T1 所控制(在 8052 可以使用 T2 来控制)，因此工作方式 3 的波特率是可变的，其波特率的确定同方式 1。

7.4　通信波特率的设定

1. 方式 0 的波特率

方式 0 的波特率固定在 $f_{osc}/12$，即晶振的 12 分频。如果晶振为 12 MHz，则波特率为1 MHz。

2. 方式 2 的波特率

方式 2 的波特率是固定的，用公式表示则为

$$\text{波特率}=\frac{2^{SMOD}}{64}\times f_{osc}$$

式中，SMOD 为 PCON 寄存器的第 7 位，其值为 1 或 0。由此公式可知，当 SMOD 为 0 时，波特率为 $f_{osc}/64$；当 SMOD 为 1 时，波特率为 $f_{osc}/32$。

【例 7.4】　串口工作方式 2，石英振荡器频率为 12 MHz 时，SMOD=1，则波特率为375 kbps。

3. 方式 1 和方式 3 的波特率

方式 1 和方式 3 的波特率是可变的，由单片机的定时器 T1 作为波特率发生器。波特率

的计算公式为

$$波特率=\frac{2^{SMOD}}{32}\times(定时器1的溢出率)$$

定时器 T1 一般选用工作方式 2,因为方式 2 为自动重装入初值的 8 位定时器/计数器模式,这样可以避免通过程序反复装入定时初值所引起的定时误差,使波特率更加稳定,所以用它来做波特率发生器最合适。此时波特率的计算公式为

$$波特率=\frac{2^{SMOD}}{32}\times\frac{f_{osc}}{12\times(256-X)}$$

【例 7.5】 已知串口通信在串口方式 1 下,波特率为 9 600 bps,系统晶振频率为 11.059 2 MHz,求 TL1 和 TH1 中装入的数值是多少?

解:设所求的数为 X,则定时器每计 $256-X$ 个数溢出一次,每计一个数的时间为一个机器周期,一个机器周期等于 12 个时钟周期,所以计一个数的时间为

$$12/11.059\,2\ \text{s}$$

那么定时器溢出一次的时间为

$$[256-X]\times12/11.059\,2\ \text{s}$$

T1 的溢出率就是它的倒数,这里取 SMOD=0,则 $2^{SMOD}=1$,将已知的数代入公式后得 $X=253$,转换成十六进制为 0xFD。

上面若将 SMOD 置 1 的话,那么 X 的值就变成 250 了。

可见,在不变化 X 值的状态下,SMOD 由 0 变 1 后,波特率便增加一倍。

表 7.2 列出了定时器 T1 工作于方式 2 时常用波特率及初值。

表 7.2　定时器 T1 工作于方式 2 时常用波特率及初值

波特率 (bps)	晶振频率 (MHz)	初　值		误差 (%)	晶振频率 (MHz)	初　值		误差(%)	
		(SMOD=0)	(SMOD=1)			(SMOD=0)	(SMOD=1)	(SMOD=0)	(SMOD=1)
300	11.059 2	0xA0	0x40	0	12	0x98	0x30	0.16	0.16
600	11.059 2	0xD0	0xA0	0	12	0xCC	0x98	0.16	0.16
1 200	11.059 2	0xE8	0xD0	0	12	0xE6	0xCC	0.16	0.16
1 800	11.059 2	0xF0	0xE0	0	12	08EF	0xDD	2.12	−0.79
2 400	11.059 2	0xF4	0xE8	0	12	0xF3	0xE6	0.16	0.16
3 600	11.059 2	0xF8	0xFO	0	12	0xF7	0xEF	−3.55	2.12
4 800	11.059 2	0xFA	0xF4	0	12	0xF9	0xF3	−6.99	0.16
7 200	11.059 2	0xFC	0xF8	0	12	0xFC	0xF7	8.51	−3.55
9 600	11.059 2	0xFD	0xFA	0	12	0xFD	0xF9	8.51	−6.99
14 400	11.059 2	0xFE	0xFC	0	12	0xFE	0xFC	8.51	8.51
19 200	11.059 2	—	0xFD	0	12	—	0xFD	—	8.51
28 800	11.059 2	0xFF	0xFE	0	12	0xFF	0xFE	8.51	8.51

小知识——为什么许多单片机系统选用 11.059 2 MHz 的晶振

为什么许多单片机系统选用时钟频率为 11.059 2 MHz 的晶振？这与波特率有关。

常用波特率通常按规范取为 1 200 bps、2 400 bps、4 800 bps、9 600 bps 等。若单片机晶振的频率为 12 MHz 或 6 MHz，计算得出的 T1 定时初值将不是一个整数，这样通信时便会产生积累误差，进而产生波特率误差，影响串行通信的同步性能。解决的方法只有调整晶振的时钟频率，通常采用 11.059 2 MHz 晶振。因为用它能够非常准确地计算出 T1 定时初值，包括较高的波特率（如 19 600 bps、19 200 bps）。

7.5 串行通信的编程

C51 对定时器/计数器的编程过程可分为查询法和中断法。

1. 查询法

查询法的基本步骤如下：

①设定控制寄存器 SCON，设串行通信的工作模式是否允许接收；

②根据波特率，确定 SMOD 值，计算出 TH1、TL1 初始值；

③设置 PCON 寄存器的 SMOD 项；

④设置 TMOD 寄存器，设定计时器 1 为工作模式 2（自动重新载入计数值）；

⑤送 TH1、TL1 初始值；

⑥设置 TR1＝1，启动波特率发生器；

⑦循环查询 RI 或 TI 的状态，如果为 1 则说明发送或接收成功；

⑧如果 RI＝1，从 SBUF 读出接收到的数据。

语句形式为

```
变量＝SBUF；
```

2. 中断法

主程序初始化串口、定时器/计数器及中断系统初始化的基本步骤如下：

①设置 IE 寄存器，置位相应 ES 标志位及 EA 位，使能串口中断；

②设定控制寄存器 SCON，设串行通信的工作模式是否允许接收；

③根据波特率，确定 SMOD 值，计算出 TH1、TL1 初始值；

④设置 PCON 寄存器的 SMOD 项；

⑤设置 TMOD 寄存器，设 T1 为工作模式 2；

⑥送 TH1、TL1 初始值；

⑦设置 TR1＝1，启动波特率发生器。

单独编写串口中断服务函数方式如下：

```
void time(void) interrupt 4 using m
{
    ……  //串口中断服务代码
}
```

7.6　串口方式0编程实例(实训十三)

1. 实训题目

使用74LS164的并行输出端接8只发光二极管，利用它的串入并出功能，把发光二极管从左到右依次点亮，并反复循环，假定发光二极管为共阴极接法，电路如图7.9所示。

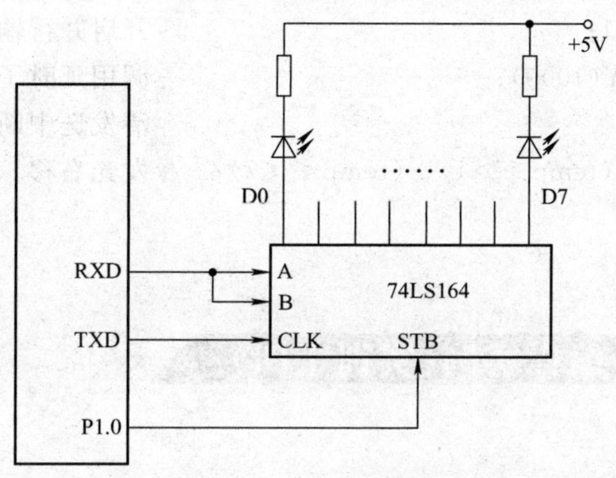

图7.9　74LS164的并行输出电路图

2. 题目分析

此题主要练习串口方式0的编程。设置串口工作在方式0，通过串口发出串行数据，经串入并出芯片74LS164转换后，驱动发光二极管。(逻辑0亮)要反复循环点亮，需要不断变换。

程序代码如下：

```
#include <REGX51.H>
unsigned char temp;

void DELAY(unsigned int x)
{
  unsigned int i,j;
  for(i=0;i<x;i++)
  {
    for(j=0;j<110;j++);
  }
}

void main(void)
{
    temp=0x7F;                              //发光二极管从左边亮起
    SCON=0x00;                              //串行口工作在方式0
```

```
        ES=0;                              //禁止串行中断
        while(1)
        {
            P1_0=0;                        //关闭并行输出
            P2=temp;                       //串行输出
            while(TI==0);                  //状态查询
            P1_0=1;                        //开启并行输出
            DELAY(1000);                   //调用延时子程序
            TI=0;                          //清发送中断标志
            temp=(temp>>1)+(temp<<7);      //发光右移
        }
}
```

7.7 串口方式1编程实例(实训十四)

1. 实训题目1

通过单片机传送出一个字符。设定51单片机的时钟频率为11.059 MHz,串行传输波特率为1 200 bps,起始位为1,8个数据位,1个停止位。

2. 题目分析1

此题主要练习串口在方式1时,串行传输的设定与程序编写。

(1)串行端口模式的设定,设置SCON寄存器

设定为工作模式1,SM0=0,SM1=1,SM2=0,即SCON=0x40。

(2)波特率的设定

单片机时钟频率=11.059 MHz,波特率=1 200 bps,则SMOD=0,TMOD=0x20,TL1=TH1=232=0xE8。

PCON于CPU Reset时为0,故可省略而不必设定。

激活计时器1,TR1=1。

程序代码如下:

```
#include <REGX51.H>
unsigned char temp;

//初始化串口
void initsend(void)
{
    SCON=0x40;
    TMOD=0x20;
    TH1=0xE8;
    TL1=0xE8;
```

```
    TR1=1;
    PCON=0x00;
}

//从串口发出一字节数据
void send_char_com(unsigned char temp)
{
   SBUF= temp;
   while(TI==0);
   TI=0;
}

void main(void)
{
   initsend();
   send_char_com(0xEA);
}
```

3. 实训题目2

通过单片机串口采用中断方式接收一个字符。设定51单片机的时钟频率为11.059 MHz,串行传输波特率为1 200 bps,起始位为1,8个数据位,1个停止位。

4. 题目分析2

此题主要练习串口在工作方式1时,串行接收的设定与程序编写。

(1)串行端口模式的设定,设置SCON寄存器

设定为工作模式1,SM0=0,SM1=1,SM2=0,REN=1;激活计时器1,TR1=1;即SCON=0x52。

(2)波特率的设定

单片机时钟频率=11.059 MHz,波特率=1 200 bps,则SMOD=0,TMOD=0x20,TL1=TH1=232=0xE8。

(3)中断的设定

IE=0x90;当CPU复位时PCON寄存器为0,故可省略而不必设定。

(4)变量的设定

设置两个全局变量temp、read_flag。接收中断执行后,temp用于存储接收到的一字符,同时置read_flag为1。主程序检测到read_flag=1,读取temp变量。

程序代码如下:

```
 #include <REGX51.H>
unsigned char temp;

//初始化串口
```

```
void init(void)
{
  SCON=0x52;
  TMOD=0x20;
  PCON=0x00;
  TH1=0xE8;
  TL1=0xE8;
  IE=0x90;
  TR1=1;
}

//串口中断子程序
void serial () interrupt 4 using 3
{
  if(RI)
  {
    temp=SBUF;
    while(RI==0);
    RI=0;
  }
}

void main(void)
{
  init();
  while(1)
  {
      ......  //根据 temp 值处理数据
  }
}
```


7.8 工程中串行通信的几种接口标准

在单片机应用系统中,数据通信多采用异步串行通信。在设计通信接口时,必须根据需要选择标准接口,同时要考虑传输介质、电平转换等问题。

51 单片机的串行接口输入/输出均为 TTL 电平。这种以 TTL 电平传输数据的方式,抗干扰性差,传输距离短。为了提高串行通信的可靠性、增大通信距离,可采用其他标准串行接口。

标准串行通信接口电路有多种，异步串行通信接口主要有RS－232C接口，RS－422A、RS－423A接口以及20 mA电流环等类型。采用标准接口后，能够方便地把单片机和外设、测量仪器等有机地结合起来，从而构成一个测控系统。例如，当需要单片机和PC机通信时，通常采用RS－232C接口进行电平转换。下面对上述几种接口电路进行简单介绍。

1. RS－232C 接口

RS－232C接口中RS表示是EIA的“推荐标准”，232为标准的编号。RS－232C定义了数据终端设备(DTE)与数据通信设备(DCE)之间的物理接口标准。接口标准包括机械特性、功能特性和电气特性几方面内容。

(1)机械特性

RS－232C接口规定使用25针连接器，连接器的尺寸及每个插针的排列位置都有明确的定义。在一般的应用中并不一定用到RS－232C标准的全部信号线，连接器引脚定义如图7.10所示，其中(a)为DB－25(阳头)，(b)为DB－9(阳头)。

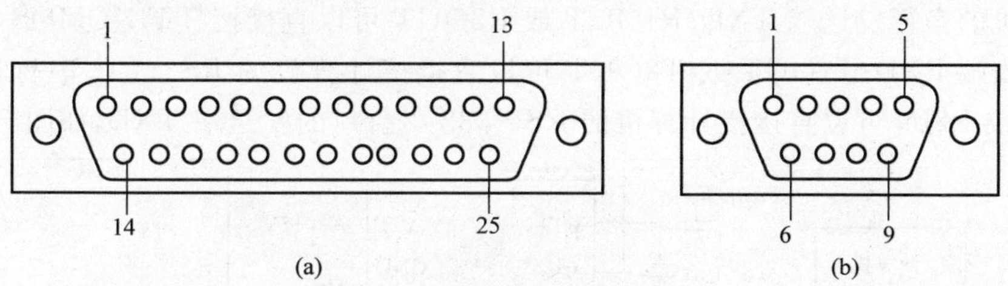

图7.10　通信连接器引脚定义

(2)功能特性

RS－232C接口的主要信号线功能定义见表7.3。

表7.3　RS－232C标准接口主要引脚定义

插针序号	信号名称	功能	信号方向
1	PGND	保护接地	DTE→DCE
2(3)	TXD	发送数据(串行输出)	DTE←DCE
3(2)	RXD	接收数据	DTE→DCE
4(7)	RTS	请求发送	DTE←DCE
5(8)	CTS	允许发送	DTE←DCE
6(6)	DSR	DCE就绪(数据建立就绪)	DTE←DCE
7(5)	SGND	信号接地	
8(1)	DCD	载波检测	DTE←DCE
20(4)	DTR	DTE就绪(数据终端准备就绪)	DTE→DCE
22(9)	RI	振铃指示	DTE←DCE

(3)电气特性

RS－232C采用负逻辑电平，规定DC(－15～－5 V)为逻辑1，DC(＋5～＋15 V)为逻辑0，－3～＋3 V为过渡区，不作定义。

RS－232C 发送方和接收方之间的信号线采用多芯信号线，要求多芯信号线的总负载电容不能超过 250 pF。通常 RS－232C 的传输距离为几十米，传输速率小于 20 kbps。

(4)过程特性

过程特性规定了信号之间的时序关系，以便正确地接收和发送数据。如果通信双方均具备 RS－232C 接口，则二者可以直接连接，不必考虑电平转换问题。但是对于单片机与计算机通过 RS－232C 连接，则必须考虑电平转换问题，因为 51 系列单片机串行口不是标准RS－232C 接口。

(5)RS－232C 电平与 TTL 电平转换驱动电路

如上所述，51 单片机串行接口与 PC 机的 RS－232C 接口不能直接对接，必须进行电平转换，可采用 MAXIM 公司生产的 MAX232 芯片，MAX232 芯片含两路接收器和驱动器的 IC 芯片，且仅需要单一电源＋5 V，片内有 2 个发送器、2 个接收器，使用比较方便。

MAX232 芯片内部有两路电平转换电路。引脚 T1IN 或 T2IN 可以直接接 TTL/CMOS 电平的单片机的串行发送端 TXD；R1OUT 或 R2OUT 可以直接接 TTL/CMOS 电平的单片机的串行接收端 RXD；T1OUT 或 T2OUT 可以直接接计算机的 RS－232 串行口的接收端 RXD；R1IN 或 R2IN 可以直接接计算机的 RS－232 串行口的发送端 TXD，如图 7.11 所示。

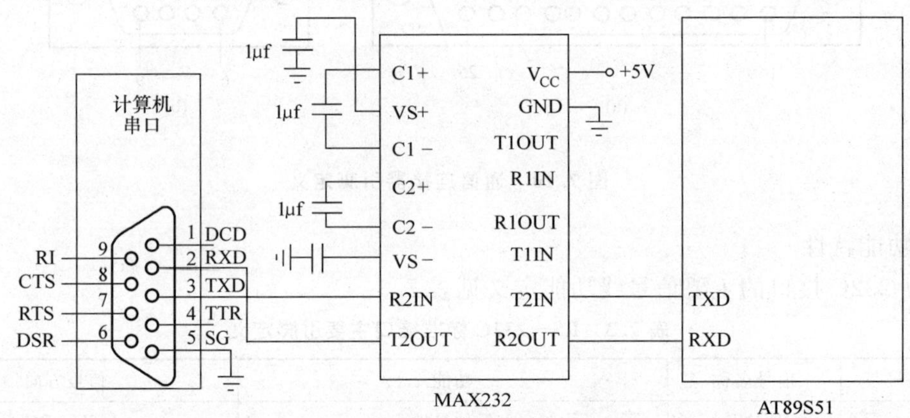

图 7.11 PC 机、单片机与 MAX232 的连接图

2. RS－422A 接口

针对 RS－232C 总线标准存在的问题，EIA 协会制定了新的串行通信标准 RS－422A。它是平衡型电压数字接口电路的电气标准，如图 7.12 所示。RS－422A 文本给出了 RS－449 中对于通信电缆、驱动器和接收器的要求，规定双端电气接口形式，其标准是双端线传送信号。它具体通过传输线驱动器，将逻辑电平变换成电位差，完成发送端的信息传递；通过传输线接收器，把电位差变换成逻辑电平，完成接收端的信息接收。

RS－422A 和 TTL 进行电平转换最常用的芯片是传输线驱动器 SN75174 和传输线接收器 SN75175，这两种芯片的设计都符合 EIA 标准 RS－422A，均采用＋5 V 电源供电。RS－422A 的接口电路如图 7.12 所示，发送器 SN75174 将 TTL 电平转换为标准的 RS－422A 电平；接收器 SN75175 将 RS－422A 接口信号转换为 TTL 电平。

与 RS－232C 相比 RS－422A 信号传输距离远、速度快。传输距离为 120 m 时，传输速

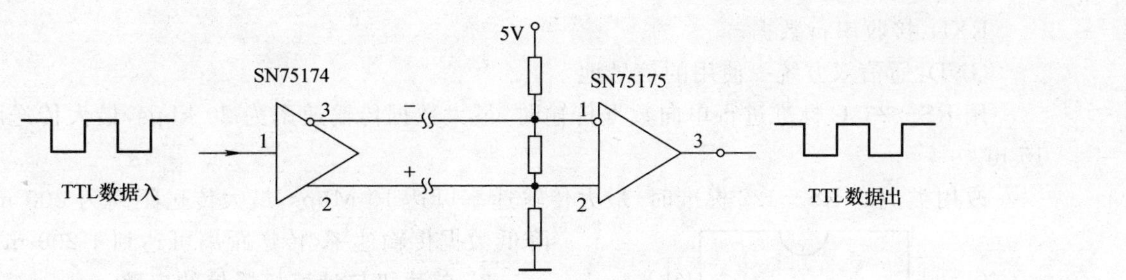

图 7.12　RS－422A 接口电平转换电路

率可达 1 Mbps;降低传输速率(90 kbps)时,传输距离可达 1 200 m。

3. RS－485 接口

RS－485 是 RS－422A 的变型。RS－422A 用于全双工,而 RS－485 则用于半双工。RS－485 是一种多主发送器标准,在通信线路上最多可以使用 32 对差分驱动器/接收器。RS－485接口如图 7.13 所示。如果在一个网络中连接的设备超过 32 个,还可以使用中继器。传输线采用差动信道,所以它的干扰抑制性极好,又因为它的阻抗低,无接地问题,所以传输距离可达120 m,传输速率可达 1 Mbps。

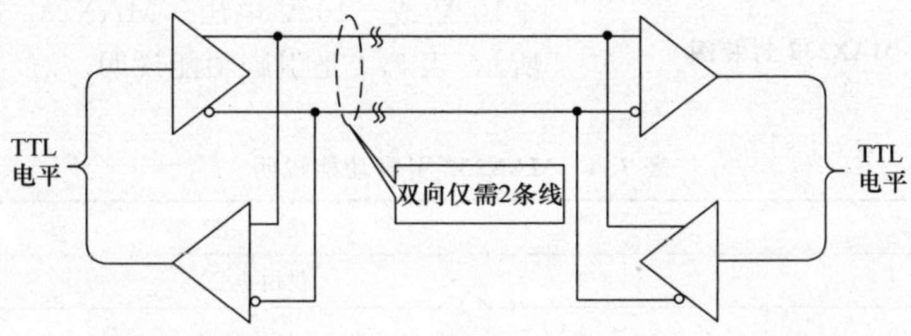

图 7.13　RS－485 接口示意图

RS－485 是一点对多点的通信接口,一般采用双绞线的结构。普通的 PC 机一般不带 RS－485 接口,因此要使用 RS－232C/RS－485 转换器。对于单片机可以通过芯片 MAX485 来完成 TTL/RS－485 的电平转换。

4. 传输距离与传输速率的关系

串行接口或终端直接传送串行信息位流的最大距离与传输速率及传输线的电气特性有关。在实际应用中,为减少误码率,通信距离远,通信速率应取低一些。例 RS－485/RS－422 规定:通信距离为 120 m 时,最大通信速率为 1 Mbps;通信距离为 1.2 km 时,则最大通信速率为 90 kbps;传输距离超过最大通信距离,则应采用线转发器。

7.9　单片机与计算机的 RS－232C 口通信(实训十五)

1. 计算机的串行通信接口 RS－232C

RS－232C 定义了 20 根信号线,实际使用中,一般采用三线制连接串口。计算机的 DB9 口只连接其中的 3 根线:第 5 脚的 GND、第 2 脚的 RXD、第 3 脚的 TXD,各引脚功能如下。

TXD:发送串行数据。

RXD:接收串行数据。

GND:通信双方统一使用的信号地。

用RS－232C标准进行单向数据传输时,最大数据传输速率为20 kbps,最大传送距离为15 m。

改用类似的RS－422标准时,最大传输速率可达10 Mbps,最大传送距离为300 m,适当降低数据传输速率,传送距离可达到1 200 m。

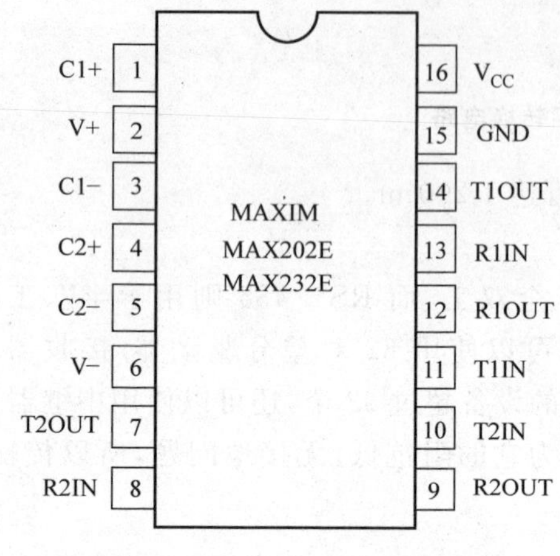

图 7.14　MAX232封装图

2. 单片机与计算机通信的电路

51单片机的串口是通过TXD、RXD引脚实现,单片机的电平信号为TTL电平,即0 V是逻辑0,5 V是逻辑1。单片机与计算机通信时必须把单片机输出的TTL电平转换为RS－232标准电平。

MAX232系列芯片为MAXIM(美信)公司生产的,包含两路接收器和驱动器的单电源电平转换芯片,适用于各种RS－232C接口,可以把单片机输入的＋5 V电源电压转换成RS－232输出电平所需的＋10 V或－10 V电压。MAX232封装图如图7.14所示,表7.4是引脚功能说明。

表 7.4　MAX232引脚功能说明

引　脚	功　能
V_{CC}	供电电压
GND	地
C＋、C－	外围电容
T1IN	第一路TTL/CMOS驱动电平输入
T1OUT	第一路RS－232电平输出
R1IN	第一路RS－232电平输入
R1OUT	第一路TTL/CMOS驱动电平输出
T2IN	第二路TTL/CMOS驱动电平输入
T2OUT	第二路RS－232电平输出
R2IN	第二路RS－232电平输入
R2OUT	第二路TTL/CMOS驱动电平输出

应用电平转换芯片MAX232进行点对点串行通信的电路如图7.11所示。其中4个电容的电容值根据所选用的具体MAX232系列芯片的不同而不同。

3. VB对计算机串口的编程

VB在标准串口通信方面提供了具有强大功能的通信控件MSCOMM,文件名为MSCOMM. OCX。该控件是将RS－232的初级操作予以封装,用户通过高级的Basic语言即可实现RS－232串行通信的数据发送和接收,并不需要了解其他有关的初级操作,因此使用起来非常方便。

MSComm 控件的主要属性以及本系统中对其属性的设置见表 7.4。

表 7.4　MSComm 控件的主要属性

属　性	说　明	设置举例
CommPort	设置并返回通信端口号(1 或 2)	用户设置
Settings	以字符串的形式设置波特率、奇偶校验、数据位、停止位	9 600,n,8,1
PortOpen	设置并返回通信端口的状态,也可以打开和关闭端口	True
Input	从接收缓冲区返回字符	接收数据用
Output	向传输缓冲区写一个字符	发送数据用
InputMode	数据以二进制形式存取	1

使用 MSComm 控件时,首先需要向工具箱添加 MSComm 控件。方法如下:选择"工程"菜单中"部件"项,在"控件"页中选中"Microsoft Comm control 5.0"项,单击"确定",完成 MSComm 控件的添加。

VB 是基于面向对象的编程方法,编程时只需修改 MSComm 对象的属性值即可。(表 7.4)

(1)计算机串口发送数据的编程

利用 MSComm 控件发送数据只需要向控件的 Output 属性写入输出的二进制数据即可,VB 代码如下:

```
MSc1.Output= 要输出的二进制数据
```

其中,MSc1 为 MSComm 控件的对象名,Output 为 MSComm 控件对象的属性。

(2)计算机串口接收数据的编程

MSComm 控件在接收数据方面提供两种处理通信的方式:

①事件驱动通信,即发送或接收数据过程中触发 OnComm 事件,通过编程访问 CommEvent 属性,了解通信事件的类型,分别进行各自的处理;

②查询方式,即通过检查 CommEvent 属性的值来查询事件和错误。

采取事件驱动方式的 VB 代码如下:

```
Public Sub msc1_OnComm()            //'接收数据触发 OnComm()事件
    Select Case MSc1.CommEvent      //'在 CommEvent 中接收数据
    Case comEvReceive
      av = MSc1.Input               //'av 是接收到的数据
      ……                            //'根据接收到的数据进行处理
    End Select
End Sub
MSc.Output=要输出的二进制数据
```

习　题

1. 异步传送和同步传送有什么不同?

2. 单工、半双工和全双工通信方式有什么区别？

3. 51 单片机串行口由哪些功能寄存器控制？它们各有什么作用？

4. 51 串行口有几种工作方式？各自特点是什么？

5. 试述串行口方式 0 和方式 1 发送与接收的工作过程。

6. 设计一个发送程序，将 1～100 顺序从串行口输出。

7. 设串行口上外接一个串行输入的设备，单片机和该设备之间采用 9 位异步通信方式，波特率为 2 400 bps，晶振频率为 11.059 2 MHz，试编写接收程序。

第 8 章　单片机与外部设备的总线技术

本章要点

掌握单片机常用的总线。
能够根据芯片的时序图编制程序。

目前单片机外部设备常用的总线主要有 I^2C 总线、SPI 总线、Microwire－总线、1－Wire 总线、CAN 总线、USB 总线等。单片机与外设之间常使用串行总线进行数据传输，这样可以节省单片机的接口资源。连接在总线上的设备与总线的连接电路为总线接口。

8.1　I^2C 总线接口

I^2C 总线是由 PHILIPS 公司开发的两线式串行总线，具有接口电路简单、控制简单、可进行系统的标准化设计、灵活性强、可维护性好等优点，目前已成为一种重要的串行通信总线，是在微电子通信控制领域广泛采用的一种新型总线标准。I^2C 总线的最大长度是 4 m，最高数据传送速率为 400 Kbps，能够以 10 Kbps 的传输速率支持 40 个组件。

8.1.1　I^2C 总线的基本原理

I^2C 总线使用两根信号线作为传输线，一根是双向的数据线 SDA，既可发送数据也可接收数据；另一根是时钟线 SCL。每个 I^2C 器件均并联在这条总线上，而且每个 I^2C 器件都有唯一的地址，并可以通过软件寻址，通过地址来识别通信对象。

I^2C 器件在通信时，一个器件作为产生串行时钟（SCL）的主机，而其他器件则作为从机，如图 8.1 所示。CPU 发出的控制信号分为地址码和数据码两部分：地址码用来选址，即接通需要控制的电路；数据码是通信的内容，这样各 I^2C 器件虽然挂在同一条总线上，却彼此独立。

I^2C 总线支持多主和主从两种工作方式，通常为主从工作方式。在主从工作方式中，系统中只有一个主器件（单片机），其他器件都是具有 I^2C 总线的外围器件。在主从工作方式中，主器件启动数据的发送（发出启动信号），产生时钟信号，发出停止信号。

I^2C 总线协议对传输时序有严格的要求，总线的数据传输时序如图 8.2 所示。总线上传送的每一帧数据均为一个字节。但启动 I^2C 总线后，传送的字节数没有限制，只要求每传送一个字节后，对方回应一个应答位。在发送时，首先发送的是数据的最高位。每次传送开始时有开始信号，结束时有结束信号。在总线传送完一个字节后，可以通过对时钟线的控制，使传送暂停。

为了保证数据传送的可靠性，标准 I^2C 总线的数据传送有严格的时序要求，各信号解释

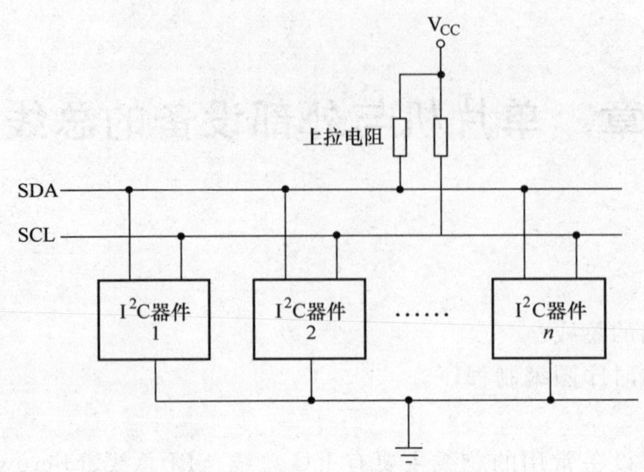

图 8.1 I^2C 总线系统的结构

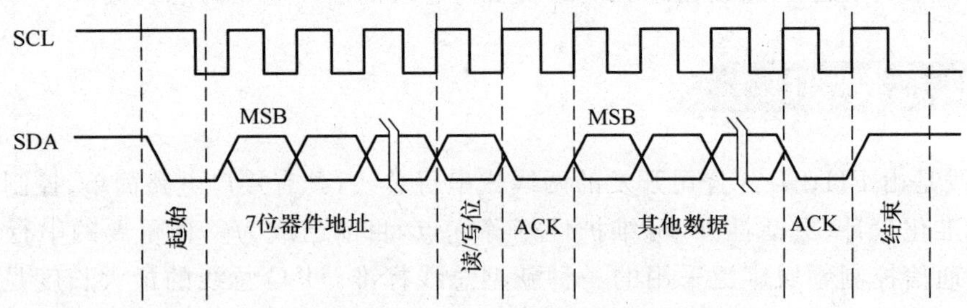

图 8.2 I^2C 总线的数据传输时序

如下。

1. 发送启动(始)信号

进行数据传输时，首先由主机发出启动信号，启动 I^2C 总线。在 SCL 为高电平期间，SDA 出现上升沿则为启动信号。此时，具有 I^2C 总线接口的从器件会检测到该信号。

2. 发送寻址信号

主机发送启动信号后，再发出寻址信号。器件地址有 7 位和 10 位两种，这里只介绍 7 位地址寻址方式。7 位寻址字节的寻址信号由一个字节构成，高 7 位为地址位，最低位为方向位，用以表明主机与从器件的数据传送方向。方向位为 0，表明主机接下来对从器件进行写操作；方向位为 1，表明主机接下来对从器件进行读操作。

主机发送地址时，总线上的每个从机都将这 7 位地址码与自己的地址进行比较，如果相同，则认为自己正被主机寻址，根据 R/W 位将自己确定为发送器或接收器。

从机的地址由固定部分和可编程部分组成。在一个系统中可能希望接入多个相同的从机，从机地址中可编程部分决定了可接入总线该类器件的最大数目。如一个从机的 7 位寻址位有 4 位是固定位，3 位是可编程位，这时仅能寻址 8 个同样的器件，即可以有 8 个同样的器件接入到该 I^2C 总线系统中。

3. 应答信号

I^2C 总线协议规定，每传送一个字节数据(含地址及命令字)后，都要有一个应答信号，以确定数据传送是否被对方收到。应答信号由接收设备产生，在 SCL 信号为高电平期间，接收设备将 SDA 拉为低电平，表示数据传输正确，产生应答。

4. 数据传输

主机发送寻址信号并得到从器件应答后，便可进行数据传输，每次一个字节，但每次传输都应在得到应答信号后再进行下一字节传送。

5. 非应答信号

当主机为接收设备时，主机对最后一个字节不应答，以向发送设备表示数据传送结束。

6. 发送停止信号

在全部数据传送完毕后，主机发送停止信号，即在 SCL 为高电平期间，SDA 上产生一上升沿信号。

小提示

目前市场上很多单片机都已经集成有 I^2C 总线，这类单片机在工作时，总线状态由硬件监测，无须用户介入，操作非常方便。但是 51 单片机并不具有 I^2C 总线接口，但可以通过软件模拟 I^2C 总线的工作时序，并将其编辑成函数。在使用时，只需正确调用各个函数就能方便操作 I^2C 总线器件。

随着 I^2C 技术的广泛应用，传统的 7 位从器件地址(Slaver Addresses)已经无法满足实际需要，在改进的 I^2C 总线协议中增加了 10 位从地址寻址技术，这样可以把从器件地址由原来的 100 多个扩充为 1 024 个。

8.1.2　I^2C 总线接口器件 AT24C0X

AT24C0X 是 I^2C 串行 E^2PROM，X 表示存储器容量大小。该列存储器芯片采用 CMOS 工艺制造，内置有高压泵，可在单电压 1.8～5.5 V 电源范围内可靠工作，可以保证100 000次擦/写周期和有效保存数据 10 年。

图 8.3 所示是 DIP8 封装形式的 AT24C01。其中 SCL 是串行时钟端，在 SCL 信号的上升沿时系统将数据输入到每个 E^2PROM 器件，在 SCL 信号的下降沿时系统将数据输出；SDA 是串行数据端，该引脚为开漏极驱动，可双向传送数据；V_{CC}是＋5 V 的工作电源；当 WP 接高电平时，存储器被保护，禁止对器件进行任何写操作；A0、A1、A2 是器件/页面寻址，为器件地址输入端。AT24C 系列 E^2PROM 的型号地址高 4 位皆为 1010，器件地址中的低 3 位为引脚地址 A2、A1、A0。

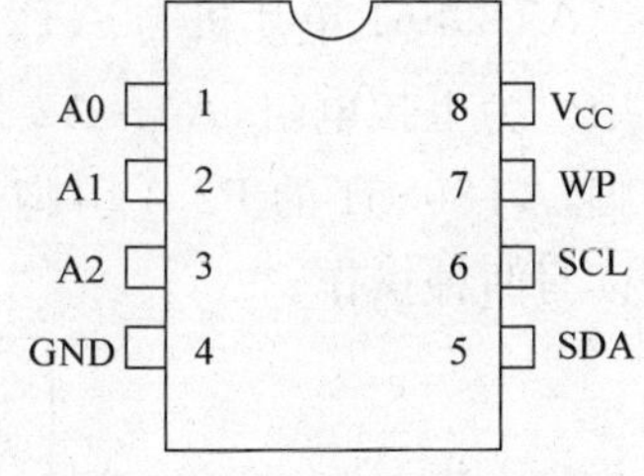

图 8.3　AT24C01 引脚

在一个单总线上最多可连接 8 个 AT24CXX 器件(对于 AT24C01/AT24C02)，并可以通过 A2、A1、A0 来区分。AT24C04 器件未连接 A0，AT24C08 器件未连接 A0、A1，AT24C16 器件未连接 A0、A1、A2。图 8.4 给出了对应器件的地址，A2、A1、A0 表示由连接引脚的电平给定，P2、P1、P0 由软件编程给出。

向 AT24C01 写一个字节操作的时序如图 8.5 所示。单片机送出开始信号后，接着送控

		MSD							LSB
AT24C01/02	1k/2k	1	0	1	0	A2	A1	A0	R/W
AT24C04	4k	1	0	1	0	A2	A1	P0	R/W
AT24C08	8k	1	0	1	0	A2	P1	P0	R/W
AT24C16	16k	1	0	1	0	P2	P1	P0	R/W

图 8.4　AT24C0X 的地址描述

制字节，表示 ACK 位后面为待写入数据字节的字地址和待写入数据字节，最后是停止位的写入。

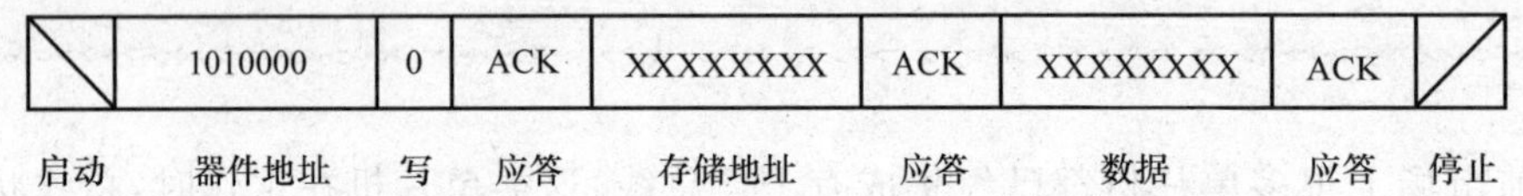

图 8.5　AT24C01 的写数据的时序

从 AT24C01 读指定地址的内容的操作如图 8.6 所示。操作顺序为开始位、写控制字（器件地址＋R/W 位＋ACK＋存储地址＋ACK）、读控制字（器件地址＋R/W 位＋ACK＋读出数据＋NO ACK）、停止位。

图 8.6　AT24C01 的读数据的时序

8.2　单片机读写 AT24C0X 的程序（实训十六）

AT89S51 单片机与 AT24C0X（以 AT24C01 为例）连接的电路图如图 8.7 所示。图中 R_1、R_2 为上拉电阻，A0～A2 地址引脚均接地，AT89S51 的 P2.0 引脚连接 AT24C01 的 SDA 引脚，AT89S51 的 P2.1 引脚连接 AT24C01 的 SCL 引脚，WP 接地表示可以对器件进行正常的读写两种操作。

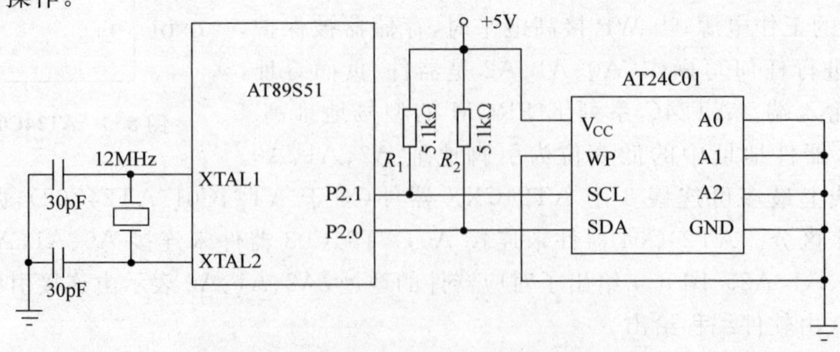

图 8.7　AT24C01 与单片机连接的电路图

读写程序代码如下：

```
#include <REGX51. H>
#include <intrins. h>
#define uchar unsigned char
#define uint unsigned int
#define AddWr 0xA0                    //器件地址选择及写标志
#define AddRd 0xA1                    //器件地址选择及读标志

/*有关全局变量*/
sbit Sda= P3^7;                       //串行数据
sbit Scl= P3^6;                       //串行时钟
sbit WP= P3^5;                        //硬件写保护
void mDelay(uchar j)
{
    uint i;
    for(;j>0;j--)
    {
        for(i=0;i<125;i--)
        {;}
    }
}

/*起始条件*/
void Start(void)
{
    Sda=1;
    Scl=1;
    _nop_();_nop_();_nop_();_nop_();
    Sda=0;
    _nop_();_nop_();_nop_();_nop_();
}

/*停止条件*/
void Stop(void)
{
    Sda=0;
    Scl=1;
    _nop_();_nop_();_nop_();_nop_();
```

```
        Sda=1;
        _nop_();_nop_();_nop_();_nop_();
    }

    /*应答位*/
    void Ack(void)
    {
        Sda=0;
        _nop_();_nop_();_nop_();_nop_();
        Scl=1;
        _nop_();_nop_();_nop_();_nop_();
        Scl=0;
    }

    /*反向应答位*/
    void NoAck(void)
    {
        Sda=1;
        _nop_();_nop_();_nop_();_nop_();
        Scl=1;
        _nop_();_nop_();_nop_();_nop_();
        Scl=0;
    }

    /*发送数据子程序,Data为要求发送的数据*/
    void Send(uchar Data)
    {
        uchar BitCounter=8;              //位数控制
        uchar temp;                      //中间变量控制
        do
        {
            temp=Data;
            Scl=0;
            _nop_();_nop_();_nop_();_nop_();
            if((temp&0x80)==0x80) //如果最高位是1
            Sda=1;
            else
            Sda=0;
```

```
        Scl=1;
        temp=Data<<1;           //RLC
        Data=temp;
        BitCounter--;
        }while(BitCounter);
    Scl=0;
}

/*读一个字节的数据,并返回该字节值*/
uchar Read(void)
{
    uchar temp=0;
    uchar temp1=0;
    uchar BitCounter=8;
    Sda=1;
    do
      {
        Scl=0;
        _nop_();_nop_();_nop_();_nop_();
        Scl=1;
        _nop_();_nop_();_nop_();_nop_();
        if(Sda)                     //如果 Sda=1
        temp=temp|0x01;             //temp 的最低位置 1
        else
        temp=temp&0xFE;             //否则 temp 的最低位清 0
        if(BitCounter-1)
        {
            temp1=temp<<1;
            temp=temp1;
        }
        BitCounter--;
      }while(BitCounter);
    return(temp);
}

void WrToROM(uchar Data[],uchar Address,uchar Num)
{
    uchar i;
```

```
    uchar * PData;
    PData=Data;
    for(i=0;i<Num;i++)
    {
        Start();                        //发送启动信号
        Send(0xA0);                     //发送 SLA+W
        Ack();
        Send(Address+i);                //发送地址
        Ack();
        Send( * (PData+i));
        Ack();
        Stop();
        mDelay(20);
    }
}

void RdFromROM(uchar Data[],uchar Address,uchar Num)
{
    uchar i;
    uchar * PData;
    PData=Data;
    for(i=0;i<Num;i++)
    {
        Start();
        Send(0xA0);
        Ack();
        Send(Address+i);
        Ack();
        Start();
        Send(0xA1);
        Ack();
        * (PData+i)=Read();
        Scl=0;
        NoAck();
        Stop();
    }
}
```

```
void main()
{
    uchar Number[4]={1,2,3,4};
    WP= 1;
    WrToROM(Number,4,4);        //将初始化后的数值写入 E²PROM
    mDelay(20);
    Number[0]=0;
    Number[1]=0;
    Number[2]=0;
    Number[3]=0;                //将数组中的值清掉,以验证读出的数是否正确
    RdFromROM(Number,4,4);
}
```

8.3　SPI 接口

SPI 是串行外围设备接口的简称,是美国 MOTOROLA 公司推出的一种应用在多种微处理器、微控制器以及外设之间的全双工、同步、串行数据接口标准。

SPI 总线是基于三线制的同步串行总线,它在速度要求不高、低功耗、需保存少量参数的智能化仪表及测控系统中得到广泛应用。使用 SPI 总线接口不仅能简化电路设计,还可以提高设计的可靠性。

SPI 总线采用 3 根(不含片选信号)或 4 根(含片选信号)信号线进行数据传输,MOTOROLA公司将 4 根信号线分别定义为:

①SCLK(Serial Clock),串行时钟线,主机启动发送并产生 SCLK,从机被动接收时钟;

②MISO(Master In Slave Out),主机输入从机输出线;

③MOSI(Master Out Slave In),主机输出从机输入线;

④SS(Slave Select),从机器件选择信号,低电平有效。

实际使用过程中,许多 SPI 器件将 4 根信号线定义为:时钟线(SCLK)、数据输入线(SDI)、数据输出线(SDO)、片选线(CS)。

SPI 总线接口主要用于主从分布式的通信网,SPI 器件可工作在主模式或从模式下。系统主设备为 SPI 总线通信过程提供同步时钟信号,并决定从设备的片选信号的状态,使能将要通信的 SPI 从器件、未被选中的其他所有器件均处于高阻隔离状态。

典型的 SPI 总线构成的分布式测控系统如图 8.8 所示。

在 SPI 总线通信时,通信可由主节点发起,也可由从节点发起。当主节点发起通信时.它可主动对从节点进行数据的读写操作。工作过程叙述如下:首先选中要与之通信的从节点(通常片选端为低有效),而后送出时钟信号,读取数据信息的操作将在时钟的上升沿(或下降沿)进行。每送出 8 个时钟脉冲,从节点产生一个中断信号,该中断信号通知主节点一个字节已完整接收,可以发送下一个字节的数据。

SPI 接口进行数据通信时的逻辑时序图如图 8.9 所示。(数据读写应在上升沿)

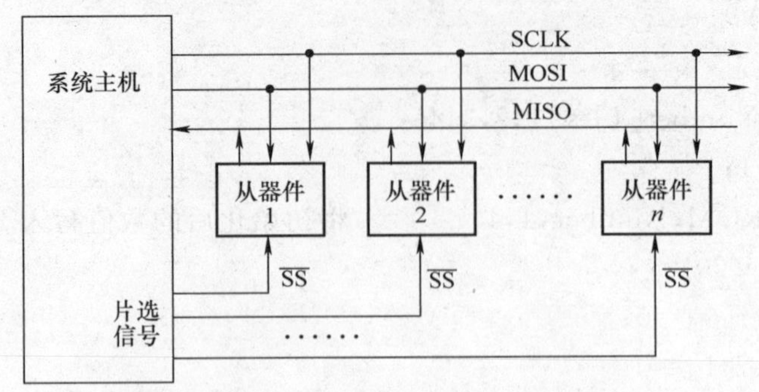

图 8.8 SPI 总线构成的分布式测控系统

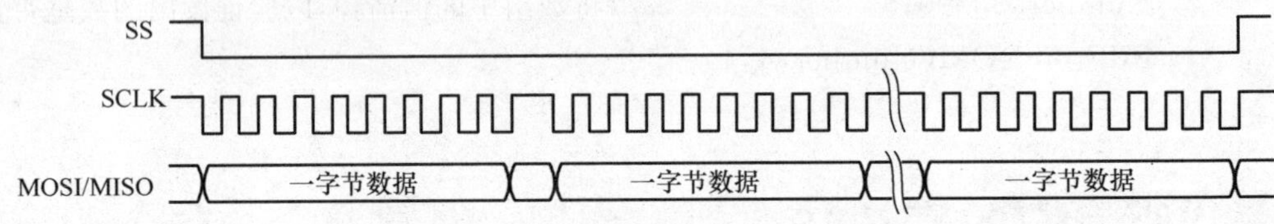

图 8.9 SPI 总线数据通信的逻辑时序图

SPI 模块为了和外设进行数据交换，可以根据外设工作要求，对其输出的串行同步时钟极性和相位进行配置。根据配置方式的不同 SPI 总线有 4 种不同的工作方式，如表 8.1 所示。

表 8.1 SPI 通信接口模式

SPI 通信接口模式	CPOL	CPHA
0	0	0
1	0	1
2	1	0
3	1	1

表中如果 CPOL＝0，串行同步时钟的空闲状态为低电平；如果 CPOL＝1，串行同步时钟的空闲状态为高电平。时钟相位（CPHA）能够配置用于选择两种不同的传输协议之一进行数据传输。如果 CPHA＝0，在串行同步时钟的第 1 个跳变沿（上升或下降）数据被采样；如果 CPHA＝1，在串行同步时钟的第 2 个跳变沿（上升或下降）数据被采样。SPI 主机系统和与之通信的外设间时钟相位和极性应该一致。

目前采用 SPI 总线接口的器件很多，如 AK93C85A 存储器、AK93C10A 存储器、AT25010 存储器、AD5302 数模转换器等。

【例 8.1】 触摸屏芯片 ADS7846/ADS7843 的编程。

ADS7846 芯片适合用在四线制触摸屏，操作简单，精度高。它通过标准 SPI 协议和 CPU 通信，它与单片机连接电路如图 8.10 所示。当触摸屏被按下时（即有触摸事件发生），则 ADS7846 向 CPU 发中断请求，CPU 接到请求后，应延时一下再响应其请求，目的是为了消除抖动使得采样更准确。

编写的程序代码如下：

```
#include<REGX51.H>
```

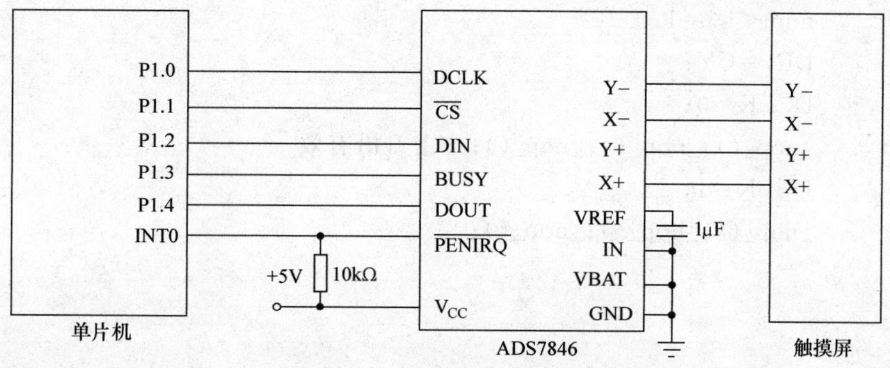

图 8.10　ADS7846 与单片机连接电路

```
#include<INTRINS.h>
  sbit DCLK=P1^0;
  sbit CS=P2^1;
  sbit DIN=P2^2;
  sbit DOUT=P2^3;
  sbit BUSY=P2^4;

  delay(unsigned char i)
  {
      while(i--);
  }

  void start()                        //SPI 开始
  {
      DCLK=0;
      CS=1;
      DIN=1;
      DCLK=1;
      CS=0;
  }

  WriteCh(unsigned char num)   //SPI 写数据
  {
    unsigned char count=0;
    DCLK=0;
    for(count=0;count<8;count++)
    {
```

```
        num<<=1;
        DIN=CY;
        DCLK=0;
        _nop_();_nop_();_nop_();//上升沿有效
        DCLK=1;
        _nop_();_nop_();_nop_();
    }
}

ReadCh()                                //SPI 读数据
{
    unsigned char count=0;
    unsigned int Num=0;
    for(count=0;count<12;count++)
    {
        Num<<=1;
        DCLK=1;
        _nop_();_nop_();_nop_();//下降沿有效
        DCLK=0;
        _nop_();_nop_();_nop_();
        if(DOUT) Num++;
    }
    return(Num);
}

void RE_INT() interrupt 0       //外部中断 0 用于接收键盘发来的数据
{
        unsigned int X=0,Y=0;
        delay(10000);                   //中断后延时以消除抖动,使得采样数据更准确
        start();                        //启动 SPI
        delay(2);
        WriteCh(0x90);                  //送控制字 10010000,即用差分方式读 X 坐标
        delay(2);
        DCLK=1;
        _nop_();_nop_();_nop_();_nop_();
        DCLK=0;
        _nop_();_nop_();_nop_();_nop_();
        X=ReadCh();
```

```
    WriteCh (0xD0);              //送控制字 11010000,即用差分方式读 Y 坐标
    DCLK=1;
    _nop_();_nop_();_nop_();_nop_();
    DCLK=0;
    _nop_();_nop_();_nop_();_nop_();
    Y=ReadCh();
    CS=1;
    ......                       // 根据读出的 X、Y 坐标处理
}

main()
{
   IE=0x83;                      //10000001, EA=1 中断允许
   IP=0x01;
   while(1);
}
```

8.4　Microwire 接口

Microwire 总线是美国国家半导体公司的一项专利,是一种二线同步串行总线。该总线最初是内建在公司的 COP400/CCOP800/PC 系列的单片机中,单片机通过该总线可以实现与外围元件的串行数据通信。

8.4.1　Microwire 串行总线协议

Microwire 总线是一种基于三线制串行通信的接口解决方案,三根信号线分别是数据输出线(SO)、数据输入线(SI)和时钟线(SK),有的 Microwire 总线器件还需要一根片选线。

SK 是串行移位时钟信号线,数据读写与 SK 上升沿同步,对于自动定时写周期不需要 SK 信号。SI 是串行数据输入信号线,接受来自单片机的命令、地址和数据。SO 是串行数据输出信号线,单片机从 SO 读取信息。

Microwire 总线系统的典型结构如图 8.11 所示。Microwire 总线系统每一时刻只能有一片单片机作为主机,由主机控制时钟线(SK),总线上的其他设备都是从设备。相对主机而言,SK、SI 是信号输出,SO 是信号输入。对于有多个从设备的 Microwire 总线系统,主机还需要控制从设备的片选信号状态,从而使能将要通信的 Microwire 从设备。

Microwire 总线接口的工作时序图如图 8.12 所示,图中$\overline{CS}$是片选信号。由于系统主机向设备写数据时,系统主机会忽略 SI 信号线上的数据,所以图中没有画出 SI 信号线的波形。

Microwire 总线通信时,主机通过 SK 时钟线发出时钟脉冲信号,从设备在时钟脉冲信号的同步沿输入/输出数据。主机通过片选信号选通 Microwire 从器件后,发出时钟脉冲信号,主机和被选通的从设备在时钟的下降沿从各自的 SO 线输出一位数据,在时钟的上升沿从各

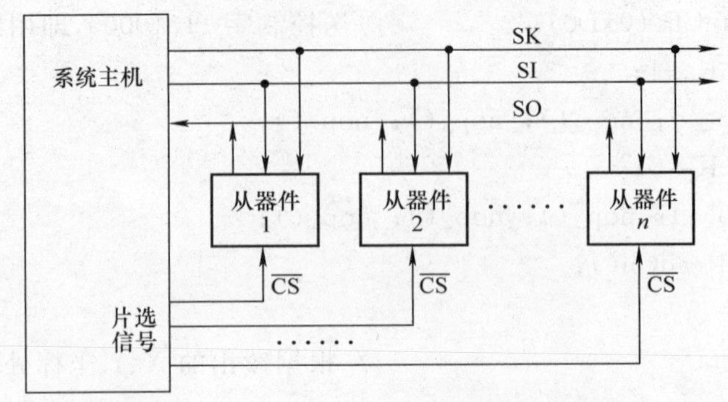

图 8.11　Microwire 总线系统的典型结构

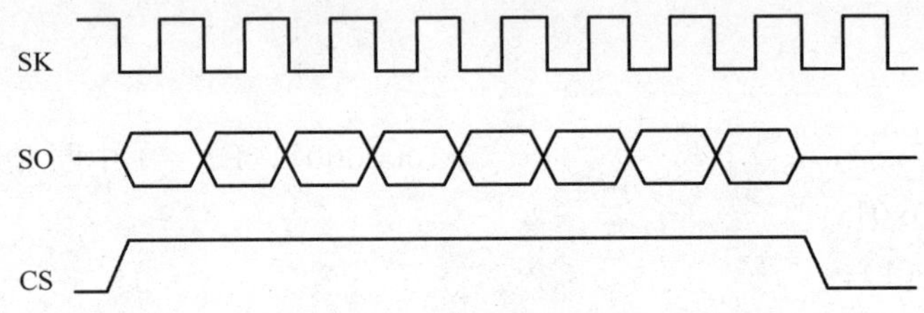

图 8.12　Microwire 主机向设备写数据时序

自的 SI 线读入一位数据。在每个时钟周期内，总线上的主从设备都完成了发出一位数据和接收一位数据操作，实现了数据交换。

8.4.2　Microwire 接口芯片 93C46 简介

93C46 是 Microchip 公司的串行 E^2PROM，存储容量是 1 KB(64×16)，采用 Microwire 总线结构进行读写。93C46 采用先进的 CMOS 技术，是理想的低功耗非易失性存储器器件。其擦除/读写周期寿命可达到 100 万次，片内写入的数据可保存 40 年以上，而且在数据写入周期前不需要进行擦除操作。

93C46 采用单电源供电，典型工作电流为 200 μA，典型的备用电流是 100 μA。

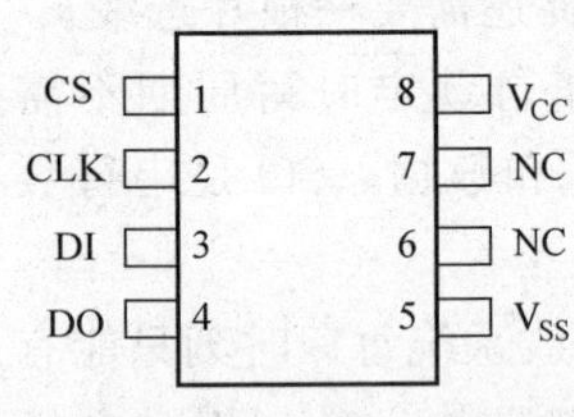

图 8.13　93C46 引脚

图 8.13 所示是 93C46 采用 PDIP8 封装的芯片图。其中 CS 是片选输入，高电平有效；CLK 是同步时钟输入端，数据读写与 CLK 上升沿同步；DI 是串行数据输入端，接受来自单片机的命令、地址和数据；DO 是串行数据输出端。

单片机读写 93C46 时，CS 引脚出现的上升沿使 93C46 处于选通状态，在同步时钟 CLK 的作用下，指令和数据通过 DI 引脚输入 93C46。93C46 支持 7 条主机发出的指令。表 8.2 是单片机操作 93C46 的所有指令。

表 8.2　单片机操作 93C46 的指令集

命令	含义	开始位	操作码	地址	读入数据	输出数据
READ	读数据	1	10	A5～A0	—	D15～D0
WRITE	写数据	1	01	A5～A0	D15～D0	RDY/BSY
ERASE	擦除数据	1	11	A5～A0	—	RDY/BSY

续表

命令	含义	开始位	操作码	地址	读入数据	输出数据
EWEN	擦除/写允许	1	00	11XXXX	—	High－Z
EWDS	擦除/写禁止	1	00	00XXXX	—	High－Z
ERAL	擦除所有数据	1	00	10XXXX	—	RDY/BSY
WRAL	写所有数据	1	00	01XXXX	D15～D0	RDY/BSY

在主机发出的指令格式中，指令代码最高位 MSB 是指令代码序列的起始位，该位必须是逻辑 1。紧跟起始位的是 8 位数据，包括 2 位指令代码和 6 位即将访问的寄存器单元地址。

实际读写 93C46 的存储内容时，一般只用 EWEN（擦除/写允许）、WRITE（写）和 READ（读）等几个指令。下面对这几个指令给出时序和简单说明。

1. EWEN（擦除/写允许指令）

为保证数据完整性，芯片在上电时先进入的是禁止擦除/写状态。所以在执行其他指令（除了读）之前先要执行 EWEN 指令，该指令下达后芯片将一直处于编程允许状态，除非下禁止操作指令（EWDS）或者关断电源，时序如图 8.14 所示。

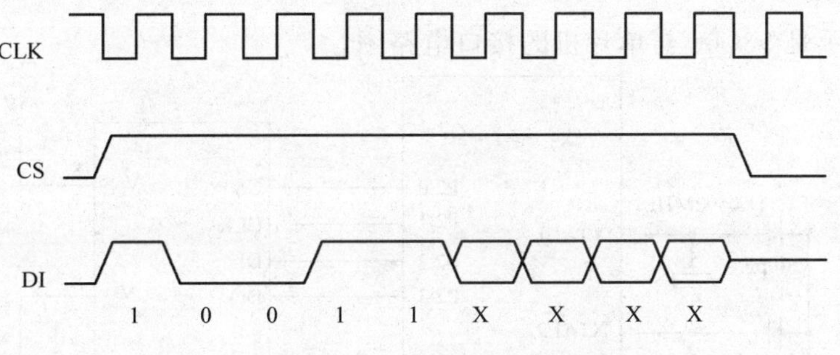

图 8.14　93C46 的 EWEN 指令时序图

2. READ（读指令）

READ（读指令）是从指定的地址读入 16 位数据，时序如图 8.15 所示。在起始位后，单片机发出 2 位指令代码和 6 位即将读的存储单元地址。在 16 个有效数据位输出之前，一个逻辑 0 的电平空位首先被传送，所有从 DO 引脚串行输出的数据都是在 CLK 的上升沿发生改变。

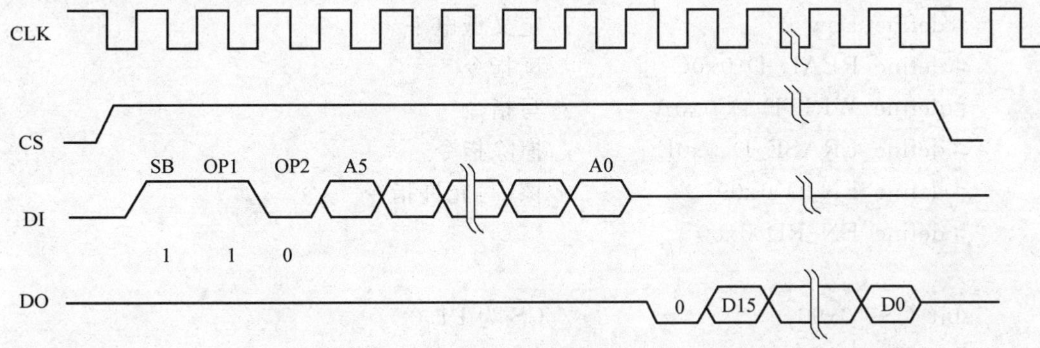

图 8.15　93C46 的 READ 指令时序图

3. WRITE(写指令)

WRITE(写指令)是将向指定的地址写入 16 位数据,时序如图 8.16 所示。在起始位后,单片机发出 2 位指令代码和 6 位即将写入的存储单元地址,紧跟着写入 16 位数据。

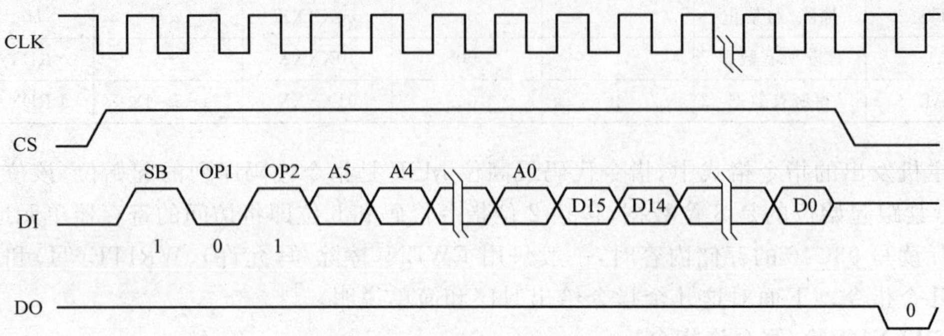

图 8.16　93C46 的 WRITE 指令时序图

8.5　单片机读写 E^2PROM 芯片 93C66(实训十七)

图 8.17 所示是 93C66 与单片机的接口电路图。

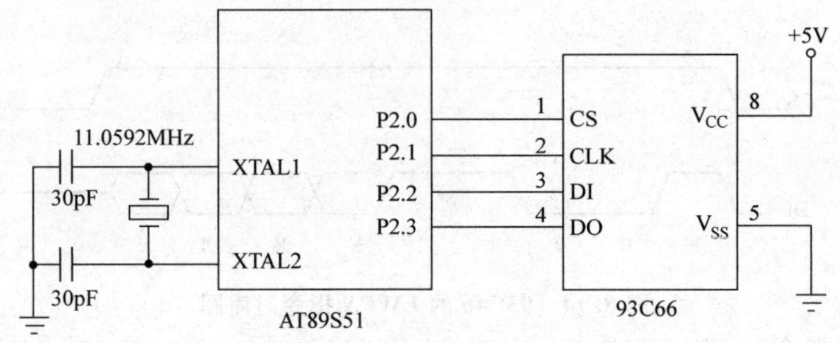

图 8.17　93C66 与单片机的接口电路图

单片机读写 93C66 的程序如下:

```
#include<REGX51.H>
#define uchar unsigned char
#define High 1                //定义高电平
#define Low 0                 //定义低电平
#define READ_D 0x0C           //读指令
#define WRITE_D 0x0A          //写指令
#define ERASE_D 0x0E          //擦除指令
#define EN_D 0x09             //擦/写允许指令
#define EN_RD 0x80

sbit CS=0x90;                 //CS 为 P1.0
sbit SK=0x91;                 //SK 为 P1.1
sbit DI=0x92;                 //DI 为 P1.2
```

```
sbit DO=0x93;                    //DO 为 P1.3

/*延时函数*/
void delay(uchar n)
{
  uchar i;
  for(i=0;i>n;i++);
}

/*时钟函数*/
void i_clock(void)
{
  SK=Low;
  delay(1);
  SK=High;
  delay(1);
}

/*向 AT93C66 写一个字节的数据*/
void send(uchar i_data)
{
  uchar i;
  for(i=0;i<8;i++)
  {
    DI=(bit)(i_data&0x80);
    i_data<<=1;
    i_clock();
  }
}

/*从 AT93C66 接收一个字节的数据*/
uchar receive(void)
{
  uchar i_data=0;
  uchar j;
  i_clock();
  for(j=0;j<8;j++)
  {
```

```
    i_data * =2;
    if(DO)i_data++;
    i_clock();
    delay(2);
  }
  return(i_data);
}

/*发送读指令和地址,从 AT93C66 指定的地址中读取数据*/
uchar read(uchar addr)
{
  uchar data_r;
  CS=1;                      //片选
  send(READ_D);              //送读指令
  send(addr);                //送地址
  data_r=receive();          //接收数据
  CS=0;
  return(data_r);
}

/*擦/写允许操作函数*/
void enable(void)
{
  CS=1;
  send(EN_D);                //送使能指令
  send(EN_RD);
  CS=0;
}

/*擦除 AT93C66 中指定地址的数据*/
void erase(uchar addr)
{
  DO=1;
  CS=1;
  send(ERASE_D);             //送擦除指令
  send(addr);
  CS=0;
  delay(4);
```

```
    CS=1;
    while(!DO);                     //等待擦除完毕
    CS=0;
}
/*将一个字节数据写入 AT93C66 指定的地址中*/
void write(uchar addr)
{
    enable();                       //擦/写允许
    erase(addr);                    //写数据前擦除同样地址的数据
    CS=1;
    send(WRITE_D);                  //送写指令
    send(addr);                     //送地址
    CS=0;
    delay(4);
    CS=1;
    delay(4);
    while(!DO);                     //等待写完
    CS=0;
}
```

8.6　1－Wire 接口

1－Wire 总线(单总线)是 DALLAS 公司的一项专利技术,总线的数据传输采用单根信号线。单总线具有节省 I/O 口线资源、结构简单、成本低廉、便于总线扩展和维护等诸多优点,被逐渐广泛应用于民用电器、工业控制领域。目前,单总线器件的主要有数字温度传感器(如 DS18B20),A/D 转换器(如 DS2450),门禁、身份识别器(如 DS1990A),单总线控制器(如 DSIWM)等。

8.6.1　1－Wire 数据通信协议

单总线适用于单主机系统,即系统有一个主机,其他都是从机,主机控制一个或多个从机。主机可以是微控制器,从机可以是单总线器件,它们之间的数据交换是通过一条信号线完成。当只有一个从机时,系统可按单节点系统操作;当有多个从机时,系统则按多节点系统操作。图 8.18 所示是单总线多节点系统的示意图。单总线只有一根数据线,数据交换、控制都由这根线完成,该信号线既传输时钟,又传输数据,而且数据传输是双向的。单总线通常要求外接一个约为 4.7 kΩ 的上拉电阻。

所有采用 1－Wire 总线的器件都具有唯一的标志码,既可以作为产品身份标志,又可以作为多节点应用中的地址标志,因单片机系统中无须为 1－Wire 器件人工分配网络的物理地址。

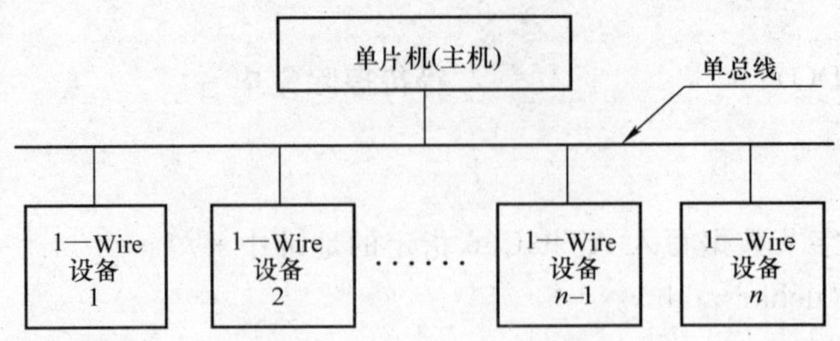

图 8.18 单总线多节点系统

1－Wire 器件工作电源既可在远端引入，电压范围是 3.0～5.5 V；也可采用寄生电源方式产生(即直接从单总线上获得足够的电源电流)，大多数 1－Wire 器件是寄生供电方式。

1－Wire 器件要求采用严格的通信协议，要求按照严格的命令顺序和时序操作，以保证数据的完整性。该协议定义了几种信号：复位脉冲、应答脉冲、写 0、写 1、读 0 和读 1，所有这些信号，除了应答脉冲以外，都由主机发出，并且发送所有的命令和数据都是字节的低位在前。

与 1－Wire 单总线器件的通信是通过操作时隙来完成 1－Wire 单总线上的数据传输的。每个通信周期起始于微控制器发出的复位脉冲，其后紧跟着 1－Wire 单总线器件响应的应答脉冲，复位及应答时序如图 8.19 所示。当从机发出响应主机的应答脉冲时即向主机表明它处于总线上，且工作准备就绪。在主机初始化过程中，主机通过拉低单总线至少 480 μs，以产生复位脉冲，接着主机释放总线，并进入接收模式，当总线被释放后，4.7 kΩ 上拉电阻将单总线拉高。在从器件检测到上升沿，延时 15～60 μs，接着通过拉低总线 60～240 μs 以产生应答脉冲。

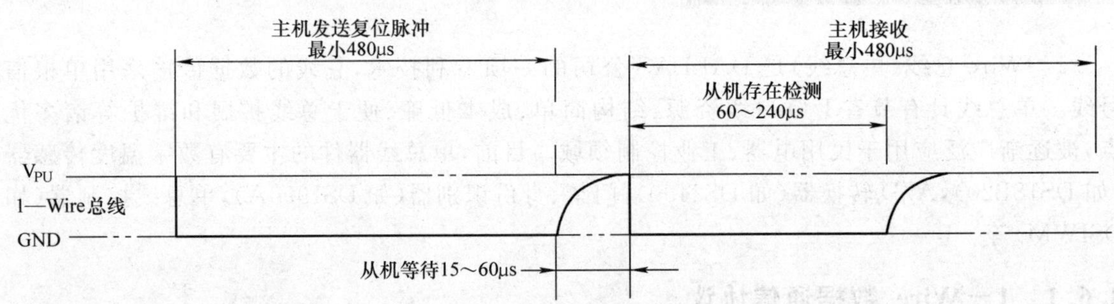

图 8.19 复位及应答时序

数据的通信是用读/写时隙来完成的，时序如图 8.20 所示。在写时隙期间，主机向单总线器件写入数据；而在读时隙期间，主机读入来自从机的数据。在每一个时隙，总线只能传输一位数据。主机采用写 1 时隙向从机写入 1，写 0 时隙向从机写入 0。所有写时隙至少需要 60 μs，且在两次独立的写时序之间至少需要 1 μs 的恢复时间。两种写序均起始于主机拉低总线。产生写 1 时隙的方式是主机在拉低总线后，接着在 15 μs 之内释放总线，由 4.7 kΩ 上拉电阻将总线拉至高电平。而产生写 0 时隙的方式是在主机拉低总线后，只需在整个时隙期间保持低电平至少 60 μs 即可。

单总线器件仅在主机发出读命令时，才向主机传输数据。所以，在主机发出读数据命令

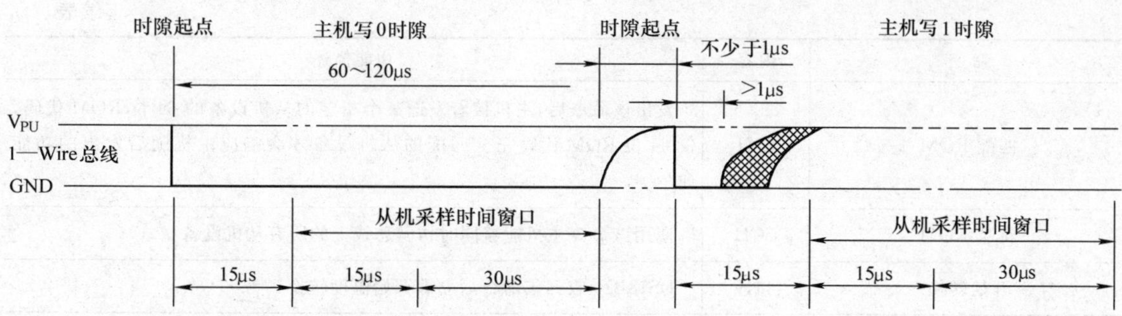

图 8.20　主机写时隙时序

后，必须马上产生读时隙，以便从机能够传输数据。所有读时隙至少需要 60 μs。且在独立的读时隙之间至少需要 1 μs 的恢复时间。每个读时隙都由主机发出，至少拉低总线 1 μs，如图 8.21 所示。在主机发出读时隙之后，单总线器件才开始在总线上发送 0 或 1。因而，主机在读时序期间必须释放总线，并且在时序起始后的 15 μs 之内采样总线状态。

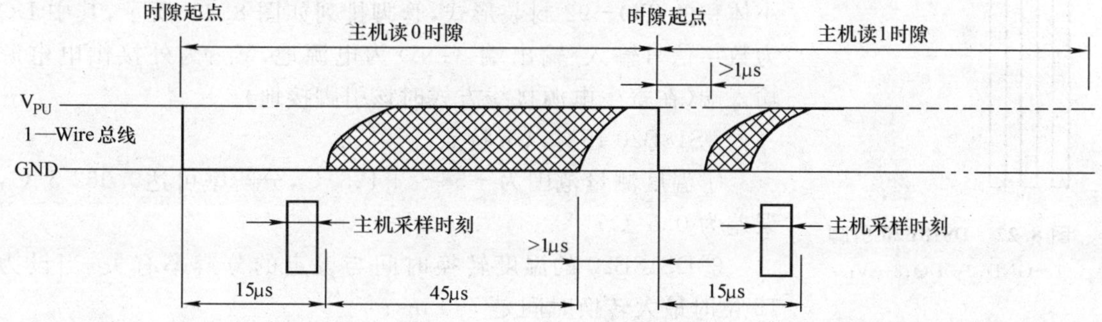

图 8.21　主机读时隙时序图

单总线命令序列如下。

第一步：初始化。

第二步：ROM 命令(跟随需要交换的数据)。

第三步：功能命令(跟随需要交换的数据)。

1. 初始化

单总线上的所有传输过程都是从初始化开始的，初始化过程由主机发出的复位脉冲和从机响应的应答脉冲组成，应答脉冲使主机知道总线上有从机，且准备就绪。

2. 单总线命令

表 8.3 是单总线命令集。

表 8.3　单总线命令集

命令	内容	功能描述
搜索 ROM	F0H	主机通过重复执行搜索 ROM 循环，可以找出总线上所有的从机设备，从机设备返回其 ROM 代码
读 ROM	33H	使主机读出从机的 ROM 代码

续表

命令	内容	功能描述
匹配 ROM	55H	发出该命令后，主机接着发送某个指定的从机设备的 64 位 ROM 代码。仅 64 位 ROM 代码完全匹配的从机设备才会响应主机随后发出的功能命令
跳越 ROM	CCH	使用该命令主机能够同时访问总线上的所有从机设备
开始转换	44H	DS18B20 收到该命令后立即开始温度转换
读出转换值	BEH	该命令可以从 DS18B20 读出温度值

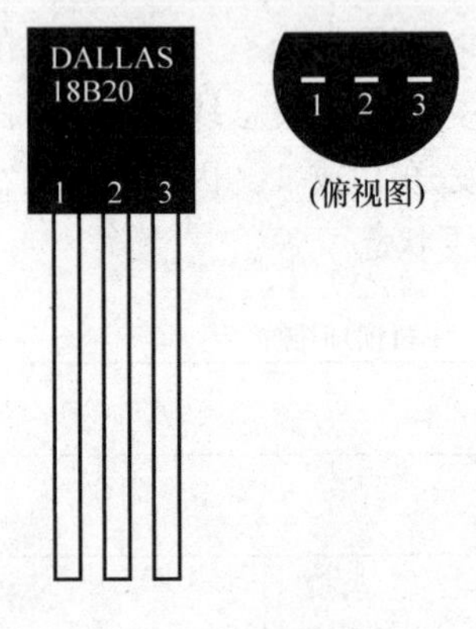

图 8.22 DS18B20 引脚
1—GND；2—DQ；3—V_{DD}

8.6.2 1－Wire 接口芯片 DS18B20 简介

DS18B20 是 DALLAS 公司生产的 1－Wire 总线接口的数字温度传感器，具有结构简单、操作灵活、无须外接电路等优点。有小体积的 TO－92 封装形式，管脚排列如图 8.22 所示，其中 DQ 为数字信号输入/输出端，GND 为电源地，V_{DD}为外接供电电源输入端(在寄生电源接线方式时该引脚接地)。

DS18B20 还有以下特点：

①温度测量范围为－55～＋125 ℃，分辨率可达0.062 5 ℃，误差为 0.5 ℃；

②DS18B20 的温度转换时间与设定的分辨率有关，当设为 12 位时最大转换时间是 750 ms；

③被测温度用 16 位符号扩展的二进制补码读数形式串行输出，如表 8.4 所示，以 0.062 5 ℃/LSB 形式表达，其中 S 为符号位，S=1 表示负温度。

表 8.4 DS18B20 温度数据的格式

S	S	S	S	S	2^6	2^5	2^4	2^3	2^2	2^1	2^0	2^{-1}	2^{-2}	2^{-3}	2^{-4}
15	14	13	12	11	10	9	8	7	6	5	4	3	2	1	0

例＋125 ℃的数字输出为 07D0H，＋25.062 5 ℃的数字输出为 0191H，－25.062 5 ℃的数字输出为 FF6FH，－55 ℃的数字输出为 FC90H。

8.7 DS18B20 的编程(实训十八)

DS18B20 与单片机的接口电路如图 8.23 所示。单片机使用 12 MHz 晶振，使用单片机的 P2.2 引脚作为数据线，数据线有 4.7 kΩ 的上拉电阻，DS18B20 采用独立电源方式供电。

单片机 AT89S51 读取 DS18B20 温度值的流程图如图 8.24 所示。其中 AT89S51 读 16 位温度数据过程分两次读，先读低 8 位温度数据，再读高 8 位温度数据。下面是单片机读取 DS18B20 程序(略掉读出的 16 位温度补码转换计算)。

AT89S51
12MHz
XTAL1
30pF
P2.2
XTAL2
30pF
V_{PU}
4.7kΩ
DS18B20
GND DQ V_{DD}
V_{PU}
DS18B20
GND DQ V_{DD}
V_{PU}

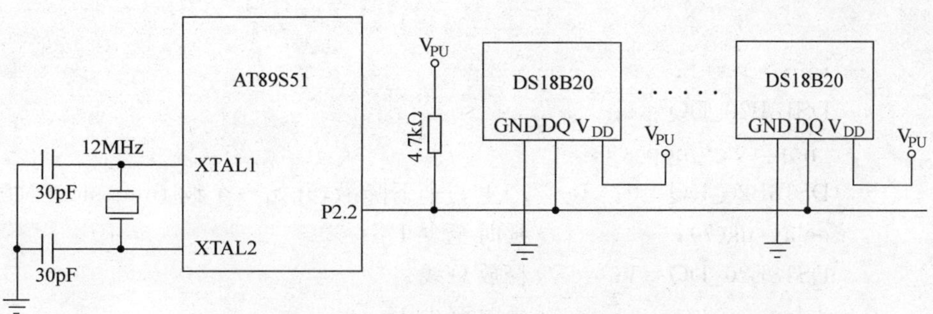

图 8.23　DS18B20 与单片机的接口电路

开始
初始化DS18B20
发跳过ROM检测命令0xCC
发启动温度转换命令0x44
延时800 ms以上等待转换完成
发跳过ROM检测命令0xCC
发读取温度数据命令0xBE
读16位温度数据
结束

图 8.24　DS18B20 操作流程图

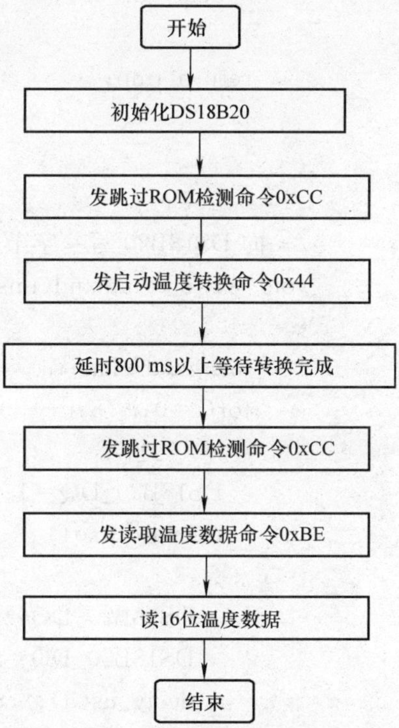

```
#include<REGX51.H>
#include<INTRINS.h>
sbit DS18B20_DQ=P2^2;

//延时函数
void delay_us (unsigned int us)
{
  for(;us>0;us--);
}

//初始化
unsigned char reset_pulse(void)
{
  unsigned char flag=0;
  DS18B20_DQ=1;
  _nop_();
  DS18B20_DQ=0;   //拉低约 600 μs
  delay_us(40);
  DS18B20_DQ=1;
  delay_us(12);
  while(DS18B20_DQ);     //检测 DS18B20 应答
  return 0;
}

/*从 DS18B20 读一个字节*/
unsigned char read_byte(void)
{
    unsigned char i,tmp;
    tmp=0;
    for(i=0;i<8;i++)
```

```
    {
        tmp>>=1;
        DS18B20_DQ=1;
        _nop_(); _nop_();
        DS18B20_DQ=0;       //产生一个下降沿,开始一个读 time slot(时隙)
        delay_us(7);        //延时至少 1 μs
        DS18B20_DQ=1;       //释放总线
        delay_us(20);       //延时至少 15 μs
        if(DS18B20_DQ) tmp|=0x80;
        delay_us(60);
    }
    return tmp;

}

/*向 DS18B20 写一字节命令*/
void write_command(unsigned char cmd)
{
    unsigned char i;
    for(i=0;i<8;i++)
    {
        DS18B20_DQ=1;
        if(cmd&0x01)        //write 1 time slot
        {
            DS18B20_DQ=0;   //产生下降沿,开始一个 write 1 time slot
            DS18B20_DQ=1;   //释放总线
            delay_us(5);//delay at least 60 μs
        }
        else
        {
            DS18B20_DQ=0;   //产生下降沿,开始一个 write 0 time slot
            delay_us(5);    //保持最少 60 μs
            DS18B20_DQ=1;
        }
        cmd>>=1;
    }
}

/*读取 DS18B20 温度值*/
```

```
unsigned int get_temperature_data()
{
    unsigned char temp0,temp1;
    reset_pulse();            //启动一次温度测量
    write_command(0xCC);//忽略 ROM 匹配操作
    write_command(0x44);//开始温度转换命令
    ……                        //延时至少 800 ms,等待转换结束
    reset_pulse();
    write_command(0xCC);//忽略 ROM 匹配操作
    write_command(0xBE);//读取温度寄存器命令

    temp0=read_byte();    //读温度低字节
    temp1=read_byte();    //读温度高字节
    reset_pulse();            //终止继续传输后续字节
    return(temp0<<8+temp1);
}

main()
{
get_temperature_data();
}
```

8.8　USB 接口

USB 是通用串行总线的简称,具有安装方便、频带宽、易于扩展、支持热插拔等优点。采用 USB 接口的设备产品在逐渐增加,现在 USB 接口开始应用于工业级的实时通信和控制中。USB 总线内置电源线,可以向外设提供电压为 5 V、电流最高为 500 mA 的电源。USB 总线的传输线如图 8.25 所示,其中 D+、D-是 USB 接口引脚。

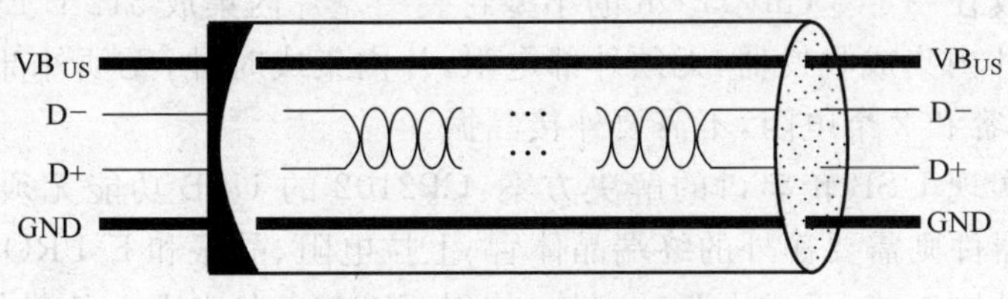

图 8.25　USB 总线的传输线

8.8.1　USB to RS232 转换芯片 CP2102 和 PL—2303

1. USB to RS232 转换芯片 CP2102

CP2102 是 SILABS 公司推出的一款高集成度的专用通信芯片,该芯片能够实现 USB 和 UART 两种数据格式之间的转换,可用于 USB 转 RS232/RS485/RS422 串行适配器、数码相

机与 PC 的 USB 通信、手机与 PC 的 USB 通信、PDA 与 PC 的 USB 通信以及 USB 条形码阅读器接口等。

CP2102 的引脚示意如图 8.26 所示，其中 D+、D−是 USB 接口引脚，RI、DCD、CTS、RTS、RXD、TXD、DSR、DTR 是 RS−232 接口引脚。该芯片集成了一个符合 USB2.0 标准的全速功能控制器、E^2PROM、缓冲器和带有调制解调器接口信号的异步串行数据总线（RS−232 协议），同时还具有一个集成的内部时钟和 USB 收发器，无须其他外部 USB 电路元件。高性能的 CP2102 与其他型号的同类芯片相比功耗更低、体积更小、集成度更高（无须外接元件）。

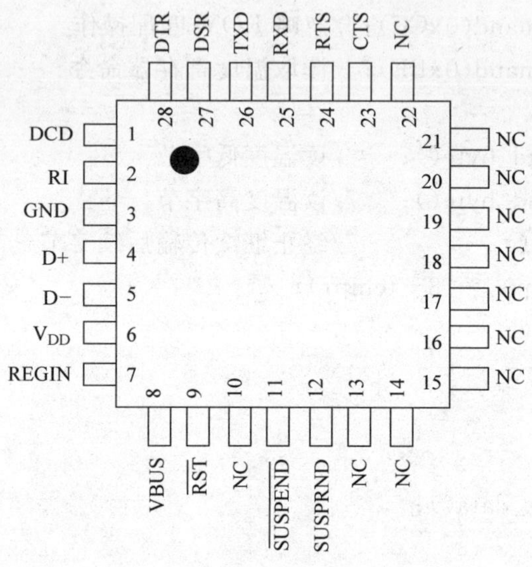

图 8.26　CP2102 的引脚示意图

CP2102 有如下特点。

①具有较小封装：CP2102 为 28 脚 5 mm×5 mm MLP 封装。

②高集成度：CP2102 内置了 E^2PROM、稳压器、USB 收发器和集成式内部振荡器，因而可以简化系统设计。此器件还包含完整的 USB 2.0 全速（Full-speed）装置控制器、桥接控制逻辑以及包括传送/接收缓冲器和调制解调器握手信号（Handshake signal）在内的 UART 接口，这些功能都集成在一个 5 cm×5 cm 的小型封装中。片内集成 512 B E^2PROM（用于存储厂家 ID 等数据），片内集成收发器，无须外部电阻；片内集成时钟，无须外部晶振。电路简单，最多只需要 3 个电容和 2 个电阻，不需要外接晶振。

③低成本，可实现 USB 转串口的解决方案：CP2102 的 USB 功能无须外部元件，而大多数竞争者的 USB 器件则需要额外的终端晶体管、上拉电阻、晶振和 E^2PROM。具有竞争力的器件价格、简化的外围电路、无成本驱动支持，使得 CP2102 在成本上的优势远超过竞争者的解决方案。

④具有低功耗、高速度的特性，符合 USB 2.0 规范，适合于所有的 UART 接口（波特率为 300 bps～921.6 Kbps）。

SILABS 公司为 CP2102 提供了基于 PC 和 Mac 操作系统平台的免费器件驱动程序。

开发时，CP2102 的 RS232 输入和输出信号均为 TTL 电平，可以直接使用于单片机系统。

它的使用与普通的USB外设相同，当第一次带电插入PC机USB接口时，系统会提示安装相应的驱动程序，驱动程序可从公司网站上下载。驱动程序安装完后，系统会自动增加一个COM口，用户就可以按照传统的串行口控制方式来使用这个虚拟的“COM口”。

2. USB to RS232 转换芯片 PL－2303

PL－2303是PROLIFIC公司生产的USB与RS－232转换桥控制器，USB端完全兼容USB 1.1标准，RS－232端可以通过设置实现75～1 228 800 bps的传输速率。PL－2303上传和下传都有256 B的缓冲区，内置的ROM存储了设备的传输参数，也可以使用外置E^2PROM自定义传输参数，支持Windows 98 SE/ME/2000/XP，Windows CE 3.0/CE.NET，Linux，Mac OS等操作系统。PL－2303采用28插脚的SOIC封装形式。PL－2303的USB接口使用bulk传输方式，串口支持握手协议。PL－2303的引脚示意图如图8.27所示。

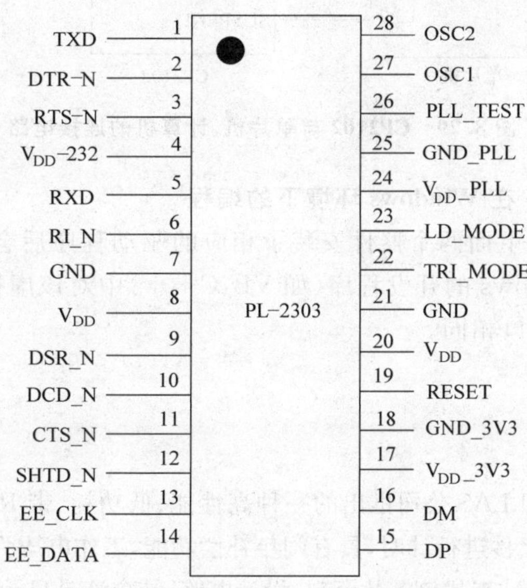

图 8.27　PL－2303的引脚示意图

8.8.2　单片机系统的USB接口设计实例

1. 接口电路

CP2102与单片机、计算机的连接电路如图8.28和图8.29所示。

图8.28　CP2102芯片的USB转串口模块

①把CP2102与计算机连接时，系统会提示发现新硬件，并要求安装驱动程序。使用厂商免费提供驱动程序，将计算机的USB口虚拟成一个COM口(一般是COM3)。

②单片机端、计算机端使用普通操作串口的程序访问虚拟 COM 口。

图 8.28 所示是 CP2102 芯片的 USB 转串口模块，一端直接连接到计算机的 USB 口，并由计算机的 USB 口供电，另一端和单片机相连。图 8.29 所示为 CP2102 与单片机、计算机的连接电路图。

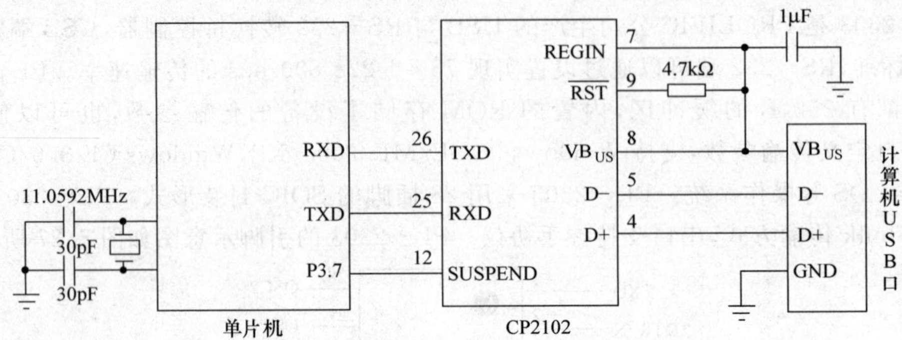

图 8.29　CP2102 与单片机、计算机的连接电路

2. CP2102、PL－2303 在 Windows 环境下的编程

在 Windows 环境下，上面两个器件安装了相应的驱动程序后会在 Windows 中找到对应的虚拟 COM 口，在 Windows 的开发程序(如 VB、C＋＋)中对该虚拟 COM 口进行编程即可。编程语句与实际的 COM 口相同。

习　题

1. DS1302 是美国 DALLAS 公司推出的一种高性能、低功耗、带 RAM 的实时时钟电路，它可以对年、月、日、周日、时、分、秒进行计时，具有闰年补偿功能，工作电压为 2.5～5.5 V。采用三线接口与 CPU 进行同步通信。试查找该芯片资料，设计电路，结合液晶显示模块实现万年历功能。

2. TMP101 是 TI 公司生产的 12 位低功耗、高精度的数字温度传感器，它采用与 I^2C 接口。试查找该芯片资料，设计电路，结合液晶显示模块实现温度测试。

3. 使用 DS18B20，结合液晶显示模块实现温度测试。

4. 试用 USB to RS－232 转换线(CP2102 芯片)，编程实现计算机与单片机的通信。

5. 93C46 是 SPI 接口的 E^2PROM，试结合液晶显示模块实现数据存储。

第9章　单片机应用系统设计

本章要点

了解常见的单片机外围器件。

熟悉单片机的工程开发过程。

在实际的单片机工程开发中，需要进行下面的工作。

①分析工程需求，确定单片机需要哪些外围器件。单片机系统包括单片机与外围器件，外围器件的选择要依据实际工程需要来决定，例如温度传感器常选用DS18B20、显示模块常使用128×64汉字液晶显示模块、网络传输常使用RS－485总线等。

②外围器件要尽量选择通用器件，这样做的好处是可以很容易地从互联网上找到器件的资料以及别人已经调试好的参考程序，可以减少开发的周期，器件有问题了容易更换维护。

③根据工程要求，设计控制方案。方案包括是否用定时器、串口通信，并根据外围器件的要求分配单片机的引脚。

④根据单片机最小系统以及外围器件的要求设计电路板，并将元器件焊接到电路板上。

⑤逐个调试外围元器件程序，并将其编辑成函数形式，如液晶显示函数、按键读取函数、温度读取函数、电机旋转控制函数。

小经验——修改别人的程序到我们的工程中

对外围元器件进行编程控制，这是许多初学者感到困难的工作。

实际上调试外围元器件没有像教材上讲的那么复杂。由于可以很容易地从互联网上找到别人已经调试好的参考程序(没有参考程序的元器件换一种同样功能的元器件)，自己的任务是看懂该程序的功能并稍加修改即可，修改的内容主要是引脚的分配(如P2.4改为P1.3)。

⑥编辑主函数、中断函数。按照控制的要求，主函数、中断函数调用其他函数操作外围器件，这就是工程的核心所在，也是初学者感到困惑的难点之一。

9.1　单片机系统与传感器

传感器是自动检测和自动控制不可缺少的部分。传感器能够感受规定的被测量，并按照一定规律转换成可用输出信号，传感器是把被测量转换成与之有确定对应关系的、便于应用的某种物理量的器件或装置。传感器有一定的精确度，其类型繁多，按照用途可分为光、位移、压力、振动、温度、湿度、烟雾、气敏、超声波、磁场传感器等。

按传感器信号的输出方式，可分为模拟信号和数字信号，单片机能够直接接收数字信号。现在传感器的总线技术逐步实现标准化、规范化，即输出信号是数字信号，可以与单片机直接连接并能够被单片机直接读写操作，目前所采用的总线主要有第 8 章讲到的几种。表 9.1 是常见的传感器举例。

表 9.1 常见的传感器

传感器型号	名称及作用	生产公司	总线接口
DS18B20	温度传感器	美国 DALLAS	1－Wire
MAX6626	温度传感器	美国 MAXIM	I^2C
LM74	温度传感器	美国国家半导体	SPI
MAX6691	配热电偶的四通道智能温度传感器	美国 MAXIM	单线 PWM 输出
MAX6674	有冷端温度补偿的 K 型热电偶转换器	美国 MAXIM	SPI
SHT11	单片智能化湿度/温度传感器	瑞士 SENSIRION	2 线数字
MAX1458	数字式压力信号调理器	美国 MAXIM	SPI
SB5227	超声波测距	重庆中易电测技术研究所	RS－485
FCD4B14	单片指纹传感器	美国 ATMEL	EPP、USB、数字
MC1446B	离子型烟雾检测	MOTOROLA	数字

如果传感器输出的不是数字信号，为了满足系统功能要求，尚需配置各种接口电路。例如为构成数据采集系统，必须配置传感器接口电路，依测量对象不同有小信号放大、A/D 转换、脉冲整形放大、V/F 转换、信号滤波等。

现在许多单片机已经集成有多路的 A/D 转换功能，使控制开发更加方便，需要时可以购买该类型单片机。如中晶的 STC12C5A60AD 单片机，完全兼容 51 系列单片机，它有 8 路 10 位 ADC。

小经验

1. 传感器输出信号可分为模拟信号和数字信号。
2. 传感器输出是模拟信号的需要加 A/D 转换芯片。
3. 尽量选有数字接口的芯片，这样电路简单、易于编程。
4. 尽量选通用的芯片，以便使用网上的参考程序。

9.2 光电隔离技术

在驱动大电流电器或有较强干扰的设备时，常使用光电隔离技术，以切断单片机与受控对象之间的电气联系。目前常用的光电耦合器有晶体管输出型和晶闸管输出型两种。

1. 晶体管输出型光电耦合器

晶体管输出型光电耦合器如图 9.1 所示，由发光二极管和光电晶体管组成。当电流流过发光二极管时，二极管发光，引起光电晶体管有电流流过，该电流主要由光照决定，即由发光二极管控制。目前,常用的晶体管输出光电耦合器有 4N25、4N33 等,其中 4N33 是一种达林顿管输出型光电耦合器。

光电耦合器的输出电流随发光二极管电流的增大而增大,其电流传输比不是常数,受发光二极管的电流影响。当发光二极管电流为 10～20 mA 时,电流传输比最大;当发光二极管电流小于 10 mA 或大于 20 mA 时,电流传输比下降。

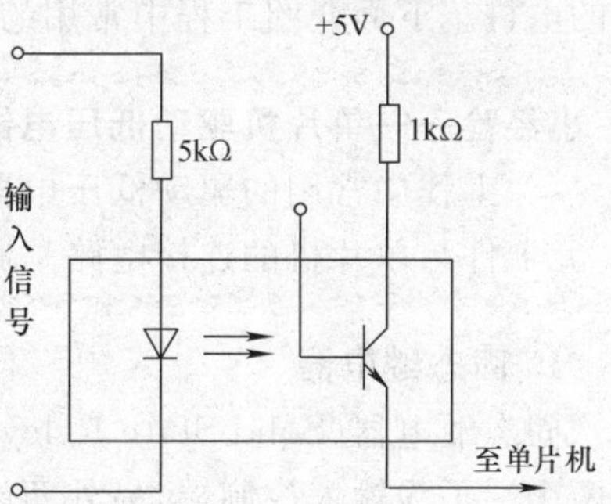

图 9.1　晶体管输出光电耦合器

2. 晶闸管输出型光电耦合器

晶闸管输出型光电耦合器由发光二极管和光敏晶闸管构成。光敏晶闸管有单向和双向之分,在构成光电耦合器的输入端有一定的电流流入时,晶闸管导通。

晶闸管输出型光电耦合器的内部结构以及构成输出电路的连接如图 9.2 所示。4N40 是常用的单向输出型光电耦合器。当输入端有 15～30 mA 电流时,输出晶闸管导通,输出端额定电压为 400 V,额定电流为 300 mA,输入输出隔离电压为 1 500～7 500 V。4N40 的引脚 6 是输出晶闸管的控制端,不用时可通过电阻接阴极。MOC3043 是常用的双向晶闸管输出的光电耦合器,输入控制电流为 15 mA,输出端额定电压为 400 V。MOC3043 带有过零检测电路,最大重复浪涌电流为 1 A,输入输出隔离电压为 7 500 V。

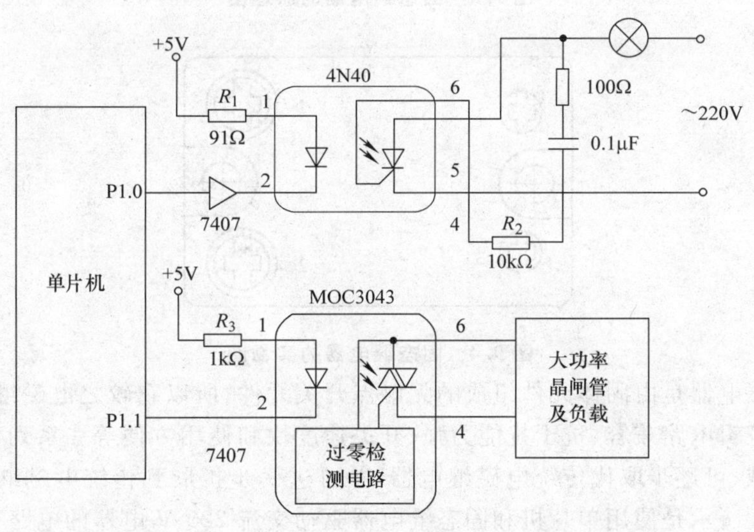

图 9.2　晶闸管输出光电耦合器内部结构和连接电路

9.3　单片机驱动低压电器

实际工程中,单片机可以通过简单的器件驱动灯泡,也可以通过简单的器件驱动几十千瓦的电机。下面介绍工程中常用的驱动低压电器的元器件。

小经验——单片机驱动低压电器的电路是固定的

工程中常用的驱动低压电器的元器件有继电器、固态继电器、交流接触器等。这些元器件与单片机的连接电路是固定的,用户只需要按照该电路设计连接即可。

1. 固态继电器

固态继电器(Solid State Releys,SSR)是一种无触点通断电子开关,为四端有源器件,其中两个端子为输入控制端,另外两端为输出受控端,器件中采用了高耐压的专业光电耦合器。当施加输入信号后,其主回路呈导通状态,无信号时呈阻断状态。整个器件无可动部件及触点,可实现相当于常用电磁继电器一样的功能。图 9.3 所示是固态继电器的原理图,图 9.4 所示是固态继电器的实物图。

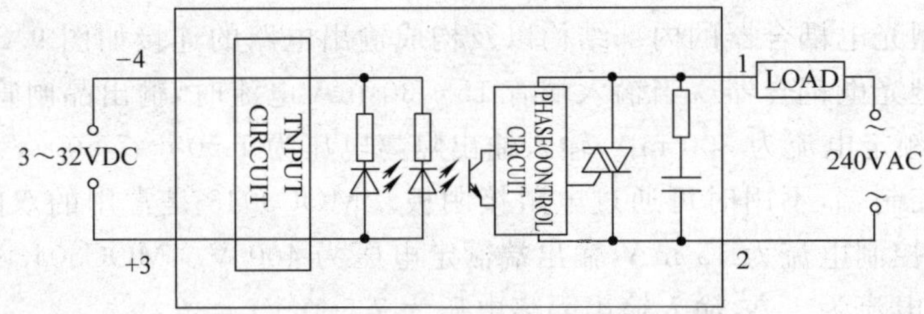

图 9.3　固态继电器的原理图

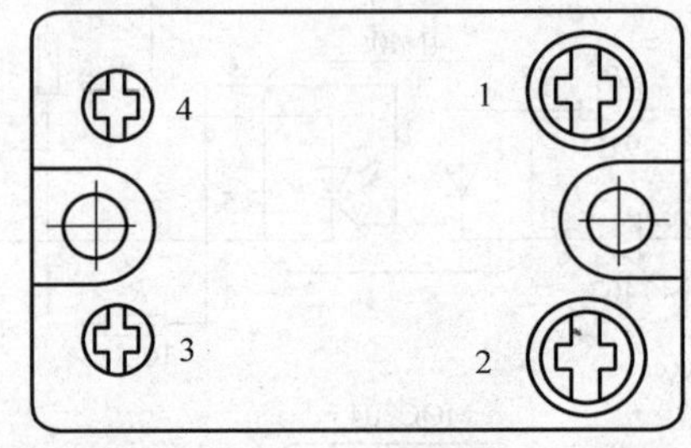

图 9.4　固态继电器的实物图

由于固态继电器是由固体元件组成的无触点开关元件,所以它较之电磁继电器具有工作可靠、寿命长、逻辑电路兼容、抗干扰能力强、开关速度快和使用方便等一系列优点,因而具有很宽的应用领域,可逐步取代传统电磁继电器,并可进一步扩展到传统电磁继电器无法应用的领域。图 9.5 所示是使用单片机和固态继电器驱动交流 220 V 电器的电路,固态继电器的 3、4 端为控制信号输入端,需要输入 3～36 V 的直流电,该控制信号由单片机的引脚提供;固态继电器的 1、2 端为控制信号输入端,可以导通 36～380 V 的交流电,电流可以是几十安培。

2. 交流接触器

接触器是一种自动化的控制电器。接触器主要用于频繁接通或分断的交、直流电路,控制容量大,可远距离操作,广泛应用于自动控制电路,其主要控制对象是电机,也可用于控制其他电力负载,如电热器、照明、电焊机、电容器组等。按被控电流的种类接触器可分为交流

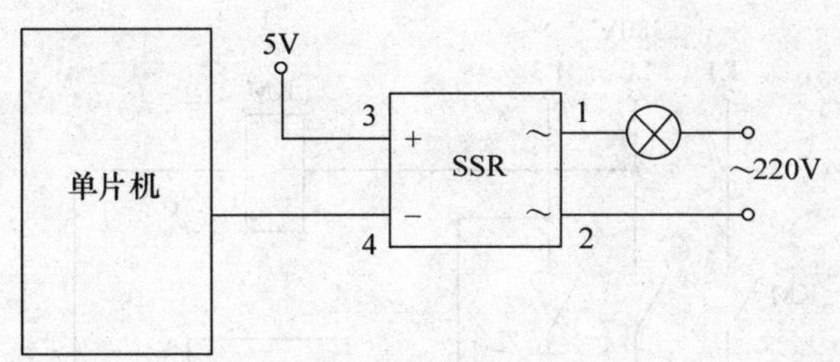

图 9.5　使用单片机和固态继电器驱动交流 220 V 电器的电路

接触器和直流接触器。

图 9.6 所示是交流接触器的原理图，主要由电磁系统、触点系统、灭弧系统及其他部分组成。

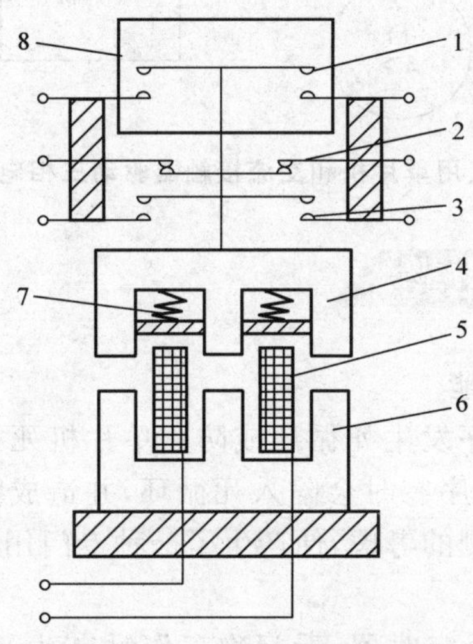

图 9.6　交流接触器原理图

1—主触点；2—常闭辅助触点；3—常开辅助触点；4—动铁芯；5—电磁线圈；6—静铁芯；7—弹簧；8—灭弧器

①电磁系统：包括电磁线圈和铁芯，是接触器的重要组成部分，依靠它带动触点的闭合与断开。

②触点系统：触点是接触器的执行部分，包括主触点和辅助触点。主触点的作用是接通和分断主回路，控制较大的电流；而辅助触点用在控制回路中，以满足各种控制方式的要求。

③灭弧系统：灭弧装置用来保证触点断开电路时，产生的电弧可靠地熄灭，减少电弧对触点的损伤。为了迅速熄灭断开时的电弧，通常接触器都装有灭弧装置，一般采用半封式纵缝陶土灭弧罩，并配有强磁吹弧回路。

当接触器电磁线圈不通电时，弹簧的反作用力和动铁芯的自重使主触点保持断开位置。当电磁线圈通过控制回路接通控制电压(一般为额定电压，有 36 V、110 V、220 V、380 V 等)时，电磁力大于弹簧的反作用力而将动铁芯吸向静铁芯，带动主触点闭合，从而接通电路，辅助触点随之动作。图 9.7 所示是使用单片机和交流接触器驱动三相电机的电路，KM 是交流接触器的电磁线圈(以交流 380 V 线圈为例)，单片机控制固态继电器的通断状态，进而控制接触器的电磁线圈是否吸和。因为固态继电器有光电隔离功能，所以 380 V 的交流电对单片机的控制不会有干扰。

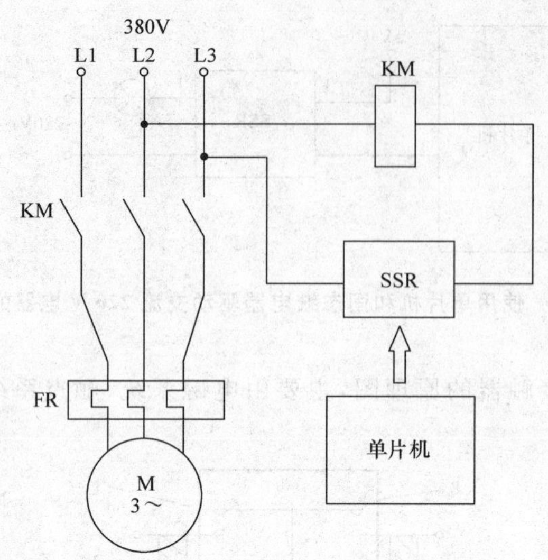

图 9.7 使用单片机和交流接触器驱动三相电机的电路

9.4 单片机的看门狗电路

1. 单片机看门狗电路的功能

看门狗的作用就是防止程序发生死循环或防止单片机死机。由于单片机的工作常常会受到来自外界电磁场的干扰，程序有时会陷入死循环，并造成整个系统陷入停滞状态。出于对单片机安全运行进行实时监测的考虑，便产生了一种专门用于监测单片机程序运行状态的芯片，俗称“看门狗”(WDT)。

单片机的 WDT 其实是一个定时器，看门狗工作时启动了看门狗的定时器，看门狗就开始自动计数。在单片机正常工作的时候，需要每隔一段时间给定时器清 0(即喂狗信号)。如果超过了定时器规定的时间还没有输入喂狗信号，看门狗的定时器会溢出，就会输出一个复位信号到单片机，并使单片机复位。

小知识——关于 AT89S51 的看门狗

1. AT89S51 的看门狗必须由程序激活后才开始工作，所以必须保证 CPU 有可靠的上电复位，否则看门狗无法工作。

2. 内部看门狗使用的是 CPU 的晶振，在晶振停振的时候看门狗无效。

3. AT89S51 只有 14 位计数器，在 16 383 个机器周期内必须至少喂狗一次，而且这个时间是固定的，无法更改。当晶振频率为 12 MHz 时，每 16 ms 需喂狗一次。

4. 实践中也可采用外部看门狗的方法，可供选用的芯片很多，如 MAX708、MAX813、X25045。

2. AT89S51 单片机的内置看门狗功能

AT89S51 单片机内部集成了看门狗功能。看门狗的计数器叫 WDTRST 寄存器，是 14 位长度，最大计数值是 16 383，即 3FFFH。WDTRST 寄存器在内部数据 RAM 的地址是0A6H。

3. AT89S51 单片机看门狗的编程

激活AT89S51看门狗的方法是先向该地址写01EH，然后写0E1H即可。喂狗指令也是先向该地址写01EH，然后写0E1H，程序代码如下。

```
#include<reg51.h>
……
sfr WDTRST = 0xA6; //定义看门狗寄存器
……

void main()
{
  WDTRST=0x1E;        //初始化看门狗
  WDTRST=0xE1;        //初始化看门狗
  while(1)
  {
      WDTRST=0x1E;  //喂狗指令
      WDTRST=0xE1;  //喂狗指令
      ……            //其他操作
  }
}
```

9.5　单片机的低功耗工作方式

单片机有两种低功耗方式，即待机（或称空闲）方式和掉电（或称停机）保护方式。在低功耗方式，备用电源由V_{CC}或RST端输入。待机方式可使功耗减小，电流一般为1.7～5 mA；掉电方式可使功耗减到最小，电流一般为5～50 μA。待机方式和掉电保护方式所涉及的硬件如图9.8所示。

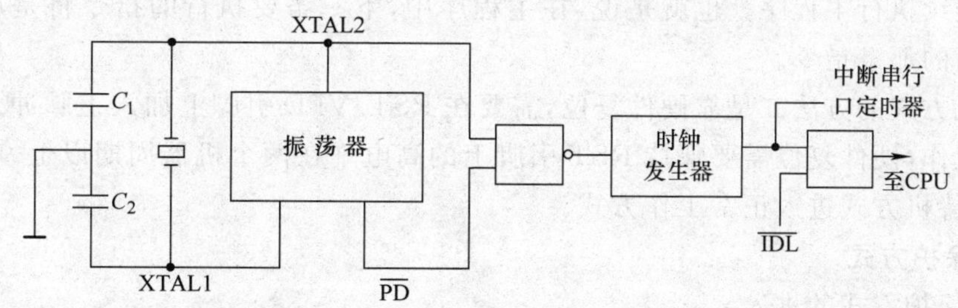

图9.8　待机和掉电硬件

1. 电源控制寄存器PCON(87H)

单片机中，待机方式和掉电方式都是由电源控制寄存器(PCON)的有关位来控制的。

PCON 是一个逐位定义的 8 位专用寄存器，其格式如下：

	D7	D6	D5	D4	D3	D2	D1	D0
PCON(87H)	SMOD	—	—	—	GF1	GF0	PD	IDL

①SMOD：波特率倍增位，在串行通信时使用。

②D6～D4：保留位。

③GF1：通用标志位 1，由软件置位和复位。

④GF0：通用标志位 0，由软件置位和复位。

⑤PD：掉电方式位，当 PD=1，则进入掉电方式。

⑥IDL：待机方式位，当 IDL=1，则进入待机方式。

要想使单片机进入待机或掉电方式，只要执行一条能使 IDL 或 PD 位为 1 的指令即可。如果 PD 和 IDL 同时为 1，则进入掉电方式。复位时，PCON 中有定义的位均为 0。PCON 为不可位寻址的 SFR。

2. 待机方式

(1)待机方式的进入

如果向 PCON 中写入“PCON=0x01;”，即将 IDL 位置 1，单片机进入待机方式。这时振荡器仍然运行，并向中断逻辑、串行口和定时器/计数器电路提供时钟，但向 CPU 提供时钟的电路被阻断，因此 CPU 停止工作，而中断功能继续存在。CPU 内部的全部状态(包括 SP、PC、PSW、ACC 以及全部通用寄存器)在待机期间都被保留在原状态。

通常 CPU 耗电量占芯片耗电量的 80%～90%，CPU 停止工作会大大降低功耗。在待机方式下(V_{CC}仍为+5 V)，80C51 消耗的电流可由正常的 24 mA 降到 3 mA 以下。

(2)待机方式的退出

终止待机方式有两种途径，方法一是采用中断退出待机方式。在待机方式下，若引入一个外中断请求信号，在 CPU 响应中断的同时，IDL 位被硬件自动清 0，结束待机状态，CPU 进入中断服务程序。当执行到 RETI 中断返回指令时，结束中断，返回到主程序，进入正常工作方式。

在中断服务程序中只需安排一条 RETI 指令，就可以使单片机结束待机恢复正常工作，且返回断点继续执行主程序。也就是说，在主程序中，下一条要执行的指令将是原先使 IDL 置位指令后面的那条指令。

终止待机方式的方法二是靠硬件复位，需要在 RST/VPD 引脚上加入正脉冲。因为时钟振荡器仍在工作，硬件复位需要保持 RST 引脚上的高电平在两个机器周期以上，就能完成复位操作、退出待机方式进入正常工作方式。

3. 掉电保护方式

(1)掉电保护方式的进入

如果向 PCON 中写入“PCON=0x02;”，即 PD 位置 1，就可控制单片机进入掉电保护方式。该方式下，片内振荡器停止工作，此时使单片机一切工作都停止，只有片内 RAM 及专用寄存器中的内容被保存。端口的输出值由各自的端口锁存器保存。此时 ALE 和$\overline{PSEN}$引脚输出为低电平。

(2)掉电保护方式的退出

退出掉电保护的唯一方法是硬件复位，即当 V_{CC} 恢复正常后，硬件复位信号起作用，并维持一段时间，即可使单片机退出掉电保护方式。复位操作将重新确定所有专用寄存器的内容，但不改变片内 RAM 的内容。

在掉电方式下，电源电压 V_{CC} 可以降至 2 V，耗电低于 50 μA，以最小的功耗保存片内 RAM 的信息。

必须注意的是，在进入掉电方式之前，V_{CC} 不能降低；同样在中止掉电方式前，应使 V_{CC} 恢复到正常电压值。复位不但能终止掉电方式，也能使振荡器重新工作。在 V_{CC} 未恢复到正常值之前不应该复位；复位信号在 V_{CC} 恢复后应保持一段时间，以便使振荡器重新启动，并达到稳态，通常小于 10 ms。

9.6　单片机控制系统设计实例

单片机应用实例很多，设计方案及步骤灵活多样，这里以冲洗相片底片的单片机控制系统为例来详细介绍设计过程。

1. 功能要求

根据冲洗相片底片的要求，系统需要实现如下功能。

①需要对冲洗液的温度进行控制。即用户设定温度值后，显示设定的温度和当前的温度，根据当前温度与设定温度之间的差值，控制启动加热设备或加冷水，进而对洗液槽的温度进行控制。

②需要不断地搅拌冲洗液。即控制电机进行搅拌，保证洗液槽的温度均匀，电机能够正转和反转。

2. 方案论证

根据控制要求，冲洗底片控制系统的框图如图 9.9 所示。

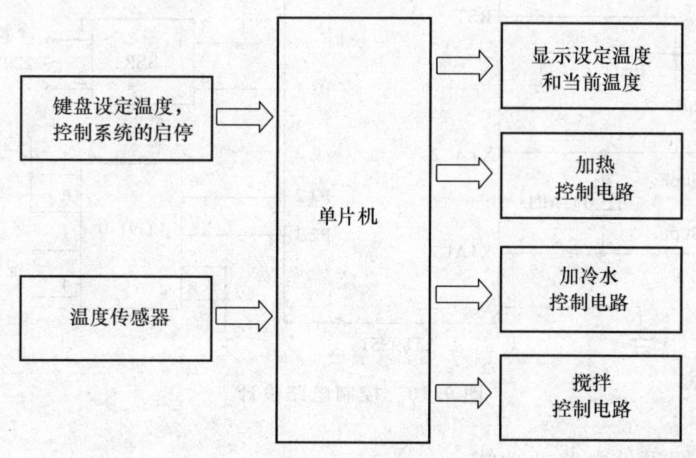

图 9.9　冲洗底片控制系统的框图

3. 硬件电路设计

依据系统框图及实际需要选择器件，器件的选型及其功能描述见表 9.1，具体硬件电路如图 9.10 所示。

表 9.1　器件的选型及其功能

器　件	功　能	使用控制引脚
AT89S51	控制核心芯片	
DS18B20	温度传感器	P3.7
3 个按键	设定温度、启停	P3.4、P3.5、P3.6
液晶显示模块	显示设定温度和当前温度	P1 口、P3.0、P3.1、P3.2
固态继电器	控制 220 V 加热丝通断	P2.0
固态继电器	控制 220 V 冷水电机运转	P2.1
LG9110	驱动 12 V 搅拌电机运转	P2.2、P2.3

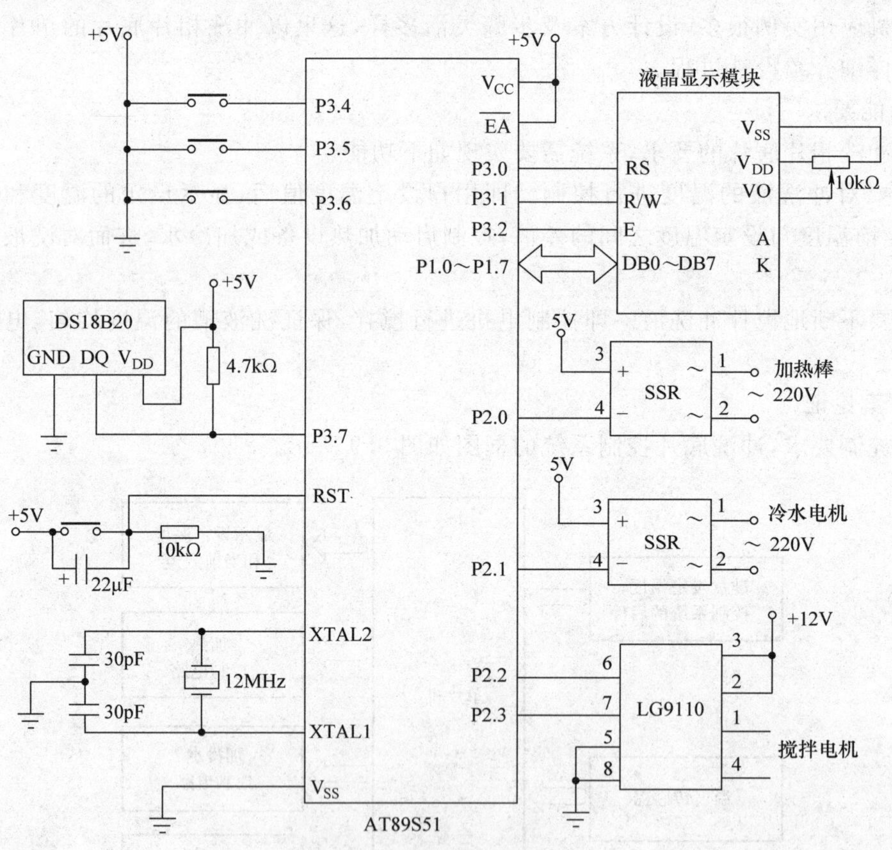

图 9.10　控制电路设计

下面分模块介绍硬件电路的功能。

(1)温度采集单元

温度采集电路使用温度传感器 DS18B20。

(2)按键单元

系统使用3个按键。P3.4使设定温度加0.1 ℃,P3.5使设定温度减0.1 ℃,P3.6控制系统启停。

(3)显示电路

因为水槽的温度在100 ℃以下,选择1602LCD液晶显示模块,第一行显示设定的温度,第二行显示当前的温度。

(4)搅拌电路

使用12 V的小型直流电机对液体进行搅拌。通常选用的电机驱动电路是由晶体管控制继电器来改变电机的转向和进退,这种方法目前仍然适用于大功率电机的驱动,但是对于中小功率的电机则极不经济,因为每个继电器要消耗20～100 mA的电流。本系统使用马达专用控制芯片LG9110。

LG9110是为控制和驱动电机设计的两通道推挽式功率放大专用集成电路器件,将分立电路集成在单片IC之中,使外围器件成本降低,整机可靠性提高。该芯片有两个TTL/CMOS兼容电平的输入,具有良好的抗干扰性;两个输出端能直接驱动电机的正反向运动,它具有较大的电流驱动能力,每通道能通过750～800 mA的持续电流,峰值电流能力可达1.5～2.0 A;同时它具有较低的输出饱和压降;内置的钳位二极管能释放感性负载的反向冲击电流,使它在驱动继电器、直流电机、步进电机或开关功率管的使用上安全可靠。LG9110广泛应用于玩具汽车电机驱动、步进电机驱动和开关功率管等电路上。

LG9110芯片管脚定义:1是A路输出管脚,2和3是电源管脚,4是B路输出管脚,5和8是地线,6是A路输入管脚,7是B路输入管脚。

(5)加热电路

加热使用电压为220 V、功率为300 W的加热棒实现。其中使用单片机驱动固态继电器,进而控制加热棒。

(6)制冷电路

制冷使用微型冰箱实现。冰箱启动后制冷,冷水储存在冷胆中。单片机驱动220 V的小电机,可以将冷胆中的冷水置换到冲洗箱中。

4. 程序设计

程序包括两部分,即定时器中断程序和主程序。

使用定时器T0中断产生20 ms的时间,对该20 ms计数可以产生1 s、2 s、8 s等时间,进而实现温度检测、控制搅拌、加热等。

主程序设计思想如图9.11所示。

5. 程序清单(省略部分可参考前面程序)

```
#include <REGX51.H>
#define unchar unsigned char
#define unint unsigned int
#define Port_Data P1                    //液晶显示模块数据接口定义
sbit RS=P3^0;                           //液晶显示模块时钟接口定义
```

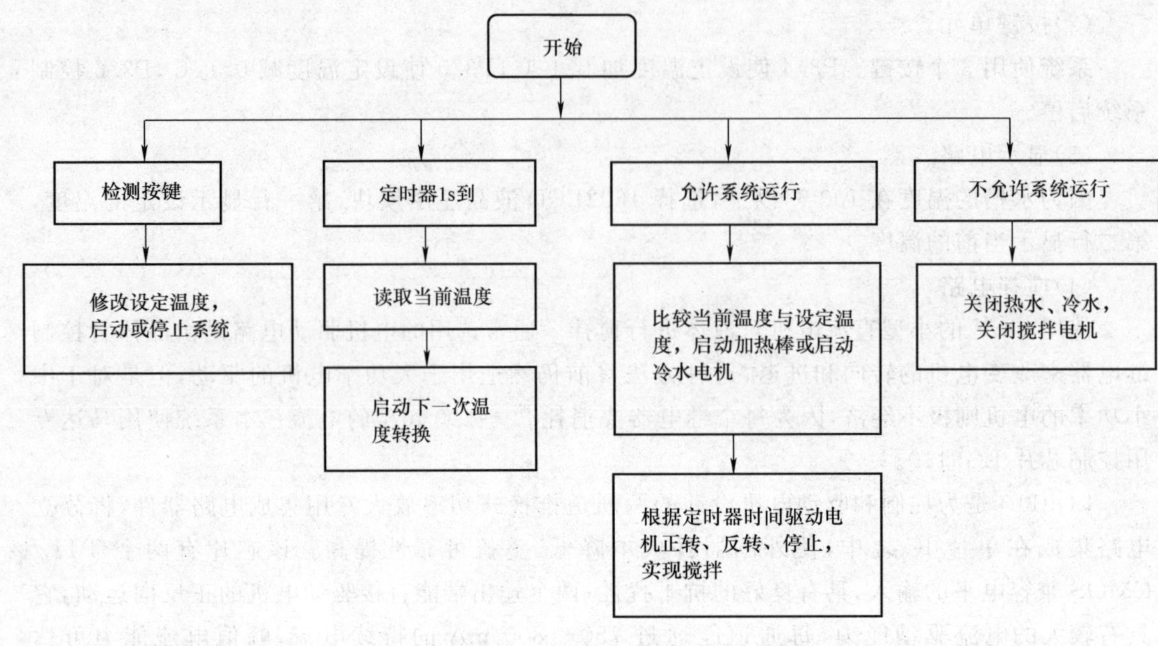

图 9.11　主程序设计思想

```
sbit RW=P3^1;                    //液晶显示模块读写控制线定义
sbit E=P3^2;                     //液晶显示模块操作允许接口定义
sbit DQ_18b20=P1^7;              //DS18B20 数据接口定义

unin Tem_set;
unchar a;
unint b;
bit RUN=0;

//延迟时间函数
void delayms(unchar ms)
{
……
}

/*————下面是液晶显示函数,参考液晶章节——————*/
//读出忙状态
void Read_Busy(void)
{
……
}
```

```
//写入数据函数
void Write_Data(unchar Data)
{
……
}

//写入指令函数
void Write_Command(unchar Command,bit Busy_Bit) //Busy_Bit 为 0 时忽略忙
                                                  检测
{
……
}

//LCD 初始化
void LCD_Init(void)
{
……
}

//在指定位置显示一个字符
void Printc(unchar x,unchar y,unchar Data)
{
……
}

//在指定位置显示字符串
void Prints(unchar x,unchar y,unchar *Data)
{
……
}

/*------下面是 DS18B20 函数,参考 DS18B20 章节------*/
//18B20 延时
void delay_18b20(unsigned int i)
{
while(i--);
}
```

```
//DS18B20 初始化函数
bit Init_DS18B20(void)
{
……
}

//从 DS18B20 读出一个字节
unsigned char ReadOneChar(void)
{
……
}

//向 DS18B20 写入一个字节
void WriteOneChar(unsigned char dat)
{
……
}

//启动一次温度测量,开始转换
void tmstart(void)
{
……
}

//读出当前的温度数据,延时至少 800 ms,等待转换结束
unsigned int ReadTemperature(void)
{
……
}

/*————————下面是按键处理函数——————————*/
void Key(void)
{
    if((P3&0xF0)!=0xF0)
    {
    delayms(20);                                    //延时,去抖动
    if(P3_4==0) Tem_set+=2;
```

```
        if(P3_5==0) Tem_set-=2;
        if(P3_6==0) RUN=! RUN;
        display(Tem_set,0);                          //显示设定温度
        delayms(500);                                //延时
    }
}

//定时器初始化,fosc=12 MHz
void T0_init(void)
{
    TMOD=0x01;
    TH0=0x3C;                                        //50 000 μs
    TL0=0xB6;
    IE|=0x82;
    TR0=1;
}

//定时器中断服务
void T0_intservice(void) interrupt 1
{
    TH0=0x3C;
    TL0=0xB6;
    a++; b++;
    //WDR();
}

//液晶显示模块显示当前温度,TEMP 是温度,y 是第几行
void Temdisplay(unint TEMP,unchar y)
{
    unchar DispBuf;
    DispBuf=TEMP/1000;
    Printc(10,y,DispBuf+'0');                        //显示百位
    TEMP=TEMP%1000;

    DispBuf=TEMP/100;
    Printc(11,y,DispBuf+'0');                        //显示十位
    TEMP=TEMP%100;
```

```
    DispBuf=TEMP/10;
    Printc(12,y,DispBuf+'0');                       //显示个位
    DispBuf=TEMP%10;

    Printc(12,y,'.');                               //显示小数点
    Printc(12,y,DispBuf+'0');                       //显示 0.1 位
}

/*----------下面是按键处理函数----------*/
void Key(void)
{
  if((P3&0xF0)!= 0xF0)
  {
    delayms(20);                                    //延时,去抖动
    if(P3_4==0)
    {
        Tem_set++;
        Temdisplay(0,0);                            //显示设定温度
        delayms(500);                               //延时
    }
    if(P3_5==0)
    {
        Tem_set--;
        Temdisplay(Tem_set,0);                      //显示设定温度
        delayms(500);                               //延时
    }
    if(P3_6==0)
    {
        RUN=!RUN;
        delayms(500);                               //延时
    }

  }

}

void main(void)
```

```
{
  unint Tem;
  T0_init();                                        //初始化定时器
  LCD_Init();                                       //初始化液晶显示模块
  Tem_set=256;                                      //初始设定温度为 25.6℃
  Prints(0,0,"Tem_set:");                           //第一行显示
  Temdisplay(Tem_set,0);                            //显示设定温度
  Prints(0,1,"Tem_Read:");                          //第一行显示

  while (1)
  {
      Key();                                        //修改参数,显示
      if(a>49)                                      //1 s 到,检测 DS18B20
      {
        a=0;                                        //重新 1 s 计时
        Tem=ReadTemperature();                      //读取当前温度
        Tem=Tem*10/16;
        Temdisplay(Tem,1);                          //显示当前温度
        tmstart();                                  //发送 DS18B20 开始转换命令
      }
      if(RUN==1)
      {
      P2_0=1;P2_1=1;                                //先关闭热水冷水,再启动温
                                                      度控制
      if(Tem>Tem_set+3){ P2_0=0;}                   //加冷水
        if(Tem>Tem_set-3){ P2_1=0;}                 //加热水
  //下面是控制电机正反转
          if (b<=400){P2_2=0;P2_3=1;}               //搅拌电机正转 8 s
          else if (b<=500){P2_2=1;P2_3=1;}          //搅拌电机停转 2 s
          else if (b<=900){P2_2=1;P2_3=0;}          //搅拌电机反转 8 s
          else if (b<=1000){P2_2=1; P2_3=1;}        //搅拌电机停转 2 s
          if (b>1000) b=0;                          //搅拌电机下一周期动作
      }

      if(RUN==0)
      {
```

```
            P2_0=1;P2_1=1;                    //关闭热水冷水
            P2_2=1;                           //关闭搅拌电机
        }
    }
}
```

习　题

设计恒温箱的温度控制系统。控制系统以单片机为核心，实现对温度实时监测和控制。温度传感器采用DS18B20，能够通过按键设置设定温度，使用数码管显示温度。

设计提示如下：

1. 利用单片机AT89C2051实现对温度的控制，实现保持恒温箱在最高温度为110 ℃；
2. 可预置恒温箱温度，烘干过程恒温控制，温度控制误差小于±2 ℃；
3. 预置时显示设定温度，恒温时显示实时温度，采用PID控制算法显示精确到0.1 ℃；
4. 温度超出预置温度±5 ℃时发出声音报警；
5. 对升、降温过程没有线性要求；
6. 温度检测部分采用DS18B20数字温度传感器，无须模拟/数字转换，可直接与单片机进行数字传输；
7. 人机对话部分由键盘、显示和报警三部分组成，实现对温度的显示、报警。

第10章　单片机汇编指令系统及编程

本章要点

掌握单片机汇编语言的寻址方式。

掌握汇编语言的指令系统。

掌握汇编语言的基本程序结构。

理解和掌握汇编语言的典型程序。

10.1　单片机汇编指令系统概述

指令是CPU用于控制功能部件完成某一指定动作的指示和命令。一台微机所具有的所有指令的集合,就构成了指令系统(Instruction Set)。指令系统是一套控制计算机执行操作的二进制编码,称为机器语言。机器语言指令是计算机唯一能识别和执行的指令。

为了容易编辑程序,指令系统是利用指令助记符来描述的,称为汇编语言。

51单片机共有111条指令,同一指令还可以派生出多条指令。

1. 汇编语言指令格式

指令格式是指令的表示方式,它规定了指令的长度和内部信息的安排。完整的指令格式如下:

[标号:]操作码　[操作数][,操作数][;注释]

其中:[ ]项是可选项,可有可无。各部分的含义解释如下。

①标号:该语句的符号地址,可以由编程人员根据需要而设置,是可选项。当汇编程序对源程序进行汇编时,结果以该指令所在的实际地址来代换标号。标号便于查询、修改以及转移指令的编程。标号通常用于转移和调用指令的目标地址。标号由1～8个字符组成,第一个字符必须是英文字,不能是数字或其他符号,其余的可以是其他符号或数字。标号和操作码之间的分隔符号后必须用冒号。

②操作码:规定了指令的性质和功能,用单片机所规定的助记符来表示,表示单片机作何种动作,如MOV表示数据传送操作,SUBB表示减法操作。

③操作数:说明参与操作的数据或该数据所存放的地址。51单片机指令系统中,操作数一般有以下几种形式:没有操作数项,操作数隐含在操作码中,如RET指令;只有1个操作数,如CPL　A指令;有两个操作数,如ADD　A,#00H指令,操作数之间以逗号相隔;有3个操作数,如CJNE　A,40H,LOOP指令,操作数之间以逗号相隔。不同功能的指令,操作数的个数和作用也不同。若指令中有两个操作数,写在左面的称为目的操作数(表示操作结果存

放的单元地址),写在右面的称为源操作数(指出操作数的来源)。

④注释:对指令的解释说明,用以提高程序的可读性,是可选项。注释前必须加分号。

2. 机器码指令格式

机器码指令包括操作码和操作数两个基本部分。不同指令翻译成机器码后字节数也不一定相同。按照机器码个数,指令可以分为单字节指令、双字节指令、三字节指令,如下所示。

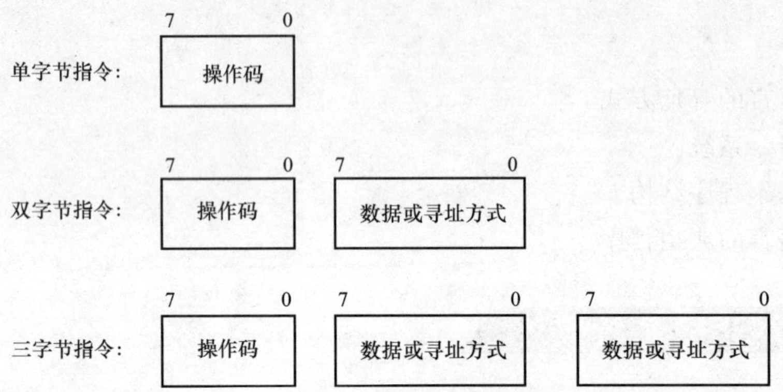

①单字节指令:只有1个字节的操作码,无操作数,在程序存储器中只占1个存储单元。例“RET”指令的机器码为22H,该指令只有机器码,没有操作数。

②双字节指令:包括2个字节,第1个字节为操作码,第2个字节为操作数,在程序存储器中要占2个存储单元。例“ADD A,30H”指令的机器码为25H,30H。

③三字节指令:这类指令中,第1个字节为操作码,第2和第3个字节均为操作数,在程序存储器中要占3个存储单元。例“MOV 20H,30H”指令的机器码为85H,20H,30H。

10.2 汇编语言的伪指令

伪指令仅仅是能够帮助汇编进行的一些指令,它主要用来指定程序或数据的起始位置,给出一些连续存放数据的确定地址,或为中间运算结果保留一部分存储空间以及表示源程序结束等。

伪指令只出现在汇编前的源程序中,仅提供汇编用的某些控制信息,编译后不产生可执行的目标代码,是单片机的CPU不执行的指令。下面介绍几种常用的伪指令。

1. 设置目标程序起始地址伪指令 ORG

设置目标程序起始地址伪指令格式:

```
ORG  n
```

其中:n通常为绝对地址,可以是十六进制数、标号或表达式。

功能:规定编译后的机器代码存放的起始位置。在一个汇编语言源程序中允许存在多条定位伪指令,但每一个n值都应和前面生成的机器指令存放地址不重叠。

【例 10.1】

```
        ORG    1000H
START:  MOV    A,#20H
        MOV    B,#30H
        ……
```

在一个源程序中，可以多次使用ORG指令，以规定不同的程序段的起始位置。但所规定的位置应该是从小到大，而且程序的存储空间不允许重叠，即不同的程序段之间不能有重叠地址。如果源程序没有ORG指令，程序则从0000H开始存放目标程序开始执行。

2. 结束汇编伪指令END

结束汇编伪指令格式：

[标号:] END

END是汇编语言源程序的结束标志，表示汇编结束。在END以后所写的指令，汇编程序都不予以处理。一个源程序只能有一个END命令。在同时包含有主程序和子程序的源程序中，也只能有一个END命令，并放到所有指令的最后，否则就有一部分指令不能被汇编。

3. 定义字节伪指令DB

定义字节伪指令格式：

[标号:] DB 项或项表

其中：项或项表指一个字节，或用逗号分开的字符串，或以引号括起来的字符串（一个字符用ASCII码表示，就相当于一个字节）。该伪指令的功能是把项或项表的数值（字符则用ASCII码）存入从标号开始的连续存储单元中。

【例10.2】
```
ORG   2000H
TAB1:DB   30H,8AH,7FH,73
     DB   '5','A','BCD'
```

由于ORG 2000H，所以TAB1的地址为2000H，因此以上伪指令经汇编以后，将对2000H开始的若干内存单元赋值：

(2000H)=30H

(2001H)=8AH

(2002H)=7FH

(2003H)=49H；十进制数73以十六进制数存放

(2004H)=35H；数字5的ASCII码

(2005H)=41H；字母A的ASCII码

(2006H)=42H；'BCD'中B的ASCII码

(2007H)=43H；'BCD'中C的ASCII码

(2008H)=44H；'BCD'中D的ASCII码

4. 定义字伪指令DW

定义字伪指令格式：

[标号:]DW 项或项表

DW伪指令与DB的功能类似，所不同的是DB用于定义一个字节（8位二进制数），而DW则用于定义一个字（即两个字节，16位二进制数）。在执行汇编程序时，机器会自动按高8位先存入、低8位后存入的格式排列，这和MCS－51指令中16位数据存放的方式一致。

【例10.3】
```
ORG   1500H
TAB2:DW   1234H,80H
```

汇编以后：(1500H)=12H，(1501H)=34H，(1502H)=00H，(1503H)=80H。

5. 预留存储空间伪指令DS

预留存储空间伪指令格式：

[标号:]DS 表达式

该伪指令的功能是从标号指定的单元开始,保留若干字节的内存空间以备源程序使用。存储空间内预留的存储单元数由表达式的值决定。

【例 10.4】 ORG 1000H

DS 20H

DB 30H,8FH

汇编时,从 1000H 开始,预留 32(20H)个字节的内存单元,然后从 1020H 开始,按照下一条 DB 指令赋值,即(1020H)=30H,(1021H)=8FH。保留的存储空间将由程序的其他部分决定它们的用处。

6. 标号定义伪指令

(1)等值伪指令 EQU 或=

指令格式:

<标号> EQU <表达式> 或 符号名=表达式

功能:将表达式的值或某个特定汇编符号定义为一个指定的符号名,只能定义单字节数据,并且必须遵循先定义后使用的原则,因此该语句通常放在源程序的开头部分。其含义是标号等值于表达式,这里的标号和表达式是必不可少的。

【例 10.5】 TTY EQU 1080H

功能是向汇编程序表明标号 TTY 的值为 1080H。

【例 10.6】 LOOP1 EQU TTY

TTY 如果已赋值为 1080H,则 LOOP1 也为 1080H,在程序中 TTY 和 LOOP1 可以互换使用。

用 EQU 语句给一个标号赋值以后,在整个源程序中该标号的值是固定的,不能更改。

(2)数据赋值伪指令 DATA

指令格式:

符号名 DATA 表达式

功能:将表达式的值或某个特定汇编符号定义为一个指定的符号名,只能定义单字节数据,但可以先使用后定义,因此用它定义数据可以放在程序末尾进行数据定义。

【例 10.7】 MOV A,#LEN

LEN DATA 10

尽管 LEN 的引用在定义之前,但汇编语言系统仍可以知道 A 的值是 0AH。

7. 数据地址赋值伪指令 XDATA

数据地址赋值伪指令格式:

符号名 XDATA 表达式

功能:将表达式的值或某个特定汇编符号定义为一个指定的符号名,可以先使用后定义,并且用于双字节数据定义。

【例 10.8】 DELAY XDATA 0356H

LCALL DELAY

执行指令后,程序转到 0356H 单元执行。

8. 位地址赋值伪指令 BIT

位地址赋值伪指令格式:

标号　BIT　位地址

功能：将位地址赋予特定位的标号，经赋值后就可用指令中 BIT 左面的标号来代替 BIT 右边所指出的位。

【例 10.9】 FLG　BIT　F0

AI　BIT　P1.0

经以上伪指令定义后，在编程中就可以把 FLG 和 AI 作为位地址来使用。

10.3　51 单片机的寻址方式

在计算机中，说明操作数所在地址的方法称为指令的寻址方式。计算机执行程序实际上是在不断寻找操作数并进行操作的过程。51 单片机的指令系统提供了 7 种寻址方式，分别为立即寻址、直接寻址、寄存器寻址、寄存器间接寻址、变址寻址、相对寻址和位寻址。一条指令可能含多种寻址方式。

1. 立即寻址

将立即参与操作的数据直接写在指令中，这种寻址方式称为立即寻址。其特点是指令中直接含有所需的操作数。该操作数可以是一个字节或两个字节，常常处在指令的第二字节和第三字节的位置上。立即数通常使用＃data 或＃data16 表示，它紧跟在操作码的后面，作为指令的一部分与操作码一起存放在程序存储器内，可以立即得到并执行，不需要另去寄存器或存储器等处寻找和取数，故称为立即寻址。操作数是放在程序存储器的常数。注意在立即数前面加"＃"标志，用以和直接寻址中的直接地址（direc 或 bit）相区别。

【例 10.10】 MOV　A，＃20H

该指令功能是将 8 位的立即数 20H 传送至累加器 A 中，该指令的执行过程如图 10.1 所示。

【例 10.11】 MOV　DPTR，＃1000H

该指令功能是将 16 位的立即数 1000H 传送到数据指针 DPTR 中，立即数的高 8 位"10H"装入 DPH，低 8 位"00H"装入 DPL 中。

立即寻址所对应的寻址空间应为 ROM 存储空间。

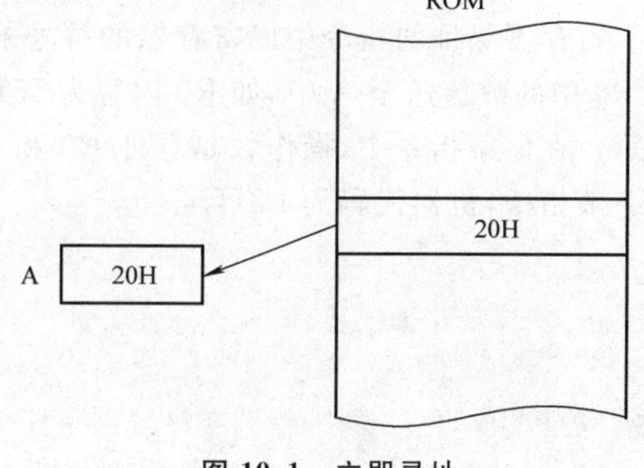

图 10.1　立即寻址

2. 直接寻址

直接寻址是指指令中直接给出操作数所在存储单元地址的寻址方式。在这种方式中，指令的操作数部分直接是操作数的地址。MCS－51 单片机中，对于专用寄存器，直接寻址是访问专用寄存器的唯一方法，也可以用专用寄存器的名称表示。

【例 10.12】 MOV　A，20H

该指令将片内 RAM 的 20H 单元中的内容传送至 A 中。其操作数 20H 就是存放数据的单元地址，因此该指令是直接寻址，20H 是 8 位地址。该指令的执行过程如图 10.2 所示。

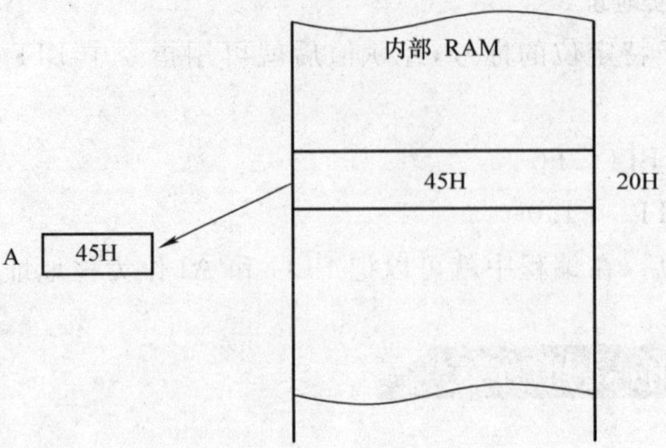

图 10.2　直接寻址

在 MCS－51 单片机中，直接寻址方式只能使用 8 位二进制地址，可以直接寻址的寻址空间为：

①片内低 128B 单元（00H～7FH）；

②专用寄存器（如用专用寄存器的名称表示时，将被转换成相应的 SFR 地址）；

③片内 RAM 的位地址空间。

3. 寄存器寻址

寄存器寻址是指将操作数存放于寄存器中，寄存器包括工作寄存器 R0～R7、累加器 A、通用寄存器 B、地址寄存器 DPTR 和位累加器 Cy 等。其中 R0～R7 由操作码低三位的 8 种组合表示，A、B、DPTR、Cy 则隐含在操作码之中。这种寻址方式中被寻址的寄存器中的内容就是操作数。

寄存器寻址的指令中以寄存器的符号来表示寄存器，例“MOV　A，R0；”，该指令功能是将 R0 中的数传送至 A 中，如 R0 内容为 55H，则执行该指令后 A 的内容也为 55H，如图 10.3 所示。在该条指令中，操作数是寻址 R0 和 A 寄存器得到的，故属于寄存器寻址。该指令为单字节指令，机器代码为 E8H。

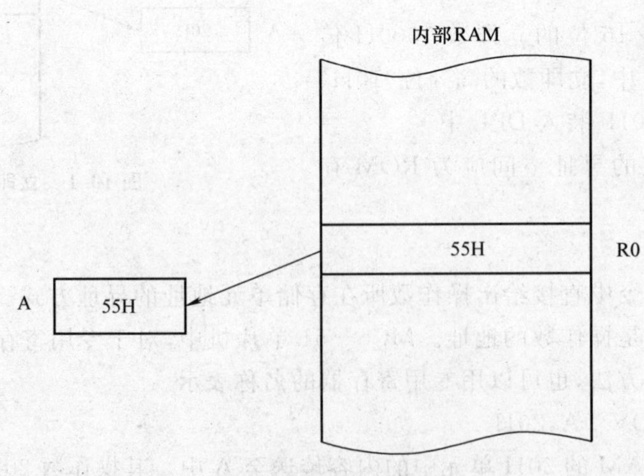

图 10.3　寄存器寻址

【例 10.13】 INC　R1

该指令中 R1 中的内容就是操作数，将 R1 中的数加 1 后再传送至 R1 中。

注意：工作寄存器的选择是通过程序状态字寄存器来控制的，在这条指令前，应通过 PSW 设定工作寄存器组。

寄存器寻址的寻址空间如下：

①工作寄存器 R0～R7；

②累加器 A；

③通用寄存器 B；

④数据指针 DPTR；

⑤位累加器 Cy。

4. 寄存器间接寻址

寄存器间接寻址是指将存放操作数的内存单元的地址放在寄存器中，指令中只给出该寄存器的寻址方法，称为寄存器间接寻址，简称寄存器间址。执行指令时，首先根据寄存器的内容，找到所需要的操作数地址，再由该地址找到操作数并完成相应操作。在 MCS－51 指令系统中，用于寄存器间接寻址的寄存器有 R0、R1 和 DPTR，称为寄存器间接寻址寄存器。

寄存器的内容不是操作数本身，而是操作数地址。间接寻址寄存器前面必须加上符号"@"指明。

寄存器间接寻址可用于访问片内数据存储器或片外数据存储器。但它不能访问特殊功能寄存器 SFR，这是因为内部 RAM 的高 128 B 地址与 SFR 的地址是重叠的。当访问片内 RAM 或片外的低 256 B 空间时，可用 R0 或 R1 作为间址寄存器；当访问片外 RAM 时，也可用 DPTR 作间址寄存器，DPTR 为 16 位寄存器，因此它可访问片外整个 64 KB 的地址空间。在执行堆栈操作时，也可采用寄存器间接寻址，此时用堆栈指针 SP 作间址寄存器。

【例 10.14】 MOV A,@R0

该指令的功能是将 R0 的内容作为内部 RAM 的地址，再将该地址单元中的内容取出来送到累加器 A 中。设 R0＝50H，内部 RAM 50H 的值是 40H，则指令执行的结果是累加器 A 中的值是 40H，该指令的执行过程如图 10.4 所示。

【例 10.15】 MOVX　A,@DPTR

该指令的功能是将 DPTR 指示的地址单元中的内容传送至累加器 A 中。

寄存器间接寻址空间为：

①片内 RAM；

②片外 RAM。

5. 变址寻址

变址寻址是指将基址寄存器与变址寄存器的内容相加，结果作为操作数的地址，这种间接寻址称为基址加变址寻址，简称变址寻址。DPTR 或 PC 是基址寄存器，累加器 A 是变址寄存器，两者的内容之和为操作数的地址，改变 A 中的内容即可改变操作数的地址。该类寻址方式主要用于查表操作。

变址寻址的指令只有两条：

```
MOVC  A,@A+DPTR
```

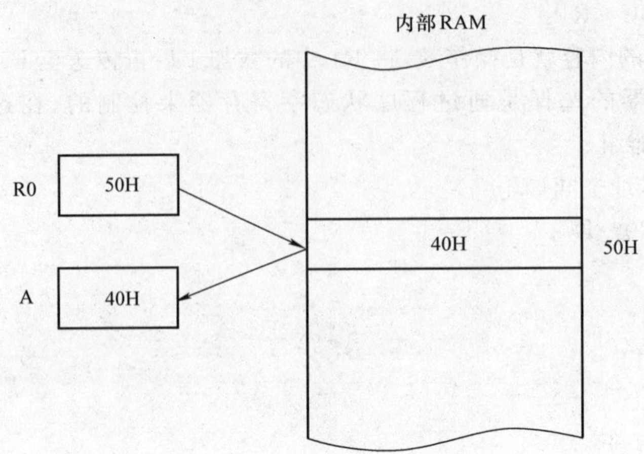

图 10.4　寄存器间接寻址

MOVC　A,@A+PC

变址寻址虽然形式复杂,但是变址寻址的指令都是单字节指令。

变址寻址方式用于对程序存储器中的数据进行寻址,寻址范围为 64 KB,由于程序存储器是只读存储器,所以变址寻址只有读操作而无写操作。

【例 10.16】　MOVC　A,@A+DPTR

该指令执行的操作是将累加器 A 和基址寄存器 DPTR 的内容相加,相加结果作为操作数存放的地址,再将操作数取出来送到累加器 A 中。

设累加器 A=02H,DPTR=0300H,外部 ROM 中 0302H 单元的内容是 55H,则指令的执行结果是累加器 A 的内容为 55H,该指令的执行过程如图 10.5 所示。

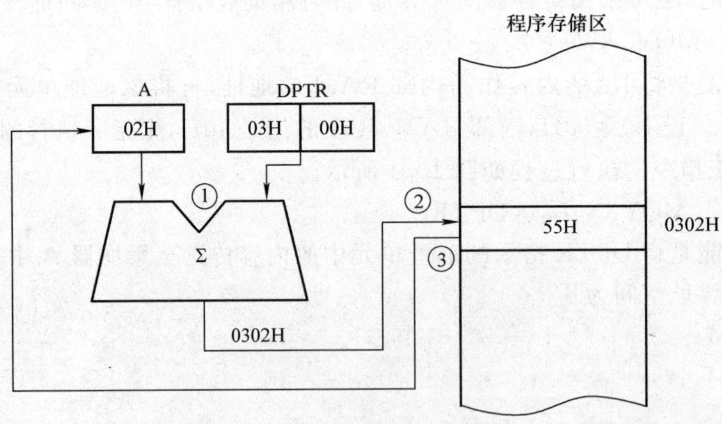

图 10.5　变址寻址

变址寻址可寻址的空间是 ROM 空间。

6. 相对寻址

相对寻址是指程序计数器 PC 的当前内容与指令中的操作数相加,其结果作为跳转指令的转移地址(也称目的地址)。它用于访问程序存储器,该类寻址方式主要用于跳转指令。

PC中的当前值称为基地址,PC当前值=源地址+转移指令字节数。

【例10.17】 JZ rel

该指令是一条累加器A为0就转移的双字节指令。若该指令地址(源地址)为0010H,则执行该指令时的当前PC值即为0012H。

偏移量rel是有符号的单字节数,以补码表示,其相对值的范围是-128~+127(即00H~FFH),负数表示从当前地址向上转移,正数表示从当前地址向下转移。所以,相对转移指令满足条件后,转移的地址(一般称为目标地址)应为:

目标地址=当前PC值+rel=源地址+转移指令字节数+rel

此种寻址方式一般用于相对跳转指令,使用时应注意指令的字节数。设指令SJMP 52H的机器码80H 52H存放在1000H处,这条指令为双字节指令,当执行到该指令时,先从1000H和1001H单元取出指令,PC自动变为1002H;再把PC的内容与操作数52H相加,形成目标地址1054H,再送回PC,使得程序跳转到1054H单元继续执行。该指令的执行过程如图10.6所示。

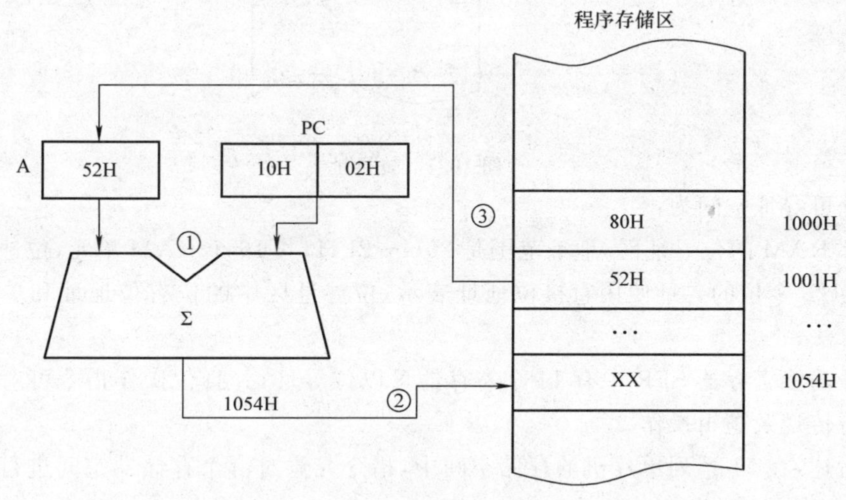

图10.6 相对寻址

相对寻址寻址的空间为程序存储器。

7. 位寻址

位寻址是指按位进行的寻址操作,而上述介绍的指令都是按字节进行的寻址操作。MCS-51单片机中,操作数不仅可以按字节为单位进行操作,也可以按位进行操作。当把某一位作为操作数时,这个操作数的地址称为位地址。位寻址方式中,操作数是内部RAM单元中某一位的信息,位寻址指令中可以直接使用位地址。

在进行位操作时,借助于进位标志Cy作为操作累加器。操作数直接给出该位的地址,然后根据操作码的性质对其进行位操作。位寻址的位地址与直接寻址的字节地址形式完全一样,主要由操作码来区分,使用时需予注意。例MOV C,30H指令中的30H是位地址,而MOV A,30H指令中的30H是字节地址。指令MOV C,30H的功能是把30H位的状态送进位 C。

【例 10.18】 SETB 35H

该指令执行的操作是将内部 RAM 位寻址区中的 35H 位置 1。

设内部 RAM 26H 单元的内容是 00H(8 位 0)，执行 SETB 35H 后，由于 35H 对应内部 RAM 26H 的第 5 位，因此该位变为 1，也就是 26H 单元的内容变为 20H。该指令的执行过程如图 10.7 所示。

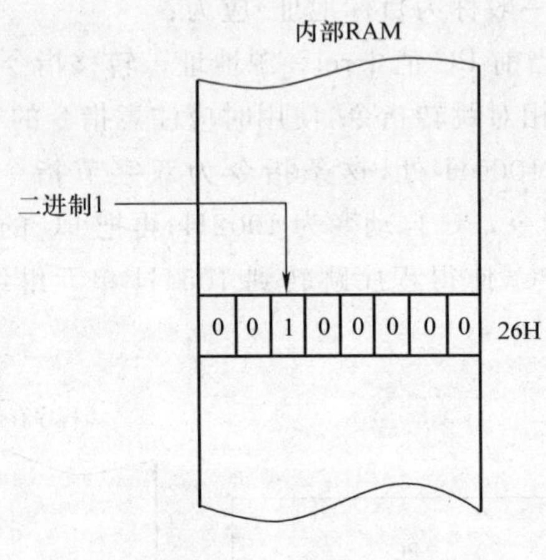

图 10.7 位寻址

位寻址可寻址空间为：

①内部 RAM 的位寻址区，地址范围是 20H～2FH，共 16 个 RAM 单元，位地址为 00H～7FH，对这 128 个位的寻址使用直接位地址表示，位寻址区中的位有位地址和单元地址加位两种表示方法；

②特殊功能寄存器 SFR 中有 11 个寄存器可以位寻址，并且位操作指令可对地址空间的每一位进行传送及逻辑操作。

综上所述，在 51 系列单片机的存储空间中，指令究竟对哪个存储器空间进行操作是由指令操作码和寻址方式确定的。

10.4 常用指令系统及应用举例

MCS－51 的指令系统共 111 条指令，分为五大类，如下所述：

①数据传送指令类 29 条，分为片内 RAM、片外 RAM、程序存储器的传送指令、交换及堆栈操作指令；

②算术运算类 24 条，分为加、带进位加、减、乘、除、加 1、减 1 指令；

③逻辑运算类 24 条，分为逻辑与、或、异或、移位指令；

④控制转移类 17 条，分为无条件转移与调用、条件转移、空操作指令；

⑤布尔变量操作类 17 条，分为位数据传送、位与、位或、位转移指令。

10.4.1　指令的符号说明

指令的书写必须遵守一定的规则，为了叙述方便，采用如下约定。

①Rn：表示当前选中寄存器区中的 8 个工作寄存器 R0～R7(n＝0～7)，当前工作寄存器的选定是由 PSW 的 RS1 和 RS0 位决定的。

②Ri：表示当前选中寄存器区中的 2 个寄存器 R0、R1。可用作间接寻址的寄存器，只能是 R0 和 R1 两个寄存器，即 i＝0、1。

③direct：表示 8 位内部数据存储器单元的地址。它可以是内部 RAM 的 0～127 单元地址或专用寄存器的地址(SFR 的单元地址或符号 128～255)，如 I/O 端口、控制寄存器、状态寄存器等的地址，寻址范围 256 个单元。对于 SFR 可直接用其名称来代替其直接地址。

④＃data：表示包含在指令中的 8 位立即数，即 00H～FFH。

⑤＃data16：表示包含在指令中的 16 位立即数，即 0000H～FFFFH。

⑥addr16：表示 16 位目的地址，主要用在 LCALL 和 LJMP 指令中。目的地址范围是 64 KB 的程序存储器地址空间。

⑦addr11：表示 11 位目的地址，用在 ACALL 和 AJMP 指令中。ACALL 和 AJMP 的目的地址范围最大是 2 KB 的程序存储器地址空间。目的地址与该指令后面的第一条指令的第一个字节应同在一个 2 KB 程序存储器地址空间之内(1 页内)。

⑧rel：表示 8 位带符号的偏移量，用于 SJMP 和所有条件转移指令中。偏移量(字节数)从该指令后面的第 1 条指令的第 1 个字节起计算，在－128～＋127 范围内取值。

⑨DPTR：为数据指针，可用作 16 位的地址寄存器。

⑩bit：表示内部 RAM 或专用寄存器中的直接寻址位。

⑪ A：表示累加器 A。

⑫ B：表示专用寄存器，用于 MUL 和 DIV 指令中。

⑬ C：为进位标志或进位位，或布尔处理机中的累加器。

⑭@：为间址寄存器或基址寄存器的前缀，如@Ri，@A＋PC，@A＋DPTR，表示寄存器。

⑮/：位操作数的前缀，表示对该位操作数取反，如/bit，表示间接寻址。

⑯ X：表示直接地址或寄存器。

⑰(X)：表示 X 中的内容。另外在注释间接寻址指令时，表示由间址寄存器 X 指出的地址单元。

⑱((X))：注释间接寻址指令时，表示由间址寄存器 X 指出的地址单元中的内容。即将 X 的内容作为地址，表示该地址中的内容。

⑲←：表示将箭头右边的内容传送至箭头的左边，在操作说明(注释)中用。

10.4.2　数据传送类指令

数据传送指令是 MCS－51 单片机汇编语言程序设计中最基本、最重要的指令，包括内部 RAM、寄存器、外部 RAM 以及程序存储器之间的数据传送。

数据传送指令一共 29 条，按存储器的空间划分来进行分类，共五类。这类指令一般是把源操数传送到目的操作数，指令执行后，源操作数不变，目的操作数修改为源操作数。传送类指令一般不影响标志位，对目的操作数为累加器 A 的指令将影响奇偶标志位 P。传送类指令使用 8 种助记符：MOV、MOVX、MOVC、XCH、XCHD、SWAP、PUSH 及 POP。传送类指令的类型、目的操作数、助记符、功能、字节数、执行所用的机器周期等见表 10.1。

表 10.1 数据传送类指令

类 型	目的操作数	助 记 符	功 能	字节数	机器周期
片内 RAM 传送指令	A	MOV A,Rn	A←(Rn)	1	1
		MOV A,@Ri	A←((Ri))	1	1
		MOV A,#data	A←#data	2	1
		MOV A,direct	A←(direct)	2	1
	Rn	MOV Rn,A	Rn←(A)	1	1
		MOV Rn,direct	Rn←(direct)	2	2
		MOV Rn,#data	Rn←#data	2	1
	Direct	MOV direct,A	direct←(A)	2	1
		MOV direct,Rn	direct←(Rn)	2	2
		MOV direct1,direct2	direct←(direct2)	3	2
		MOV direct,@Ri	direct←((Ri))	2	2
		MOV direct,#data	direct←#data	3	2
	@Ri	MOV @Ri,A	(Ri)←(A)	1	1
		MOV @Ri,direct	(Ri)←(direct)	2	2
		MOV @Ri,#data	(Ri)←#data	2	1
16 位数据传送指令	DPTR	MOV DPTR,#data16	DPTR←#data16	3	2
片外 RAM 传送指令	A	MOVX A,@Ri	A←((Ri))	1	1
		MOVX A,@DPTR	A←((DPTR))	1	2
	@Ri	MOVX @Ri,A	(Ri)←(A)	1	2
	@DPTR	MOVX @DPTR,A	(DPTR)←(A)	1	2
ROM 传送指令	A	MOVC A,@A+PC	A←((A)+(PC))	1	2
		MOVC A,@A+DPTR	A←((A)+(DPTR))	1	2
交换指令		XCH A,Rn	(A)←→(Rn)	1	1
		XCH A,@Ri	(A)←→((Ri))	1	1
		XCH A,direct	(A)←→(direct)	2	1
		XCHD A,@Ri	$(A)_{0-3}$←→$((Ri))_{0-3}$	1	1
		SWAP A	$(A)_{0-3}$←→$(A)_{4-7}$	1	1
堆栈指令	direct	PUSH direct	SP←(SP)+1； (SP)←(direct)	2	2
		POP direct	direct←((SP))； SP←(SP)−1	2	2

1. 内部8位数据传送指令(15条)

内部8位数据传送指令共15条，主要用于MCS－51单片机内部RAM与寄存器之间的数据传送。指令的助记符为MOV(MOVE)，指令基本格式：

MOV　<目的操作数>，<源操作数>

由于目的操作数和源操作数都能够采用多种寻址方式，所以这类指令可以延伸生成多条指令。在立即寻址、直接寻址、寄存器寻址、寄存器间接寻址方式中，要注意下面几点：

①立即数不能作为目的操作数；

②工作寄存器和工作寄存器之间不能互传；

③寄存器寻址和寄存器间接寻址不能互传。

其传送操作过程如图10.8所示。

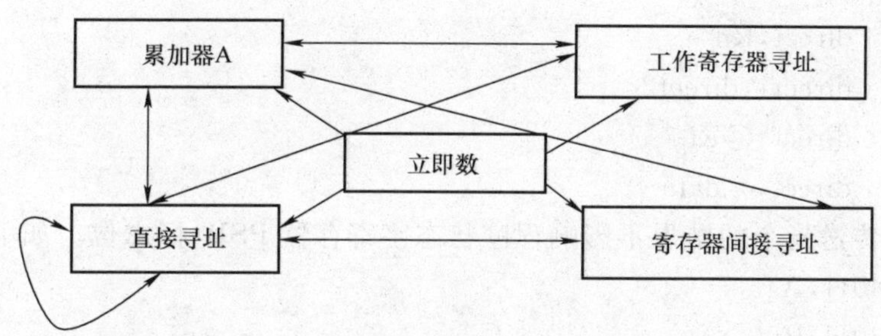

图10.8　数据传送操作

(1)以累加器A为目的地址的传送指令(4条)

```
MOV   A,Rn
MOV   A,direct
MOV   A,@Ri
MOV   A,#data
```

注意：以上传送指令的结果均影响程序状态字寄存器PSW的P标志位。

【例10.19】　已知(R0)＝30H，(30H)＝4EH，(50H)＝28H，请指出单条指令执行后，累加器A内容相应的变化。

①MOV　A，#20H

②MOV　A，30H

③MOV　A，R0

④MOV　A，@R0

执行后：

①(A)＝20H

②(A)＝4EH

③(A)＝30H

④(A)＝4EH

(2)以 Rn 为目的地址的传送指令(3 条)

```
MOV   Rn,A
MOV   Rn,direct
MOV   Rn,#data
```

注意:以上传送指令的结果不影响程序状态字寄存器 PSW 标志位。如下面指令:

①MOV　R7,A

②MOV　R7,30H

③MOV　R5,#20H

均不影响 PSW 标志。

(3)以直接地址为目的地址的传送指令(5 条)

```
MOV   direct,A
MOV   direct,Rn
MOV   direct1,direct2
MOV   direct,@Ri
MOV   direct,#data
```

注意:以上传送指令的结果不影响程序状态字寄存器 PSW 标志位。如下面指令:

①MOV　40H,A

②MOV　40H,R5

③MOV　40H,50H

④MOV　40H,@R0

⑤MOV　40H,#20H

均不影响 PSW 标志。

(4)以寄存器间接地址为目的地址的传送指令(3 条)

```
MOV   @Ri,A
MOV   @Ri,direct
MOV   @Ri,#data
```

注意:以上传送指令的结果不影响程序状态字寄存器 PSW 标志位。

【例 10.20】 已知(R0)=50H,(20H)=48H,(50H)=28H,(R1)=60H,请指出单条指令执行后,各单元内容的变化。

①MOV　50H,#20H

②MOV　40H,50H

③MOV　55H,R0

④MOV　20H,@R0

⑤MOV　@R1,20H

执行后各单元内容如下:

①(50H)=20H

②(40H)=28H

③(55H)=50H

④(20H)＝28H

⑤(60H)＝48H

(5)16位数据传送指令(1条)

```
MOV  DPTR,#data16
```

这是51单片机中唯一的一条16位立即数传送指令。大家知道51系列单片机是一种8位单片机,8位单片机所能表示的最大数是255,如果现在有个数是1234H,要把它送入DPTR该怎么办呢?INTEL公司已经把DPTR分成了两个寄存器DPH和DPL,只要把12H(高8位)送入DPH,把34H(低8位)送入DPL中去就可以了。所以执行指令MOV DPTR,#1234H与执行指令MOV DPH #12H和MOV DPL #34H是一样的。

注意:以上指令结果不影响程序状态字寄存器PSW标志位。

2. 外部数据传送指令(4条)

单片机内部RAM容量有限,当单片机的内部RAM不够用时,就要扩充RAM空间,51单片机的片外RAM可以扩展到64 KB,即为0000H～FFFFH。片外RAM(即片外数据存储器)和累加器A通过外部数据传送指令进行数据传递,指令助记符为MOVX(Move external),它们之间的传递指令共有以下4条:

```
MOVX  A,@DPTR
MOVX  A,@Ri
MOVX  @DPTR,A
MOVX  @Ri,A
```

注意:①以上传送指令结果通常影响程序状态字寄存器PSW的P标志位;

②外部RAM只能通过累加器A进行数据传送;

③累加器A与外部RAM之间传送数据时只能用间接寻址方式,可以访问片外RAM 64 KB的范围,间接寻址寄存器为DPTR和Ri,其中Ri只能存放外部RAM地址的低8位,高8位地址由P2口输出;

④使用时应当首先将要读出或写入的地址送入DPTR或Ri中,然后再用读写指令;

⑤MCS－51指令系统中没有设置访问外设的专用I/O指令,且片外扩展的I/O端口与片外RAM是统一编址的,因此对片外I/O端口的访问均可使用以上4条指令。

【例10.21】 把外部RAM 1000H单元的内容送入内部RAM 20H单元中。

解:
```
MOV   DPTR,#1000H
MOVX  A,@DPTR
MOV   20H,A
```

【例10.22】 已知(A)＝30H,(P2)＝20H,(R0)＝50H,执行MOVX @R0,A后,试问相应单元内容的变化。

解:(2050H)＝30H

3. ROM查表指令(2条)

该指令的助记符为MOVC(Move Code)。通常ROM中可以存放两方面的内容:一是单片机执行的程序代码;二是一些固定不变的常数(如表格数据、字段代码等)。访问ROM实际是指从ROM中读取常数。ROM只能读取指令,而不能写入数据,这一点和RAM是不同的。该类指令主要用于查表，其数据表格可以放在程序存储器中，有下列 2 条：

```
MOVC  A,@A+PC
MOVC  A,@A+DPTR
```

注意：①该指令是将 ROM 中的数送入 A 中，通常称其为查表指令，常用此指令来查一个已做好的在 ROM 中的表格；

②该条指令为变址寻址，是要在 ROM 的一个地址单元中找出数据，显然必须知道这个单元的地址(这个单元的地址是这样确定的：在执行本指令前 DPTR 中有一个数，A 中也有一个数，执行指令时，将 A 和 DPTR 中的数加起来，就成为要查找的数的单元地址，把查找到的结果放在 A 中，因此本条指令执行前后 A 中的值不一定相同)；

③该指令结果影响程序状态字寄存器 PSW 的 P 标志位。

第一条指令：MOVC A,@A+PC

操作：PC←(PC)+1

A←((A)+(PC))

该指令是以 PC 作为基址寄存器，A 作为变址寄存器。将 A 的内容和 PC 当前的内容(下一条指令的第一字节地址)相加后得到一个 16 位地址，然后将该地址指定的程序存储器单元中的内容送到累加器 A 中，变址寄存器 A 的内容为 0～255。因此，将 A 的内容和 PC 当前的内容相加所得的地址只能在该查表指令以下的 255 个单元的地址之内，表格的大小也受到限制，称之为近程查表。

【例 10.23】 执行下列程序后，A 中的内容为多少？

```
        ORG   1000H
        MOV  A,#09H          ;地址为 1000H
        MOVC  A,@A+PC        ;地址为 1002H
        RET                  ;地址为 1003H
        ORG   100AH
TAB:    DB  00H              ;地址为 100AH
        DB  0B6H             ;地址为 100BH
        DB  0C4H             ;地址为 100CH
        DB  0E0H             ;地址为 100DH
```

运行结果为 A=0C4H。

第二条指令：MOVC A,@A+DPTR

操作：A←((A)+(DPTR))

这条指令是以 DPTR 作为基址寄存器，A 作为变址寄存器。将 A 的内容和 DPTR 的内容相加后得到一个 16 位地址，然后将该地址指定的程序存储器单元中的内容送到累加器A 中。

该表格的大小和位置可以在 64 KB 的程序存储器中任意安排。

【例 10.24】 设累加器 A 中为 ASCII 码。试编程将其转换为 16 进制表示(00H～09H)的 BCD 码，并将其送到 30H 地址单元中。

解：

```
        ORG   0000H
```

```
        AJMP  MAIN
        ORG   0100H
MAIN：  MOV   DPTR,#TAB
        MOVC  A,@A+DPTR
        MOV   30H,A
RET
TABA：DB  00H,01H,02H,03H,04H,05H,06H,07H,08H,09H
```

4. 堆栈操作指令(2条)

在单片机中,可以在内部RAM中构造出这样一个区域,这个区域存放数据的规则是"先进后出,后进先出",为什么要有这样一个区域呢?存储器本身不也同样可以存放数据吗?是的,知道了存储器地址确实可以读出它里面的内容,但如果要读出的是一批数据,每一个数据都要给出一个地址就会很麻烦,为了简化操作就可以利用堆栈的存放方法来读取数据,那么堆栈在单片机的什么地方,也就是说把RAM空间的哪一块区域作为堆栈呢?这就不好定了,因为单片机是一种通用的产品,每个人的实际需要各不相同。有人需要多一些堆栈,而有人则不需要那么多堆栈,用户(编程者)可以根据自己的需要来决定,所以单片机中堆栈的位置是可以变化的,而这种变化就体现在SP中值的变化。

对堆栈的操作指令有2条:

PUSH　direct

操作:SP←(SP)+1

(SP)←(direct)

POP　direct

操作:direct←((SP))

SP←(SP)-1

PUSH指令是入栈(或称压栈、进栈)指令,其功能是先将栈指针SP的内容加1,然后将直接寻址单元中的数压入到SP所指示的单元中。POP是出栈(或称弹出)指令,其功能是先将栈指针SP所指示的单元内容弹出送到直接寻址单元中,然后将SP的内容减1,仍指向栈顶。

使用堆栈时,一般需重新设定SP的初始值。系统复位或上电时SP的值为07H,而07H~1FH正好也是CPU的工作寄存器区,故不能被占用。一般SP的值可以设置在1FH或更大一些的片内RAM单元。设SP初值时应保证堆栈有一定的深度,SP的值越小,堆栈的深度越深。

注意:①堆栈是用户自己设定的内部RAM中的一块专用存储区,使用时一定先设堆栈指针,堆栈指针缺省时SP=07H;

②堆栈遵循后进先出的原则安排数据;

③堆栈操作必须是字节操作,且只能直接寻址;

累加器A入栈、出栈指令可以写成

PUSH(POP)　ACC　或　PUSH(POP)　0E0H

而不能写成:PUSH(POP)　A

④堆栈通常用于临时保护数据及子程序调用时保护现场和恢复现场；

⑤以上指令结果不影响程序状态字寄存器 PSW 标志。

【例 10.25】 说明下面指令的执行过程。

```
MOV   SP,#5FH
MOV   A,#100
MOV   B,#20
PUSH  ACC
PUSH  B
```

上面指令的执行过程：将 SP 中的值加 1，即变为 60H，然后将 A 中的值 #100 送到 60H 单元中，因此执行完 PUSH ACC 这条指令后，内存 60H 单元的值就是 100；同样，执行 PUSH B 时，先执行 SP+1 即变为 61H，然后将 B 中的值送入到 61H 单元中，执行完本条指令后 61H 单元中的值变为 20。

【例 10.26】 说明下面指令的执行过程。

```
MOV   SP,#5FH
MOV   A,#100
MOV   B,#20
PUSH  ACC
PUSH  B
POP   B
POP   ACC
```

POP 指令的执行过程：首先将 SP 中的值作为地址，并将此地址中的数送到 POP 指令后面的那个 direct 中，然后执行 SP－1。上面程序的执行过程是：将 SP 中的值，现在是 61H 作为地址，取 61H 单元中的数值，将 20 送到 B 中，所以执行完 POP B 指令后 B 中的值是 20，然后执行 SP－1，那么此时 SP 的值就变为 60H，然后执行 POP ACC 将 SP 中的值 60H 作为地址从该地址中取数，现在是 100 并送到 ACC 中，所以执行完本条指令后 ACC 中的值是 100。

实际工作中，入栈结束后，即执行指令 PUSH B 后，往往要执行其他的指令，这些指令就会改变 A 和 B 中的值，所以在程序执行结束后，如果要把 A 和 B 中的值恢复到原来的值，那么这两条出栈指令就有意义了。

5. 交换指令(5 条)

指令助记符为

XCH(exchange)

(1)字节交换指令(3 条)

```
XCH   A,Rn
XCH   A,direct
XCH   A,@Ri
```

这 3 条指令的功能是将 A 的内容与源操作数所指出的数据互换。

注意：以上指令结果影响程序状态字寄存器 PSW 的 P 标志位。

(2)半字节交换指令(1 条)

指令助记符为

XCHD(exchange low-order Digit)

```
XCHD  A,@Ri
```

该指令功能是将 A 内容的低 4 位与 Ri 所指的片内 RAM 单元中的低 4 位数据互相交换，各自的高 4 位不变。

注意：上面指令结果影响程序状态字寄存器 PSW 的 P 标志位。

(3)累加器 A 中高 4 位和低 4 位交换(1 条)

```
SWAP  A
```

该指令是将 A 中内容的高、低 4 位数据互相交换。

注意：该指令结果不影响程序状态字寄存器 PSW 标志位。

【例 10.27】 已知(R0)=24H，(24H)=89H，(A)=56H，试指出执行下面指令后，各单元内容的变化。

①XCH　A,R0

②XCH　A,@R0

③XCHD　A,@R0

解：执行完上述指令后，各地址单元的内容为

①(A)=24H，(R0)=56H

②(A)=89H，(24H)=56H

③(A)=59H，(24H)=86H

【例 10.28】 试编程序将 A 中存放的 2 位 BCD 码转换为 ASCII 码，并送到 30H，31H 单元中。

解：编程序如下：

```
      ORG   0000H
      AJMP  MAIN
      ORG   0100H
MAIN: MOV   20H,A
      ANL   A,#0FH
      ADD   A,#30H
      MOV   30H,A
      MOV   A,20H
      SWAP  A
      ANL   A,#0FH
      ADD   A,#30H
      MOV   31H,A
      RET
```

10.4.3 算术运算类指令

算术运算类指令共有24条，其中包括4种基本的算术运算指令，即加、减、乘、除。这4种指令能对8位无符号数进行直接运算。

算术运算指令对程序状态字PSW中的Cy、Ac、OV三个标志位都有影响，根据运算的结果可将它们置1或清0，但是加1和减1指令不影响这些标志，其指令见表10.2。

表10.2 算术运算类指令

类型	助记符	功 能	对PSW的影响	字节	机器周期
不带进位加	ADD A,Rn	A←(A)+(Rn)	Cy、OV、Ac	1	1
	ADD A,@Ri	A←(A)+((Ri))	Cy、OV、Ac	1	1
	ADD A,direct	A←(A)+(direct)	Cy、OV、Ac	2	1
	ADD A,#data	A←(A)+#data	Cy、OV、Ac	2	1
带进位加	ADDC A,Rn	A←(A)+(Rn)+(Cy)	Cy、OV、Ac	1	1
	ADDC A,@Ri	A←(A)+((Ri))+(Cy)	Cy、OV、Ac	1	1
	ADDC A,direct	A←(A)+(direct)+(Cy)	Cy、OV、Ac	2	1
	ADDC A,#data	A←(A)+#data+(Cy)	Cy、OV、Ac	2	1
带进位减	SUBB A,Rn	A←(A)−(Rn)−(Cy)	Cy、OV、Ac	1	1
	SUBB A,@Ri	A←(A)−((Ri))−(Cy)	Cy、OV、Ac	1	1
	SUBB A,direct	A←(A)−(direct)−(Cy)	Cy、OV、Ac	2	1
	SUBB A,#data	A←(A)−#data−(Cy)	Cy、OV、Ac	2	1
加1	INC A	A←(A)+1	P	1	1
	INC Rn	Rn←(Rn)+1	无影响	1	1
	INC @Ri	(Ri)←((Ri))+1	无影响	1	1
	INC direct	direct←(direct)+1	无影响	2	1
	INC DPTR	DPTR←(DPTR)+1	无影响	1	2
减1	DEC A	A←(A)−1	P	1	1
	DEC Rn	Rn←(Rn)−1	无影响	1	1
	DEC @Ri	(Ri)←((Ri))−1	无影响	1	1
	DEC direct	direct←(direct)−1	无影响	2	1
乘法	MUL AB	BA←(A)×(B)	Cy=0、OV、P	1	4
除法	DIV AB	A←(A)/(B)(商)，B←余数	Cy=0、OV、P	1	4
十进制调整	DA A		Cy、Ac	1	1

1. 加法指令(8条)

(1)不带进位加法指令(4条)

```
ADD  A,Rn
ADD  A,direct
ADD  A,@Ri
```

ADD　A,#data

这4条指令使得累加器A可以和内部RAM的任何一个单元的内容进行相加,也可以和一个8位立即数相加,相加结果存放在A中。无论是哪一条加法指令,参加运算的都是两个8位二进制数。对用户来说,这些8位数可当做无符号数(0～255),也可以当做带符号数(−128～+127),即补码数。例如对于二进制数11010011,用户可认为它是无符号数,即为十进制数211;也可以认为它是带符号数,即为十进制负数−45。但计算机在作加法运算时,总按以下规定进行。

①在求和时,总是把操作数直接相加,而无须任何变换。

【例10.29】 若A=11010010B,R1=11101000B,执行指令ADD　A,R1时,其算式表达为

```
运算:        1 1 0 1 0 0 1 0
      +)     1 1 1 0 1 0 0 0
      ----------------------
结果:  1     1 0 1 1 1 0 1 0
```

相加后(A)=10111010B。若认为是无符号数相加,则A的值代表十进制数186;若认为是带符号补码数相加,则A的值为十进制数−70。

②在确定相加后进位标志Cy的值时,总是把两个操作数作为无符号数直接相加而得出进位Cy值。如上例中,相加后Cy=1。

③在确定相加后溢出标志OV的值时,和的D7位、D6位只有一个有进位时,(OV)=1,D7、D6位同时有进位或同时无进位时,(OV)=0。在作加法运算时,一个正数和一个负数相加是不可能产生溢出的,只有两个同符号数相加才有可能产生溢出,表示运算结果出错。

④注意,加法指令还会影响半进位标志位和奇偶标志位P。在上述例子中,由于D3相加对D4没有进位,所以Ac=0,而由于运算结果A中1的数目为奇数,故P=1。

(2)带进位加法指令(4条)

ADDC　A,Rn

ADDC　A,direct

ADDC　A,@Ri

ADDC　A,#data

带进位加减法指令一般用于多字节数的加减法运算。低字节相加减时,结果可能产生进、借位,可以通过带进位加减法指令将低字节产生的进、借位加减到高字节上去。高字节加减时必须使用带进位的加减法指令。

注意:① ADD与ADDC的区别为是否加进位位Cy;

②指令执行结果均在累加器A中;

③以上指令结果均影响程序状态字寄存器PSW的Cy、OV、Ac和P标志。

【例10.30】 双字节无符号数加法(R0 R1)+(R2 R3)→(R4 R5),R0、R2、R4存放16位数的高字节,R1、R3、R5存放在低字节。由于不存在16位数加法指令,所以只能先加低8位,后加高8位,而在加高8位时要连低8位相加时产生的进位一起相加。假设其和不超过16位,其编程如下:

```
MOV  A,R1   ;取被加数低字节,E9
ADD  A,R3   ;低字节相加,2B
MOV  R5,A   ;保存和低字节,FD
MOV  A,R0   ;取被加数高字节,E8
ADDC A,R2   ;两高字节之和加低位进位,3A
MOV  R4,A   ;保存和高字节,FC
```

(3)加1指令(5条)

```
INC  A
INC  Rn
INC  direct
INC  @Ri
INC  DPTR
```

从结果上看 INC A与 ADD A,＃1差不多,但 INC A是单字节单周期指令,而 ADD A,＃1则是双字节双周期指令,而且 INC A不会影响 PSW位,如 A＝0FFH,INC A后 A＝00H,而 Cy依然保持不变,如果是 ADD A,＃1则 A＝00H而 Cy一定是1,因此加1指令并不适合做加法,事实上它主要是用来做计数、地址增加等用途。另外,加法类指令都是以 A为核心的,其中一个数必须放在 A中,而运算结果也必须放在 A中,而加1类指令的对象则广泛得多,可以是寄存器、内存地址、间址寻址的地址等。

【例10.31】 设(R0)＝7EH,(7EH)＝FFH,(7FH)＝38H,(DPTR)＝10FEH,分析逐条执行下列指令后各单元的内容。

```
INC  @R0   ;使7EH单元内容由FFH变为00H
INC  R0    ;使R0的内容由7EH变为7FH
INC  @R0   ;使7FH单元内容由38H变为39H
INC  DPTR  ;使DPL为FFH,DPH不变
INC  DPTR  ;使DPL为00H,DPH为11H
INC  DPTR  ;使DPL为01H,DPH不变
```

(4)BCD码调整指令(1条)

```
DA  A
```

该指令是在进行 BCD码加法运算时,用来对 BCD码加法运算的结果进行修正。但对 BCD码的减法运算不能用此指令来进行修正。

操作方法如下：

①若(A)0～3＞9或(Ac)＝1,则 A←(A)＋06H;

②若(A)4～7＞9或(Cy)＝1,则 A←(A)＋60H;

③若上述两个条件均满足,则 A←(A)＋66H。

BCD码调整指令也叫十进制调整指令,是一条对二—十进制的加法进行调整的指令。两个压缩 BCD码按二进制相加,必须经过本条指令调整后才能得到正确的压缩 BCD码和数,实现十进制的加法运算。由于指令要利用 Ac、Cy等标志才能起到正确的调整作用,因此它必须跟在加法指令 ADD、ADDC后面使用。

BCD码是用二进制形式表示十进制数，例如十进制数45的BCD码形式为01000101B和45H。

BCD码用4位二进制码表示1位十进制数，编码方式很多，8421码4位二进制数的权分别为8、4、2、1，最为常用。十进制数码0～9所对应的二进制8421码见表10.3。

表10.3 十进制数码与BCD码对应表

十进制数	0	1	2	3	4	5	6	7	8	9
二进制码	0000	0001	0010	0011	0100	0101	0110	0111	1000	1001

注意：①结果影响程序状态字寄存器PSW的Cy、OV、Ac和P标志位；

②DA A指令将A中的二进制码自动调整为BCD码；

③DA A指令只能跟在ADD或ADDC加法指令后，不适用于减法。

【例10.32】 BCD码加法65+58，进行十进制调整。

解：参考程序如下：

```
MOV   A,#65H      ;(A) ← 65
ADD   A,#58H      ;(A) ← (A)+58
DA    A           ;十进制调整
```

```
                  0110 0101   65H
          +)      0101 1000   58H
        结果:     1011 1101   BDH
      ─────────────────────────────
      DA  A       1011 1101
               +) 0110 0110
              ──────────────
              Cy=1 0010 0011
```

执行结果：(A)=(23)BCD，(Cy)=1，即65+58=123。

【例10.33】 6位BCD码加法程序。设被加数放在30H、31H、32H地址单元中，加数放在40H、41H、42H地址单元中，和放在30H、31H、32H地址单元中。

```
BCD:MOV   R0,#30H     ;设置被加数的地址指针
    MOV   R1,#40H     ;设置加数地址指针
    MOV   R5,#3       ;设置计数器
    CLR   C           ;清Cy
    MOV   A,@R0
LOOP:ADDC  A,@R1
     DA    A          ;十进制调整
     MOV   @R0,A      ;送结果
     INC   R0
     INC   R1
     DJNZ  R5,LOOP
     RET
```

2. 减法指令

(1)带借位减法指令(4 条)

```
SUBB  A,Rn
SUBB  A,direct
SUBB  A,@Ri
SUBB  A,#data
```

这组指令的功能是:将累加器 A 的内容与第二操作数及进位标志相减,结果送回到累加器 A 中。在执行减法过程中,如果位 7(D7)有借位,则进位标志 Cy 置 1,否则清 0;如果位 3(D3)有借位,则辅助进位标志 Ac 置 1,否则清 0;如位 6 有借位而位 7 没有借位,或位 7 有借位而位 6 没有借位,则溢出标志 OV 置 1,否则清 0。若要进行不带借位的减法操作,则必须先将 Cy 清 0。

注意:①减法指令中没有不带借位的减法指令,在需要时,必须先将 Cy 清 0;

②指令执行结果均在累加器 A 中;

③减法指令结果影响程序状态字寄存器 PSW 的 Cy、OV、Ac 和 P 标志位。

【例 10.34】 双字节无符号数相减(R0 R1)−(R2 R3) → (R4 R5)。R0、R2、R4 存放 16 位数的高字节,R1、R3、R5 存放低字节,先减低 8 位,后减高 8 位和低位减借位。由于低位开始减时没有借位,所以要先清 0。

```
      ORG   0000H
      AJMP  MAIN
      ORG   0100H
MAIN: MOV   A,R1       ;取被减数低字节
      CLR   C          ;清借位位
      SUBB  A,R3       ;低字节相减
      MOV   R5,A       ;保存差低字节
      MOV   A,R0       ;取被减数高字节
      SUBB  A,R2       ;两高字节差减低位借位
      MOV   R4,A       ;保存差高字节
      RET
```

(2)减 1 指令(4 条)

```
DEC  A
DEC  Rn
DEC  direct
DEC  @Ri
```

这组指令的功能是:将指出的操作数内容减 1。如果原来的操作数为 00H,则减 1 后将产生下溢出,使操作数变成 0FFH,但不影响任何标志。

注意:以上指令结果通常不影响程序状态字寄存器 PSW。

3. 乘、除法指令

(1)乘法指令(1 条)

```
MUL  AB
```

乘法指令的功能是把累加器A和寄存器B中的两个8位无符号数相乘，将乘积16位数中的低8位存放在A中，高8位存放在B中。若乘积大于FFH(255)，则溢出标志OV置1，否则OV清0。乘法指令执行后进位标志Cy总是清0，即Cy=0。另外，乘法指令本身只能进行两个8位数的乘法运算，要进行多字节乘法还需编写相应的程序。

【例10.35】 已知：(A)=4EH，(B)=5DH

执行指令：MUL　AB

结果：(BA)=1C56H>FFH，(A)=56H，(B)=1CH

OV=1，Cy=0，P=0

【例10.36】 利用单字节乘法指令进行双字节数乘以单字节数运算。若被乘数为16位无符号数，地址为20H和21H(低位先、高位后)，乘数为8位无符号数，地址为22H，积存入R2、R3和R4三个寄存器中。

```
MOV   R0,#20H         ;被乘数地址存于R0
MOV   A,@R0           ;取16位数低8位
MOV   B,22H           ;取乘数
MUL   AB              ;(20H)×(22H)
MOV   R4,A            ;存积低8位
MOV   R3,B            ;暂存(M1)×(M2)高8位
INC   R0              ;指向16位数高8位
MOV   A,@R0           ;取被乘数高8位
MOV   B,22H           ;取乘数
MUL   AB              ;(21H)×(22H)
ADD   A,R3            ;(A)+(R3)得(积)15～8
MOV   R3,A            ;(积)15～8存入R3
MOV   A,B             ;积最高8位送A
ADDC  A,#00H          ;积最高8位+Cy得(积)23～16
MOV   R2,A            ;(积)23～16存入R2
RET
```

(2)除法指令(1条)

```
DIV   AB
```

这条指令的功能是：将累加器A中的内容除以寄存器B中的8位无符号整数，所得商的整数部分存放在累加器A中，余数部分存放在寄存器B中。

注意：①除法结果影响程序状态字寄存器PSW的OV(除数为0则置1，否则为0)和Cy(总是清0)以及P标志位；

②当除数为0时结果不能确定。

【例10.37】 利用除法指令把累加器A中的8位二进制数转换为3位BCD码，并以压缩形式存放在地址21H、22H单元中。

累加器A中的8位二进制数，先对其除以100(64H)，商数即为十进制的百位数；余数部分再除以10(0AH)，所得商数和余数分别为十进制的十位数和个位数，即得到3位BCD码。百位数放在21H中，十位、个位数压缩BCD码放在22H中，十位与个位数的压缩BCD码的存放是通过SWAP和ADD指令实现的。参考程序如下。

```
MOV  B,#64H        ;除数 100 送 B
DIV  AB            ;得百位数
MOV  21H,A         ;百位数存于 21H 中
MOV  A,#0AH        ;取除数 10
XCH  A,B           ;上述余数与除数交换
DIV  AB            ;得十位数和个位数
SWAP  A            ;十位数存于 A 的高 4 位
ORL  A,B           ;组成压缩 BCD 码
MOV  22H,A         ;十位、个位压缩 BCD 码存于 22H
RET
```

10.4.4 逻辑运算类指令

在数字电路中学过"与"、"或"、"非"等运算，在单片机中也有类似的运算。单片机的逻辑运算类指令共 24 条，包括与、或、异或、清 0、求反、左右移位等操作指令。其中逻辑指令有"与"、"或"、"异或"、累加器 A 清 0 和求反 20 条，移位指令 4 条。

这些指令执行时一般不影响程序状态字寄存器 PSW，仅当目的操作数为 A 时，对奇偶标志位 P 有影响，带进位的移位指令影响 Cy 位。逻辑运算指令用到的助记符有 ANL、ORL、XRL、RL、RLC、RR、RRC、CLR 和 CPL 共 9 种，其指令见表 10.4。

表 10.4 逻辑运算类指令

类型	助记符	功 能	字节数	机器周期
与	ANL A,Rn	A←(A)∧(Rn)	1	12
	ANL A,@Ri	A←(A)∧((Ri))	1	12
	ANL A,#data	A←(A)∧data	2	12
	ANL A,direct	A←(A)∧(direct)	2	12
	ANL direct,A	direct←(direct)∧(A)	2	12
	ANL direct,#data	direct←(direct)∧data	3	24
或	ORL A,Rn	A←(A)∨(Rn)	1	12
	ORL A,@Ri	A←(A)∨((Ri))	1	12
	ORL A,#data	A←(A)∨data	2	12
	ORL A,direct	A←(A)∨(direct)	2	12
	ORL direct,A	direct←(direct)∨(A)	2	12
	ORL direct,#data	direct←(direct)∨data	3	24
异或	XRL A,Rn	A←(A)⊕(Rn)	1	12
	XRL A,@Ri	A←(A)⊕((Ri))	1	12
	XRL A,#data	A←(A)⊕ data	2	12
	XRL A,direct	A←(A)⊕(direct)	2	12
	XRL direct,A	direct←(direct)⊕(A)	2	12
	XRL direct,#data	direct←(direct)⊕ data	3	24

续表

类型	助记符	功　能	字节数	机器周期
求反	CPL　A	A←($\overline{A}$)	1	12
清0	CLR　A	A←0	1	12
左循环移位	RL　A	A左循环移一位	1	12
	RLC　A	A带进位左循环移一位	1	12
右循环移位	RR　A	A右循环移一位	1	12
	RRC　A	A带进位右循环移一位	1	12

1. 逻辑运算指令(20条)

(1)逻辑与指令(6条)

```
ANL   A,direct
ANL   A,Rn
ANL   A,@Ri
ANL   A,#data
ANL   direct,A
ANL   direct,#data
```

逻辑"与"运算指令是将两个指定的操作数按位进行逻辑"与"的操作。

【例10.38】 已知:(A)=FAH=11111010B,(R1)=7FH=01111111B

执行指令:ANL　A,R1　;(A)←11111010∧01111111

结果:(A)=01111010B=7AH

逻辑"与"指令遵循"全1为1,有0为0"的原则,常用于屏蔽(置0)字节中某些位。若清除某位,则用"0"和该位相与;若保留某位,则用"1"和该位相与。

注意:①以上指令结果通常影响程序状态字寄存器PSW的P标志位;

②逻辑与指令通常用于将一个字节中的指定位清0,其他位不变。

(2)逻辑或指令(6条)

```
ORL   A,direct
ORL   A,Rn
ORL   A,@Ri
ORL   A,#data
ORL   direct,A
ORL   direct,#data
```

逻辑"或"指令将两个指定的操作数按位进行逻辑"或"操作,遵循"有1为1,全0为0"的原则,常用来使字节中某些位置"1",欲保留(不变)的位用"0"与该位相或,而欲置位的位则用"1"与该位相或。

【例10.39】 已知:若(A)=C0H,(R0)=3FH,(3F)=0FH

执行指令:ORL　A,@R0　;(A)←(A)∨((R0))

结果:(A)=CFH

注意：①以上指令结果通常影响程序状态字寄存器 PSW 的 P 标志位；

②逻辑或指令通常用于将一个字节中的指定位置 1，其余位不变。

(3)逻辑异或指令(6 条)

```
XRL  A,direct
XRL  A,Rn
XRL  A,@Ri
XRL  A,#data
XRL  direct,A
XRL  direct,#data
```

“异或”运算是当两个操作数不一致时结果为 1，两个操作数一致时结果为 0，这种运算也是按位进行，共有如上 6 条指令，其助记符为 XRL。

逻辑“异或”指令遵循“相同为 0，不同为 1”的原则，常用来对字节中某些位进行取反操作，欲取反某位，则用“1”与该位相异或；欲保留某位，则用“0”与该位相异或。还可利用异或指令对某单元自身异或，以实现清 0 操作。

【例 10.40】 若(A)＝B5H＝10110101B，执行下列指令：

```
XRL  A,#0F0H     ;A的高4位取反,低4位保留
MOV  30H,A       ;(30H)←(A)=45H
XRL  A,30H       ;自身异或使A清0
```

执行后结果：(A)＝00H。

注意：①以上指令结果通常影响程序状态字寄存器 PSW 的 P 标志位；

②“异或”原则是相同为 0，不同为 1。

(4)累加器 A 清 0 和取反指令(2 条)

```
CLR  A
CPL  A
```

第一条是对累加器 A 清 0 指令，第二条是把累加器 A 的内容取反后再送入 A 中保存的对 A 求反指令，它们均为单字节指令。若用其他方法达到清 0 或取反的目的，则至少需用双字节指令。

【例 10.41】 双字节负数求补码。

解：对于一个 16 位负数，R3 存高 8 位，R2 存低 8 位，求补结果仍存于 R3、R2。求补的参考程序如下：


```
MOV  A,R2
CPL  A
ADD  A,#01H
MOV  R2,A
MOV  A,R3
CPL  A
ADDC  A,#80H
MOV  R3,A
```

2. 循环移位指令(4条)

```
RL   A
RLC   A
RR   A
RRC   A
```

注意:执行带进位的循环移位指令之前,必须给Cy置位或清0。

移位指令有循环左移、带进位位循环左移、循环右移和带进位位循环右移4条指令,移位只能对累加器A进行。实际应用中,可用于多字节的乘法、除法以及对I/O口的操作中,其操作如图10.9所示。

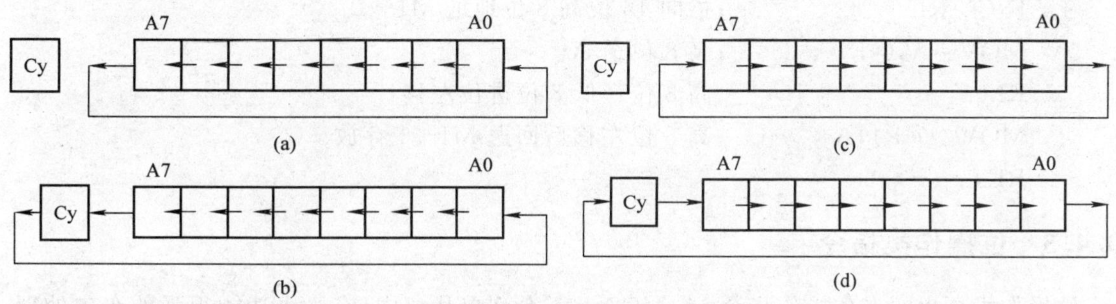

图10.9　移位指令操作示意图

【例10.42】　编制一个循环闪烁灯的程序。有8个发光二极管(共阳),每次其中某个灯闪烁点亮20次后,转移到下一个灯闪烁10次,循环不止。

程序代码如下:

```
ORG   0000H
MAIN:MOV   A,#0FEH              ;灯亮初值
MAIN1:LCALL FLASH               ;调闪亮20次子程序
RR   A                          ;右移一位
SJMP   MAIN1                    ;循环
FLASH:MOV   R2,#20              ;20次计数初值设置
FLASH1:MOV   P1,A               ;点亮
LCALL DELAY                     ;延时
MOV   P1,#0FFH                  ;熄灭
LCALL   DELAY                   ;延时
DJNZ   R2,FLASH1                ;循环控制20次
RET
DELAY:MOV   R5,#00H
DELAY1:MOV   R6,#00H
DJNZ   R6,$
DJNZ   R5,DELAY1
RET
```

【例 10.43】 16 位数的算术左移。16 位数在内存中低 8 位存放在 M1 单元，高 8 位存放在 M1+1 单元。

解：所谓算术左移就是将操作数左移一位，并使最低位补 0，相当于完成 16 位数的乘 2 操作，故称算术左移。程序代码如下：

```
CLR   C              ;进位 Cy 清 0
MOV   R1,#M1         ;操作数地址 M1 送 R1
MOV   A,@R1          ;16 位数低 8 位送 A
RLC   A              ;低 8 位左移，最低位补 0
MOV   @R1,A          ;低 8 位左移后，回送 M1 存放
INC   R1             ;指向 16 位高 8 位地址 M1+1
MOV   A,@R1          ;高 8 位送 A
RLC   A              ;高 8 位带低 8 位进位左移
MOV   @R1,A          ;高 8 位左移后回送 M1+1 存放
RET
```

10.4.5 位操作类指令

位操作指令也叫布尔操作指令，在 MCS－51 系列单片机中，有一个功能很强的布尔处理器，它实际上是一个独立的一位处理器，它有一套专门处理布尔变量（布尔变量也叫开关变量，就是以位作为单位的运算和操作）的指令子集，以完成对布尔变量的传送、运算、转移、控制等操作，这个子集的指令就是布尔操作指令。在布尔处理器中，位的传送和位逻辑运算是通过 Cy 标志位来完成的，Cy 的作用相当于一般 CPU 中的累加器。

被操作的位可以是片内 RAM 中 20H～2FH 单元的 128 位和专用寄存器中的可寻址位。

为什么要位寻址呢？单片机不是可以有多种寻址方式吗？前面学的指令却全都是用字节来介绍的，字节的移动、加减法、逻辑运算、移位等，用字节来处理一些数学问题，比如控制空调的温度、电视机的音量等，非常直观，可以直接用数值来表示，可是如果用它来控制一个开关的打开或者闭合，一个灯的亮或者灭，就有些不直接了，在工业控制中有很多场合需要处理这类单个的开关输出，比如一个继电器的吸合或者释放、一个指示灯的亮或者灭用字节来处理就显得有些麻烦，所以在 51 系列单片机中特意引入了一个位处理机制。

汇编语言中位地址的表达方式可有多种形式。

①直接位地址表达方式：直接用位地址表示。如位地址 07H 为 20H 单元的 D7 位，D6H 为 PSW 的 D6 位即 Ac 标志位。

②点操作符方式：即采用在字节地址或在 8 位寄存器名称后面缀上相应位来表示。字节或 8 位寄存器名称与位之间用“.”隔开。如 PSW.4，P1.0，20H.0，1FH.7 等。

③位名称方式：如 RS1，RS0，E0(Acc.0)。

④用户定义名方式：如用伪指令 bit。

如 USR_FLG bit F0 经定义后，允许指令中用 USR_FLG 代替 F0。

位操作指令共 17 条，分 4 种类型，如表 10.5 所示。

表 10.5　位操作类指令

类　型		助记符	功　能	字节数	机器周期
位传送		MOV　C,bit	Cy←(bit)	2	12
		MOV　bit,C	bit←(Cy)	2	12
位修正	清 0	CLR　C	Cy←0	1	12
		CLR　bit	bit←0	2	12
	取反	CPL　C	Cy←($\overline{\text{Cy}}$)	1	12
		CPL　bit	bit←($\overline{\text{bit}}$)	2	12
	置位	SETB　C	Cy←1	1	12
		SETB　bit	bit←1	2	12
逻辑运算	与	ANL　C,bit	Cy←(Cy)∧(bit)	2	24
		ANL　C,/bit	Cy←(Cy)∧(bit)	2	24
	或	ORL　C,bit	Cy←(Cy)∨(bit)	2	24
		ORL　C,/bit	Cy←(Cy)∨(bit)	2	24
判位转移		JC　rel	(Cy)＝1,转移	2	24
		JNC　rel	(Cy)＝0,转移	2	24
		JB　bit,rel	(bit)＝1,转移	3	24
		JNB　bit,rel	(bit)＝0,转移	3	24
		JBC　bit,rel	(bit)＝1,转移,后 bit←0	3	24

说明:“bit”将直接寻址位取反后再进行指定操作。

(1)位传送指令(2 条)

```
MOV   C,bit
MOV   bit,C
```

注意:位传送指令的操作数中必须有一个是进位位 C,不能在其他两个位之间直接传送。进位位 C 也称为位累加器。

(2)位清 0 指令(2 条)

```
CLR  C
CLR  bit
```

(3)位置 1 指令(2 条)

```
SETB C
SETB bit
```

(4)取反指令(2 条)

```
CPL   C
CPL   bit
```

(5)位逻辑与指令(2 条)

```
ANL   C,bit
ANL   C,/bit
```

第一条 Cy 位与指定的位地址的值相与结果送回 Cy,第二条先将指定的位地址的值取出后取反再和 Cy 相与，结果送回 C，但需注意，指定的位地址中的值本身并不发生变化。

【例 10.44】 ANL C，/P1.0

设执行本指令前 Cy=1，P1.0 等于 1，则执行完本指令后 Cy=0，而 P1.0 仍等于 1。

```
ORG   0000H
AJMP  START

ORG   0030H
START:MOV   SP #5FH
      MOV   P1,#0FFH
      SETB  C
      ANL   C,/P1.0
      MOV   P1.1,C
```

(6)位逻辑或指令(2 条)

```
ORL  C bit
ORL  bit C
```

(7)判位转移指令(3 条)

```
JB   bit,rel;(bit)=1 时,PC←(PC)+3,转移
             (bit)=1 时,PC←(PC)+rel,转移
             (bit)=0 时,顺序执行
JNB  bit,rel;(bit)=0 时,PC←(PC)+3,转移
              (bit)=0 时,PC←(PC)+rel,转移
              (bit)=1 时,顺序执行
JBC  bit,rel;(bit)=1 时,PC←(PC)+3,转移
              (bit)=1 时,PC←(PC)+rel,转移,bit←0
              (bit)=0 时,顺序执行
```

注意：①JBC 与 JB 指令的区别是前者转移后并把寻址位清 0，后者只转移不清 0 寻址位；②以上指令结果不影响程序状态字寄存器 PSW。

(8)判 Cy 转移指令(2 条)

```
JC   rel;(Cy)=1 时,PC←(PC)+2,转移
         (Cy)=1 时,PC←(PC)+rel,转移
         (Cy)=0 时,顺序执行
JNC  rel;(Cy)=0 时,PC←(PC)+2,转移
          (Cy)=0 时,PC←(PC)+rel,转移
          (Cy)=1 时,顺序执行
```

注意：①以上结果不影响程序状态字寄存器 PSW；

②rel 的计算通式为 rel=目的地址-(转移指令的起始地址+指令的字节数)。

【例 10.45】 比较内部 RAM 中 30H 和 40H 中的两个无符号数的大小，并将大数存入 50H，小数存入 51H 单元中。若两数相等则将片内 RAM 的 27H 位置 1。

```
        MOV   A,30H
        CJNE  A,40H,Q1       ;不相等转
        SETB  27H            ;两数相等时27H置1
        RET
    Q1: JC    Q2             ;(Cy)=1,(30H)<(40H)转
        MOV   50H,A          ;(30H)>(40H)
        MOV   51H,40H
        RET
    Q2: MOV   50H,40H
        MOV   51H,A
        RET
```

10.4.6　控制转移类指令

控制转移指令共有 17 条(见表 3.5),不包括按布尔变量控制程序转移指令。其中有 64 KB范围内的长调用、长转移指令,有 2 KB 范围内的绝对调用和绝对转移指令,有全空间的长相对转移及一页范围内的短相对转移指令,还有多种条件转移指令。有了丰富的控制转移类指令,就能很方便地实现程序的向前、向后跳转,并根据条件分支运行、循环运行、调用子程序等,在编程上相当灵活方便。这类指令用到的助记符共有 10 种:LJMP、AJMP、SJMP、JMP、LCALL、ACALL、JZ、JNZ、CJNE、DJNZ,其指令见表 10.6。

表 10.6　控制程序转移类指令

类型	助记符	功　能	字节数	机器周期
无条件转移	LJMP　addr16	PC←addr16	3	24
	AJMP　addr11	PC←addr11	2	24
	SJMP　rel	PC←(PC)+2+rel	2	24
间接转移	JMP　@A+DPTR	PC←(A)+(DPTR)	1	24
无条件调用及返回	LCALL　addr16	断点入栈,PC←addr16	3	24
	ACALL　addr11	断点入栈,PC←addr11	2	24
	RET	子程序返回	1	24
	RETI	中断服务程序返回	1	24
条件转移	JZ　rel	(A)为 0 转移,PC←(PC)+2+rel	2	24
	JNZ　rel	(A)不为 0 转移,PC←(PC)+2+rel	2	24
	CJNE　A,#data,rel	(A)不等于 data 转移,PC←(PC)+3+rel	3	24
	CJNE　A,direct,rel	(A)不等于(direct)转移,PC←(PC)+3+rel	3	24
	CJNE　Rn,#data,rel	(Rn)不等于 data 转移,PC←(PC)+3+rel	3	24
	CJNE　@Ri,#data,rel	((Ri))不等于 data 转移,PC←(PC)+3+rel	3	24
	DJNZ　Rn,rel	(Rn)不等于 0 转移,PC←(PC)+2+rel	2	24
	DJNZ　direct,rel	(direct)不等于 data 转移,PC←(PC)+3+rel	3	24
空操作	NOP	PC←(PC)+1	1	12

1. 无条件转移指令(3 条)

```
LJMP   addr16    ;操作:PC←(PC)+3,PC←addr16
AJMP   addr11    ;操作:PC←(PC)+2,PC10～0←addr10～0,PC15～11 不变
SJMP   rel       ;操作:PC←(PC)+2,PC←(PC)+rel
```

这类指令是当程序执行该类指令后,无条件地转移到指令所提供的地址处。指令执行后均不影响标志位。

第 1 条指令称长转移指令,允许转移的目的地址在 64 KB 空间范围内。

第 2 条指令称绝对转移指令,指令中包含有目的地址的低 11 位,转移最大范围为 2 KB。它是把 PC 所指向的当前地址的高 5 位与目的地址的 10～0 位合并在一起构成新的 16 位的目标转移地址。

使用 AJMP addr11 编程时必须注意:转移的目的地址必须与该转移指令后面的第一条指令的首地址同在一页内,即二者地址的高 5 位相同;否则,不能正常转移。

【例 10.46】 在以下 3 种情况,判断执行 KRD:AJMP KWRD 后能否实现正常跳转。KRD 为转移指令所在的地址,KWRD 为跳转目标标号地址。

KRD=0730H;KWRD=0100H

KRD=07FEH;KWRD=0100H

KRD=07FEH;KWRD=0830H

第 1 种情况能够实现正常跳转,由于 KRD+02=0732H 与 KWRD=0100H 的高 5 位相同,在同一页内。

第 2 种情况不能够实现正常跳转,由于 KRD+02=0800H 与 KWRD=0100H 的高 5 位不相同,不在同一页内。

第 3 种情况能够实现正常跳转。

SJMP 指令是无条件相对转移指令又称短转移指令。该指令为双字节,指令中的相对地址是一个带符号的 8 位偏移量(2 的补码),其范围为-128～+127。负数表示向后转移,正数表示向前转移,该指令执行后程序转移到当前 PC 与 rel 之和所指示的地址单元。指令中的 rel 可以直接用目的标号地址代替。编程时应注意目的标号地址与该转移指令之间的距离,即 rel 的取值范围,其范围应为-128～+127。rel 的计算应从转移指令后面的第一条指令的首地址算起。

2. 间接长转移指令(1 条)

```
JMP   @A+DPTR      ;PC←(A)+(DPTR)
```

该指令是无条件间接转移(又称散转)指令。目的地址由数据指针 DPTR 和 A 的内容之和形成。相加之后不修改 A 也不修改 DPTR 的内容,而是把相加的结果直接送 PC 寄存器,指令执行后不影响标志位。该指令一般用于散转程序中。

【例 10.47】 根据 A 的数值设计散转表程序,程序如下:

```
MOV   A ,R1
MOV   B,#02
MUL   AB
MOV   DPTR,#TABLE   ;DPTR 指向数据散转表首地址
```

```
        JMP   @A+DPTR
        RET
TABLE:  AJMP  PROG0          ;散转表
        AJMP  PROG1
        AJMP  PROG2
        ……
```

当(A)=0时,散转到PROG0;(A)=1时,散转到PROG1;……

TABLE表是若干条AJMP语句,每条AJMP语句都占用了两个存储器空间,并且是连续存放的,所以程序开始时将A的内容乘以2。

用JMP　@A+DPTR这条指令就实现了按下一个键跳转到相应程序段去执行的这样一个操作。

3. 子程序调用及返回指令(4条)

在主程序中,有时需要反复执行某段程序,通常把这段程序设计成子程序,用一条子程序调用指令,将程序转向子程序的入口地址。主程序调用了子程序,子程序执行完之后必须再返回到主程序继续执行,不能"一去不回头",那么回到什么地方呢?要回到调用子程序的下面一条指令处继续执行。子程序调用及返回指令如下。

```
LCALL  addr16     ;操作:PC←(PC)+3,SP←(SP)+1
                       (SP)←(PC)0~7,SP←(SP)+1
                       (SP)←(PC)8~15,PC←addr16
ACALL  addr11     ;操作:PC←(PC)+2,SP←(SP)+1
                       (SP)←(PC)0~7,SP←(SP)+1
                       (SP)←(PC)8~15,PC0~10←addr0~10
                       (PC)11~15不变
RET               ;操作:PC8~15←((SP)),SP←(SP)-1
                       PC0~7←((SP)),SP←(SP)-1
RETI              ;中断返回
```

注意:该类指令的执行均不影响标志位。

LCALL与LJMP一样提供16位地址,可调用64 KB范围内所指定的子程序。由于该指令为三字节指令,所以执行该指令时首先把(PC)+3→(PC),以获得下一条指令地址,并把此时PC内容压入堆栈(先压入低字节,后压入高字节)作为返回地址,堆栈指针SP加2指向栈顶,然后把目的地址addr16装入PC。执行该指令不影响标志位。

ACALL与AJMP一样提供11位目的地址。由于该指令为两字节指令,所以执行该指令时(PC)+2→(PC)以获得下一条指令的地址,并把该地址压入堆栈作为返回地址。该指令可寻址范围为2 KB,只能在与PC同一2 KB的范围内调用子程序。执行该指令不影响标志位。

【例10.48】 设(SP)=30H,标号为SUB1的子程序首址为2500H,(PC)=3000H。

执行指令:3000H:LCALL　SUB1

结果:(SP)=32H,(31H)=03H,(32H)=30H,(PC)=2500H

RET 指令是子程序返回指令，RETI 指令是中断返回指令。这两条指令的功能基本相同，只是 RETI 指令除把栈顶的断点弹出送 PC 外，同时释放中断逻辑使之能接受同级的另一个中断请求。使用时应注意 PSW 不能自动地恢复到中断前的状态。

4. 空操作指令

```
NOP            ;(PC)←(PC)+1
```

空操作指令是一条单字节单周期指令。它控制 CPU 不做任何操作，仅仅是消耗这条指令执行所需要的一个机器周期的时间，不影响任何标志，故称为空操作指令。但由于执行一次该指令需要一个机器周期，所以常在程序中加上几条 NOP 指令用于设计延时程序、拼凑精确延时时间或产生程序等待等。

5. 条件转移指令(8 条)

条件转移指令是当某种条件满足时，程序转移执行；条件不满足时，程序仍按原来顺序继续执行。条件转移指令的条件可以是上一条指令或者更前一条指令的执行结果(常体现在标志位上)，也可以是条件转移指令本身包含的某种运算结果。

(1)累加器判零转移指令(2 条)

```
JZ  rel      ;若(A)=0,则(PC)←(PC)+2+rel
              若(A)≠0,则(PC)←(PC)+2
JNZ  rel     ;若(A)≠0,则(PC)←(PC)+2+rel
              若(A)=0,则(PC)←(PC)+2
```

【例 10.49】 将外部数据 RAM 的一个数据块传送到内部数据 RAM，两者的首址分别为 DATA1 和 DATA2，遇到传送的数据为 0 时停止。

解：外部 RAM 向内部 RAM 的数据传送一定要以累加器 A 作为过渡，利用判零条件转移正好可以判别是否要继续传送或者终止。

```
        MOV   R0,#DATA1        ;外部数据块首址送 R0
        MOV   R1,#DATA2        ;内部数据块首址送 R1
LOOP:MOVX  A,@R0               ;取外部 RAM 数据送入 A
HERE:JZ   IIERE                ;数据为 0 则终止传送
        MOV   @R1,A            ;数据传送至内部 RAM 单元
        INC  R0                ;修改地址指针,指向下一数据地址
        INC   R1
        SJMP  LOOP             ;循环取数
```


(2)比较转移指令(4 条)

比较转移指令共有 4 条，其一般格式为

CJNE 目的操作数，源操作数，rel

这组指令是先对两个规定的操作数进行比较，根据比较的结果来决定是否转移到目的地址。

4 条比较转移指令如下：

```
CJNE  A,#data,rel
CJNE  A,direct,rel
```

```
CJNE   @Ri,#data,rel
CJNE   Rn,#data,rel
```

这 4 条指令的含义为：

①若目的操作数＝源操作数，则(PC)←(PC)＋3；

②若目的操作数＞源操作数，则(PC)←(PC)＋3＋rel，Cy＝0；

③若目的操作数＜源操作数，则(PC)←(PC)＋3＋rel，Cy＝1。

指令的操作过程如图 10.10 所示。

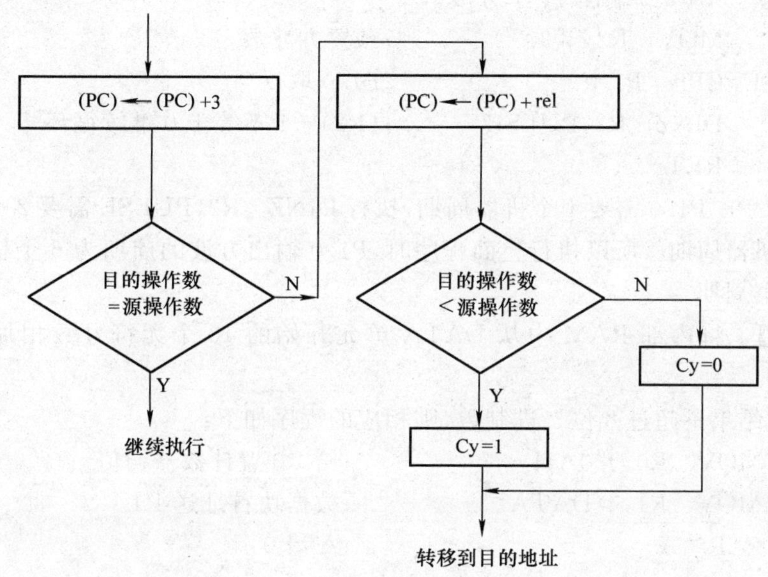

图 10.10　比较转移指令操作示意图

【例 10.50】

```
      MOV    A,R0
      CJNE   A,#10H,L1
      MOV    R1,#0FFH
      AJMP   L3
   L1:JC     L2
      MOV    R1,#0AAH
      AJMP   L3
   L2:MOV    R1,#0FFH
   L3:SJMP L3
```

(3)减条件转移指令(循环转移指令)

减 1 条件转移指令有如下两条：

```
DJNZ  direct,rel   ;(direct)←(direct)－1,D5   direct   rel
                    若(direct)＝0,则(PC)←(PC)＋3
                    否则,(PC)←(PC)＋3＋rel
```

```
DJNZ  Rn,rel      ;(Rn)←(Rn)－1,D8～DF  rel
                  若(Rn)＝0,则(PC)←(PC)＋2
                  否则,(PC)←(PC)＋2＋rel
```

在应用中,当需要多次重复执行某段程序时,可以将工作寄存器或片内 RAM 中的地址单元作为一个计数器,每执行一次该段程序,计数器内容减 1。当计数器内容减 1 不为 0 时,继续执行该段程序,直至减至 0 时退出。使用时,应首先将计数器预置初值,然后再执行该段程序和减 1 判零指令。

【例 10.51】 从 P1.0 输出 15 个方波。

```
        MOV   R2,#30          ;预置方波数
PULSE:  CPL   P1.0            ;P1.0 取反
        DJNZ  R2,PULSE        ;(R2)－1 不等于 0 继续循环
        RET
```

因为执行 CPL P1.0 需要 1 个机器周期,执行 DJNZ R2,PULSE 需要 2 个机器周期,二者之和为 3 个机器周期。所以执行上面程序时,P1.0 输出方波的周期为 6 个机器周期,高低电平各 3 个机器周期。

【例 10.52】 将内部 RAM 中从 DATA 单元开始的 10 个无符号数相加,相加结果送 SUM 单元保存。

解:设相加结果不超过 8 位二进制数,则相应的程序如下:

```
        MOV   R0,#0AH         ;给 R0 置计数器初值
        MOV   R1,#DATA        ;数据块首址送 R1
        CLR   A               ;A 清 0
LOOP:   ADD   A,@R1           ;加一个数
        INC   R1              ;修改地址,指向下一个数
        DJNZ  R0,LOOP         ;R0 减 1,不为 0 循环
        MOV   SUM,A           ;存 10 个数相加的和
        RET
```

10.5 汇编语言程序设计举例

10.5.1 计算机程序设计语言概述

程序设计语言是指计算机所能理解的语言,现在的程序设计语言和设计软件繁多。从语言结构及其与计算机之间的关系来看,程序设计语言一般可以分为机器语言(Machine Language)、汇编语言(Assembly Language)和高级语言(High-Level Language)三类。

1. 机器语言

机器语言就是用二进制代码"0"和"1"表示指令和数据的程序设计语言,构成计算机的电子器件特性决定了计算机只能识别二进制数,因此这种语言是唯一能被计算机直接识别和执行的机器级语言。计算机就是按照机器语言的指令来完成各种功能操作的,它具有程序简

捷、占用存储空间小、执行速度快、控制功能强等特点。

机器语言是面向计算机系统的，由于各种计算机内部结构、线路的不同，每种计算机系统都有它自己的机器语言，即使执行同一操作，其指令也不相同。机器语言的可读性极差，程序的设计、输入、修改和调试都很麻烦，一般只在简单的开发装置中使用。因此，几乎没有人直接使用机器语言来编写程序。

2. 汇编语言

汇编语言是一种用助记符来表示的面向机器的程序设计语言，它与机器语言一一对应。汇编语言是面向机器的程序设计语言，与具体的计算机硬件有着密切的关系，不同的CPU所使用的汇编语言一般是不同的。用汇编语言编写的程序，称为汇编语言源程序或汇编源程序。51系列单片机是用51系列单片机的指令系统来编程的，其汇编语言的语句格式，也就是单片机的指令格式。

在汇编语言中，由于用助记符代替了二进制操作码，因此汇编语言具有程序结构简单、执行速度快、程序易优化、编译后占用存储空间小、控制功能强等特点，这使得用汇编语言编写的程序直观易懂，给程序的编写、阅读和修改带来了很大的方便。汇编语言是单片机应用系统开发中最常用的一种程序设计语言。

在用它编写汇编语言程序时，必须熟悉机器的指令系统、寻址方式、寄存器设置和使用方法，而编出的程序也只适用于某一系列的计算机。因此，可读性差、可移植性差，不能直接移植到不同类型的计算机系统上去。计算机的CPU并不能直接识别汇编语言，所以用汇编语言编写的源程序必须经过编译将其翻译成机器语言程序后才能被执行。

汇编语言和机器语言一样是面向硬件的，非常适合于实时控制的场合，它仍是一种低级语言。

3. 高级语言

高级语言与计算机硬件结构及指令系统无关，它有更强的表达能力，可方便地表示数据的运算和程序的控制结构，能更好地描述各种算法。它采用一种接近人的自然语言和习惯的数学表达式的方法来描述算法、过程和对象，具有语句直观、易学、易懂的特点，如C、VB、JAVA等。特别适合于不熟悉单片机指令系统的用户。

由于它与硬件相对独立，所以采用高级语言编写程序时，不需要设计人员对计算机的硬件结构有太多了解，编写出的高级语言程序也具有通用性强、便于移植和推广的优点。但高级语言程序在执行前也必须经过编译。在编译过程中产生的目标程序大、占用内存多，因而运行速度较慢，不利于实时控制。

10.5.2　汇编语言程序设计的步骤

根据实际功能需要，采用汇编语言编写程序的过程称为汇编语言程序设计。对于一个单片机应用系统，在硬件调试通过后就可以着手进行程序设计。在进行程序设计时，要按照实际问题的要求和单片机的特点，决定所要采用的计算方法、计算公式和步骤，也就是通常所说的算法，有了合适的算法常常可以起到事半功倍的效果。然后根据单片机的指令系统，按照尽可能节省数据存放单元、缩短程序长度和减少运算时间3个原则来编制程序。设计程序大致可以分为以下几个步骤。

1. 分析问题

分析问题的主要目的是根据实际系统的要求明确软件需要实现的具体功能,如测量数据显示等,进一步设计任务书。

2. 建立数学模型并确定算法

根据实际情况,建立输入输出变量之间的数学关系,即数学模型。进而结合数据模型和指令系统的特点,确定合适的计算公式和计算方法。数学模型的正确性和算法的合理性关系到系统性能的好坏。

3. 画出程序流程图

根据所选择的算法,结合系统的整体功能,制定出运算的步骤和顺序,并画出程序的流程图,以方便程序的编写、阅读和修改。

程序流程图也称为程序框图,就是用各种符号、图形、箭头把程序的流向及过程表示出来。它可以使程序清晰,结构合理,便于调试。绘制流程图是单片机程序编写前最重要的工作,通常的程序就是根据流程图的指向采用适当的指令来编写的。图 10.11 所示为流程图的组成元素。

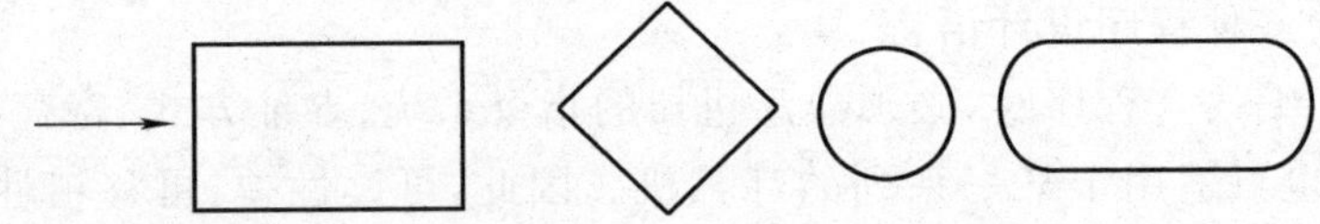

说明:
流向线表示程序的执行顺序;
矩形框表示一般的处理和动作;
菱形框表示判断操作;
连接符号表示流程图之间的连接;
椭圆框表示程序的起始或结束。

图 10.11　流程图组成元素

绘制流程图时,首先画出简单的功能流程图(粗框图),再对功能流程图进行扩充和具体化,即对存储器、标志位等单元做具体的分配和说明,把功能图上的每一个粗框图转化为具体的存储器或地址单元,从而绘制出详细的程序流程图,即细框图。

4. 分配内存工作区及有关端口地址

分配内存工作区,要根据程序区、数据区、暂存区、堆栈区等预计所占空间大小,对片内外存储区进行合理分配并确定每个区域的首地址,便于编程使用。

5. 编写源程序

根据程序流程图编写汇编语言源程序,再经过"手工汇编"或"机器汇编"的方式编译生成机器代码。手工汇编是指编程人员通过查找指令表的方式完成汇编,手工汇编虽然简单易行,但出错率高。机器汇编是指通过编译软件由计算机自动完成汇编。实际中,通常采用机器汇编方式。

6. 程序的调试与修改

单片机没有自开发功能,因此需要利用仿真器或仿真软件进行仿真调试,排除程序中的错误,直到程序正确为止。

7. 软件的整体运行与测试

程序调试通过后下载到单片机，将整个硬件系统完整连接，进行总体测试。

10.5.3 汇编语言程序设计

汇编语言程序有3种基本结构形式，即顺序结构、分支(选择)结构和循环结构。下面详细介绍各种程序结构及其编程方法。

1. 顺序结构程序设计

顺序结构是最简单、最基本的程序结构，其特点是按指令的排列顺序一条条地执行，直到全部指令执行完毕为止。不管多么复杂的程序，总是由若干顺序程序段所组成的。如果某一个需要解决的问题可以分解成若干个简单的操作步骤，并且可以由这些操作按一定的顺序构成一种解决问题的算法，则可用简单的顺序结构来进行程序设计。

【例10.53】 单字节压缩BCD码转换成二进制码子程序。

解：设两个BCD码d1d0表示的2位十进制数压缩存于R2，其中R2高4位存十位，低4位存个位，要把其转换成纯二进制码的算法为：(d1d0)BCD＝d1×10＋d0。实现该算法所编制的参考子程序如下。

入口：待转换的BCD码存于R2。

出口：转换结果(8位无符号二进制整数)仍存于R2。

```
ORG   0000H
MOV   A,R2                     ;(A)←(d1d0)BCD
ANL   A,#0F0H                  ;取高位BCD码d1
SWAP  A                        ;(A)=0d1H
MOV   B,#0AH                   ;(B)←10
MUL   AB                       ;d1×10
MOV   R3,A                     ;R3暂存乘积结果
MOV   A,R2                     ;(A)←(d1d0)BCD
ANL   A,#0FH                   ;取低位BCD码d0
ADD   A,R3                     ;d1×10+d0
MOV   R2,A                     ;保存转换结果
RET                            ;子程序返回
```

【例10.54】 将两个半字节数合并成一个一字节数。

解：设内部RAM 40H,41H单元中分别存放着8位二进制数，要求取出两个单元中的低半字节并成一个字节后，存入50H单元中。程序如下：

```
START:MOV   R1,#40H      ;设置R1为数据指针
MOV   A,@R1              ;取出第1个单元中的内容
ANL   A,#0FH             ;取第1个数的低半字节
SWAP  A                  ;移至高半字节
INC   R1                 ;修改数据指针
XCH   A,@R1              ;取第2个单元中的内容
```

```
ANL  A,#0FH          ;取第 2 个数的低半字节
ORL  A,@R1           ;拼字
MOV  50H,A           ;存放结果
RET
```

2. 分支结构程序设计

顺序结构程序设计是最基本的程序设计技术。在实际的程序设计中，有很多情况往往还需要程序按照给定的条件进行分支。这时就必须对某一个变量所处的状态进行判断，根据判断结果来决定程序的流向。这就是分支(选择)结构程序设计。

在编写分支程序时，关键是如何判断分支的条件。在 51 单片机指令系统中，有 JZ(JNZ)、CJNE、JC(JNC)及 JB(JNB)等丰富的控制转移指令，它们是分支结构程序设计的基础，可以完成各种各样的条件判断、分支。

注意：执行一条判断指令，只可以形成两路分支，如果要形成多路分支，就必须进行多次判断，也就是多条指令连续判断。

【例 10.55】 两个无符号数比较(两分支)。内部 RAM 的 20H 单元和 30H 单元各存放了一个 8 位无符号数，请比较这两个数的大小，比较结果显示在实训的实验板上：

若(20H)≥(30H)，则 P1.0 管脚连接的 LED 发光；

若(20H)<(30H)，则 P1.1 管脚连接的 LED 发光。

(1)题意分析

本例是典型的分支程序，根据两个无符号数的比较结果(判断条件)，程序可以选择两个流向之中的某一个，分别点亮相应的 LED。

比较两个无符号数常用的方法是将两个数相减，然后判断是否借位 Cy。若 Cy＝0，无借位，则 X≥Y；若 Cy＝1，有借位，则 X<Y。程序的流程图如图 10.12 所示。

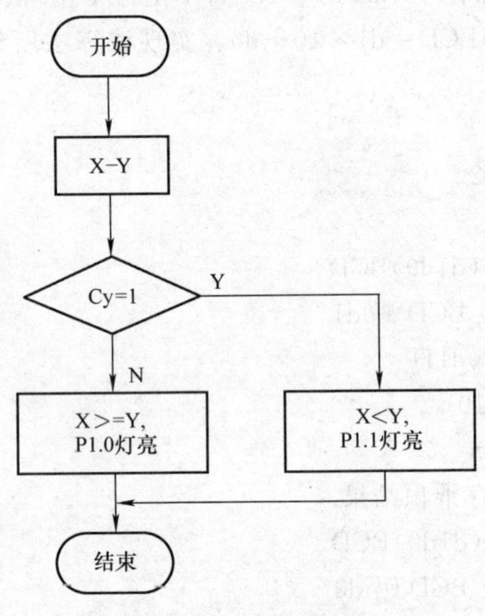

图 10.12　程序流程图

源程序如下。

```
X  DATA  20H        ;数据地址赋值伪指令 DATA
Y  DATA  30H
ORG  0000H
MOV  A,X
CLR  C
SUBB  A,Y
JC  L1
CLR  P1.0
SJMP  FINISH
L1:CLRP1.1
FINISH:SJMP  $
END
```

3. 循环程序设计

【例 10.56】工作单元清 0 程序。设 R1 中存放被清 0 低字节单元地址；R3 中存放欲清 0 的字节数，即 R3 为计数指针。程序采用先进入处理部分，再控制转移。控制转移指令采用 DJNZ。程序如下。

```
START:MOV   R3,#data        ;清 0 的字节数送 R3
      MOV   R1,#addr        ;R1 指向被清 0 字节的首地址
      CLR   A               ;清 0 累加器
LOOP:MOV    @R1,A           ;指定单元清 0
     INC    R1
     DJNZ   R3,LOOP         ;(R3)-1≠0,继续清 0
     RET
```

由于程序设计中经常会出现如图 10.12 所示的循环程序结构，为了编程方便，单片机指令系统中专门提供了循环指令 DJNZ，以适用于上述结构的编程。

```
DJNZ   R3,LOOP    ;R3 中存放控制次数,R3-1→R3,R3≠0,转移到 LOOP 继续
                   循环,否则执行下面指令
```

【例 10.57】 设在内部 RAM 的 BLOCK 单元开始处有长度为 LEN 的无符号数据块，试编一个求和程序，并将和(设和不超过 8 位)存入内部 RAM 的 SUM 单元。

```
       BLOCK  EQU  20H
       LENEQU  30H
       SUM  EQU  40H
START:CLR   A                ;清累加器 A
      MOV   R2,#LEN          ;数据块长度送 R2
      MOV   R1,#BLOCK        ;数据块首址送 R1
LOOP: ADD   A,@R1            ;循环加法
      INC   R1               ;修改地址指针
      DJNZ  R2,LOOP          ;修改计数器并判断
      MOV   SUM,A            ;存和
      RET
```

4. 子程序调用

调用子程序的指令有“ACALL”和“LCALL”，执行调用指令时，先将程序地址指针 PC 改变(“ACALL”加 2，“LCALL”加 3)，然后 PC 值压入堆栈，即具有保护主程序断点的功能，然后用新的地址值代替。

子程序调用中，主程序应先把有关的参数存入约定的位置，子程序在执行时，可以从约定的位置取得参数，当子程序执行完，将得到的结果再存入约定的位置，返回主程序后，主程序可以从这些约定的位置上取得需要的结果，这就是参数的传递。

【例 10.58】 调用 100 ms 延时子程序。

主程序：

```
ACALL   DELAY
```

```
……
……
子程序:
DELAY:MOV   R6,#0C8H
LOOP1:MOV   R7,#0F8H
      NOP
LOOP2:DJNZ  R7,LOOP2  s
      DJNZ  R6,LOOP1
      RET
```

5. 定时器编程

【例 10.59】 用定时器 1,方式 1 产生 1 s 的延时。

解:因方式 1 采用 16 位计数器,其最大定时时间为:65 536×1 μs=65.536 ms,因此可选择定时时间为 50 ms,再循环 20 次。定时时间选定后,再确定计数值为 50 000,则定时器 1 的初值为

$$X=M-\text{计数值}=65\ 536-50\ 000=15\ 536=3CB0H$$

即 TH1=3CH,TL1=0B0H,又因采用方式 1 定时,故 TMOD=10H。可编得 1 s 延时子程序如下。

```
DELAY:MOV   R3,#14H          ;置 50 ms 计数循环初值
      MOV   TMOD,#10H        ;设定时器 1 为方式 1
      MOV   TH1,#3CH         ;置定时器初值
      MOV   TL1,#0B0H
      SETB  TR1              ;启动定时器 1
LP1:JBC   TF1,LP2            ;查询计数溢出
    SJMP  LP1                ;未到 50 ms 继续计数
LP2:MOV   TH1,#3CH           ;重新置定时器初值
    MOV   TL1,#0B0H
    DJNZ  R3,LP1             ;未到 1 s 继续循环
    RET
```

6. 外部中断编程

【例 10.60】 利用$\overline{\text{INT0}}$做一个计数器。当$\overline{\text{INT0}}$有脉冲时,A 的内容加 1,并且当 A 的内容大于或等于 100 时将 P1.0 置位。

```
ORG   0000H
LJMP  MIN0
ORG   0003H
LJMP  INTB0
ORG   000bH
RETI
ORG   0013H
```

```
        RETI
        ORG   001bH
        RETI
        ORG   0023H
        RETI
        ORG   0030H
Min0：  MOVE   sp,＃30H    ;主程序
        SETB   IT0
        SETB   EX0
        CLR   PX0
        SETB   EA
        MOV    a,＃00
Min1：   NOP
        LJMP   Min1
        ORG   0100H
INTB0： PUSH    psw            ;INT0的中断服务程序
        ADD   A,＃01
        CJNE   a,＃100,INTB1
        LJMP   INTB2
INTB1： JC   INTB3
INTB2： SETB   P1.0
INTB3： POP   PSW
        RETI
```

7. 定时器中断编程

【例 10.61】 试编写由 P1.0 输出一个周期为 2 min 的方波信号的程序。已知 f_{osc}＝12 MHz。

解:此例要求 P1.0 输出的方波信号的周期较长,用一个定时器无法实现。解决的办法可采用定时器加软件计数的方法或者采用两个定时器合用的方法来实现。这里仅介绍定时器加软件计数的方法。

具体方法为:将 T1 设置为定时器方式,定时时间为 10 ms,工作于模式 1;再利用 T1 的中断服务程序作为软件计数器;共同实现 1 min 的定时。整个程序由两部分组成,即由主程序和 T1 的中断服务程序组成。其中主程序包括初始化程序和 P1.0 输出操作程序,中断服务程序包括毫秒(ms)、秒(s)、分(min)的定时等。

编写 T1 的中断服务程序时,应首先将 T1 初始化,并安排好中断服务程序中所用到的内部 RAM 的地址单元。

T1 的计数初值:$X=216-12\times10\times1\,000/12=55\,536=$D8F0H。

中断服务程序所用到的地址单元安排如下:

40H 单元作 ms 的计数单元,计数值为 1 s/10 ms＝100 次;

41H 单元作 s 的计数单元，计数值为 1 min/1 s=60 次；

29H 单元的 D7 位(位地址为 4FH)作 1 min 计时到的标志位，即标志用 4FH。

具体程序如下。

主程序：

```
      ORG   0000H
      AJMP  0030H
      ORG   001BH
      AJMP  1100H
      ORG   0030H
      MOV   TMOD,#10H     ;T1定时，模式1
      MOV   TH1,#0D8H     ;T1计数初值
      MOV   TL1,#0F0H
      SETB  EA            ;CPU、T1开中断
      SETB  ET1
      SETB  TR1           ;启动T1
      MOV   40H,#100      ;ms计数初值
      MOV   41H,#60       ;s计数初值
      CLR   4FH
TT:   JNB   4FH,TT        ;等待1 min到
      CLR   4FH           ;清分标志位
      CPL   P1.0          ;输出变反
      AJMP  TT            ;反复循环
```

T1 中断服务程序：(由 001BH 转来)

```
      ORG   1100H
      PUSH  PSW
      MOV   TH1,#0D8H     ;T1重赋初值
      MOV   TL1,#0F0H
      DJNZ  40H,TT1       ;1 s到否
      MOV   40H,#100      ;1 s到，重赋s的计数值
      DJNZ  41H,TT1       ;1 min到否
      MOV   41H,#60       ;1 min到了，重赋1 min的计数值
      SETB  4FH           ;置1 min到标志位，告诉主程序
TT1:  POP   PSW
      RETI
```

8. 串口通信编程

【例 10.62】 单片机通过中断方式接收 PC 机发送的数据，并回送。单片机串行口工作在方式 1，晶振频率为 6 MHz，波特率 2 400 bps，定时器 1 按方式 2 工作，经计算，定时器预置值为 0F3H，SMOD=1。

参考程序如下。

```
        ORG  0000H
        LJMP  CSH              ;转初始化程序
        ORG  0023H
        LJMP  INTS             ;转串行口中断程序
        ORG  0050H
CSH:    MOV TMOD,#20H          ;设置定时器1为方式2
        MOV  TL1,#0F3H         ;设置预置值
        MOV  TH1,#0F3H
        SETB  TR1              ;启动定时器1
        MOV  SCON,#50H         ;串行口初始化
        MOV  PCON,#80H
        SETB  EA               ;允许串行口中断
        SETB  ES
        LJMP  MAIN             ;转主程序(主程序略)
          …
INTS:   CLR  EA                ;关中断
        CLR  RI                ;清串行口中断标志
        PUSH  DPL              ;保护现场
        PUSH  DPH
        PUSH  A
        MOV  A,SBUF            ;接收PC机发送的数据
        MOV  SBUF,A            ;将数据回送给PC机
WAIT:   JNB  TI,WAIT           ;等待发送
        CLR  TI
        POP  A                 ;发送完,恢复现场
        POP  DPH
        POP  DPL
        SETB  EA               ;开中断
        RETI                   ;返回
```


10.6 在C语言程序中加入汇编指令

51单片机相对执行速度较慢,因此有时可能需要注意程序的执行效率及编程上的技巧处理,最大限度地发挥单片机性能,满足项目开发的实际需要。而汇编语言的高效、快速及可直接对硬件进行操作等优点是C语言所难以达到的。本节介绍Keil C51中C语言和汇编语言混合编程的方法,将这两种语言的优点完美地结合,以更大限度地发挥51单片机的性能。

C语言和汇编语言混合编程时,用汇编语言编写对有关硬件的驱动和处理、复杂的算法、

实时性要求较高的底层程序代码，来满足某些硬件上的高效、快速、精确的处理等要求。用C语言来编写程序的主体部分，这样就将C语言的可移植性强和可读性好与汇编语言的高效、快速及可直接对硬件进行操作的优点相结合起来。

10.6.1 在C语言程序中加入汇编指令的方法

通过使用预处理指令＃pragma asm和＃pragma endasm来实现在C语言程序中加入汇编指令。＃pragma asm用来标志所插入的汇编语句的起始位置，＃pragma endasm用来标志所插入的汇编语句的结束位置，这两条命令必须成对出现，并可以多次出现。C51编译时不对插入的汇编代码进行任何的处理。

【例10.63】 在C语言程序中加入汇编语言模块。

```
void func()
{
    ……//C语言程序
 #pragma asm
   MOV   R6,#23
DELAY2:MOV   R7,#191
DELAY1:DJNZ   R7,DELAY1
DJNZ   R6,DELAY2
RET
 #pragma endasm
    ……//C语言程序
}
```

10.6.2 C语言函数的参数与汇编寄存器的对应关系

如果进行C语言函数与汇编的混合编程，需要知道C语言函数的参数与汇编寄存器的对应关系。C51函数的参数传递规则见表10.7和表10.8。

表10.7 通过寄存器传递的函数参数表

参数长度	第1个形参	第2个形参	第3个形参
1 B(char)	R7	R5	R3
2 B(int)		R4(H),R5	R2(H),R3
3 B(通用指针)	R1(H)～R3		
4 B(long)	R4(H)～R7		

表10.8 函数返回值使用的寄存器列表

返回类	使用的寄存器
位数据(bit)	位累加器Cy
1 B(char)	R7
2 B(int)	R6(H),R7
3 B(通用指针)	R3(类型),R2(H),R1
4 B(long)	R4(H)～R7

10.6.3　编译时提示"asm/endasm"出错的解决方法

上面程序在编译时，可能会有如下报错：

compiling sendata.c...

sendata.c(81)：error C272：'asm/endasm' requires src-control to be active

sendata.c(87)：error C272：'asm/endasm' requires src-control to be active

Target not created

解决方法如图10.13所示，首先右键单击包含有汇编部分的C语言文件名，然后单击图中所示的菜单项中的选项，弹出图10.14所示对话框。

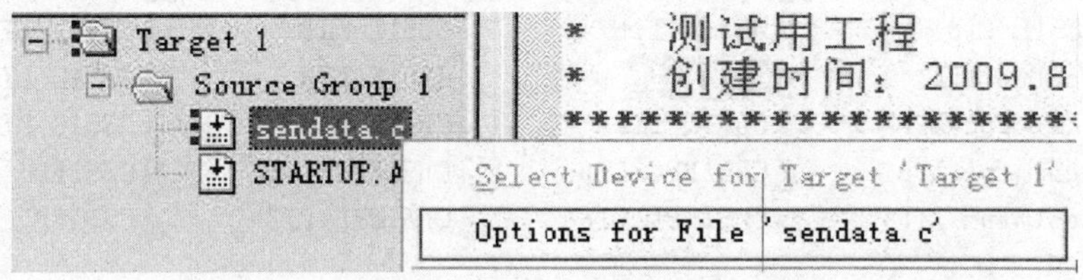

图10.13　提示"asm/endasm"出错的解决方法

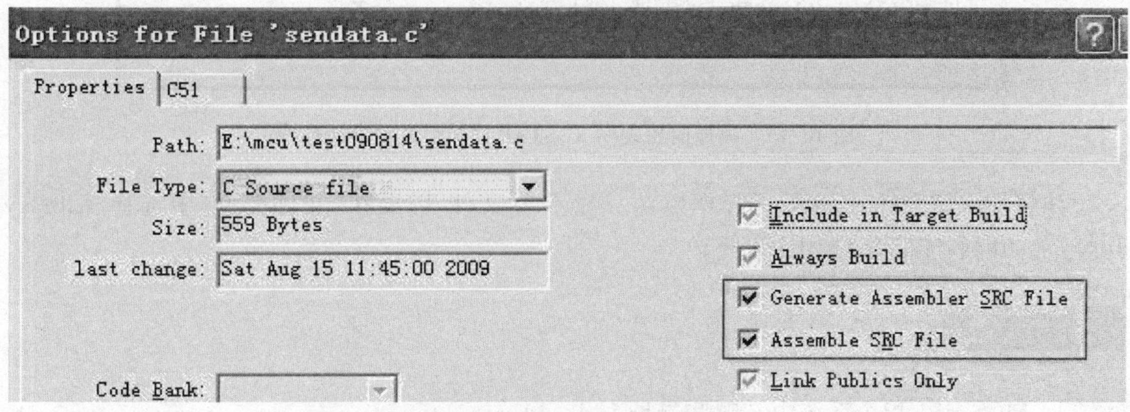

图10.14　设置文件属性对话框

在对话框中，将图中有标记的两项打上钩（默认的情况下，前面的钩是灰色的，要让这两项前的钩变为黑色的），单击确定。

10.6.4　编译时出现"？C_START"等相关警告的处理

按照上面的方法处理完之后，再次编译不会出现错误信息，但是会出现下面的警告信息：

linking...

*** WARNING L1：UNRESOLVED EXTERNAL SYMBOL

SYMBOL：? C_START

MODULE：STARTUP.obj (? C_STARTUP)

*** WARNING L2：REFERENCE MADE TO UNRESOLVED EXTERNAL

SYMBOL:? C_START

MODULE:STARTUP. obj (? C_STARTUP)

ADDRESS:000DH

处理方法是在工程中加入“C51S. LIB”文件,如图 10. 15 所示。“C51S. LIB”文件在 KEIL 安装目录下的“LIB”目录。

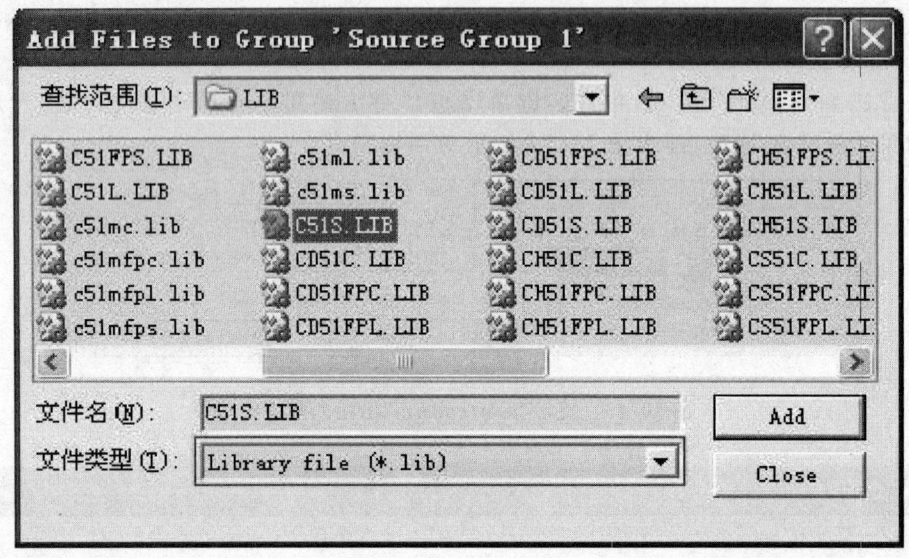

图 10.15 编译时出现“? C_START”等相关警告的处理

注意加入该文件时,文件选择框默认只显示. c 文件,需要在“文件类型”中选择“Library file (*. lib)”,才能找到 LIB 文件。

习 题

1. MCS－51 指令系统中有哪些寻址方式?

2. 什么是源操作数? 什么是目的操作数? 通常在指令中如何加以区分?

3. 在 MOVX 指令中,@Ri 是一个 8 位地址指针,如何访问片外数据存储器的 16 位地址空间?

4. 访问专用寄存器和片外数据存储器时,应采用什么寻址方式?

5. 查表指令中都采用了基址加变址的寻址方式,在 MOVC A,@A＋DPTR 和 MOVC A,@A＋PC 中分别使用了 DPTR 和 PC 作基址寄存器,试指出这两条查表指令的区别?

6. 编写指令完成下列功能:

(1)将 R0 的内容送到 R5;

(2)将片内 RAM 20H 单元的内容送到 30H;

(3)将片内 RAM 40H 单元的内容送到片外 RAM 的 2000H 单元;

(4)将片外 RAM 2000H 单元的内容送到片外 RAM 的 2010H 单元;

(5)将 ROM 1000H 单元的内容送到累加器 A;

(6)将 ROM　1000H 单元的内容送到片外 RAM 的 2030H 单元。

7. 已知累加器(A)=20H,(R0)=30H,内部 RAM(30H)=56H,Cy=1,写出下列每条指令的执行结果:

(1)MOV　A,@R0;

(2)XCH　A,30H;

(3)XCH　A,R0;

(4)XCH　A,@R0;

(5)SWAP　A;

(6)ADD　A,R0;

(7)SUBB　A,R0;

(8)INC　A;

(9)CPL　A;

(10)ANL　A,30H;

(11)XRL　A,#30H;

(12)RLC　A。

8. 简述 LJMP 指令、AJMP 指令和 SJMP 指令用法上有何不同?

9. 阅读下列程序段,分析执行结果。

```
(1)MOV   SP,#30H
   MOV   A,#20H
   MOV   B,#3AH
   PUSH  ACC
   PUSH  B
   POP   ACC
   POP   B
```

上述程序段执行后,A、B 中的内容为多少?

```
(2)MOV   A,#08H
   MOV   R2,#66H
   MOV   30H,#0AH
   MOV   R0,#30H
   ADD   A,R2
   ADDC  A,@R0
```

上述程序段执行后,A 中的内容为多少?

```
(3)CLR   C
   MOV   31H,#00H
   MOV   30H,#5AH
   MOV   R2,#08H
   MOV   A,30H
   LOOP1:RLC   A
```

```
JNC   LOOP2
INC  31H
LOOP2:DJNZ   R2,LOOP1
SJMP   $
```

10. 试将片外数据存储器地址为 40H～60H 区域的数据块，全部搬移到片内 RAM 的同地址区域，并将原数据区全部填为 FFH。

11. 试编程将片外 RAM 中的 30H 和 31H 单元中内容相乘，结果存在 32H 和 33H 单元中，高位存在 33H 单元中。

12. 试编写两个 16 位无符号数相减的程序。被减数放在片内 RAM 的 20H 和 21H 中(低字节在前)，减数放在片内 RAM 的 30H 和 31H 单元中(低字节在前)，结果存到 40H 和 41H 单元中(低字节在前)。

13. 80C51 的片内 RAM 中，已知(30H)＝38H，(38H)＝40H，(40H)＝48H，(48H)＝90H。分析下面各条指令，说明源操作数的寻址方式以及按顺序执行各条指令后的结果。

```
MOV   A,40H
MOV   R0,A
MOV   P1,#0F0H
MOV   @R0,30H
MOV   DPTR,#3848H
MOV   40H,38H
MOV   R0,30H
MOV   D0H,R0
MOV   18H,#30H
MOV   A,@R0
MOV   P2,P1
```

14. 试用位操作指令编写下面逻辑表达式的程序。

(1)$P1.7=ACC.0\times(B.0+P2.1)+P3.2$；

(2)$PSW.5=P1.3\times\overline{ACC.2}+B.5\times\overline{P1.1}$；

(3)$P2.3=P1.5\times B.4+\overline{ACC.7}\times P1.0$；

15. 有哪些分支转移指令用累加器 A 中的动态值进行选择？

16. 循环结构程序有何特点？51 系列单片机的循环转移指令有何特点？何谓多重循环？编程时应注意些什么？

17. 试编写延时 1 s 的延时程序，主频为 6 MHz。

18. 试编写多字节十进制(BCD 码)减法程序。

19. 试编写多字节无符号十进制数(BCD 码)除法程序，并画出程序流程图。

附录　单片机的软件模拟仿真调试

仿真是单片机开发过程中一个非常重要的环节。除了一些很简单的任务，一般产品的开发过程都要进行仿真。下面介绍如何使用 Keil uVision 环境进行软件仿真调试。进行仿真前，编辑的程序必须已经被 C51 编译通过，即程序编译后的错误数目为 0。

1. 单片机的仿真调试

仿真的主要目的是进行软件调试、排错，同时借助仿真也进行一些硬件排错。

单片机程序的仿真调试一般包括下述功能：

①在程序执行时跟踪变量的赋值过程；

②查看内存内容；

③查看堆栈的内容；

④查看定时器状态；

⑤模拟串口状态。

查看这些内容的目的在于观察变量的赋值过程与变化情况，从而达到调试、排错的目的。

单片机程序的仿真分为两种：

①使用软件模拟仿真，即使用 Keil C 软件来模拟单片机的指令执行过程，并虚拟单片机片内资源（端口、定时器、中断、串口），从而达到调试、排错的目的；

②使用硬件仿真，硬件仿真调试需要用到仿真器，价格一般在千元以上，仿真器能够仿真单片机的全部执行情况（所有的单片机接口，有真实的引脚输出），并且将内部资源状态返回给计算机，这样就可以在计算机上看到单片机的内存及寄存器的状态。

2. 进入软件调试仿真界面

如果程序已经通过编译，选择 Debug 下面的"Start/Stop Debug Session"菜单项，如附录图 1 所示。该选项可以打开调试窗口（如果不想仿真了，再单击一次就可退出调试窗口）。

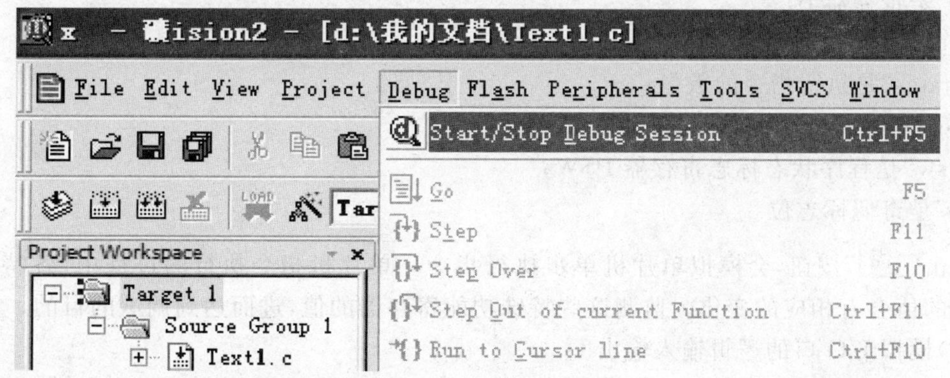

附录图 1　进入调试的菜单项

接着出现的界面就是调试窗口，如附录图 2 所示。

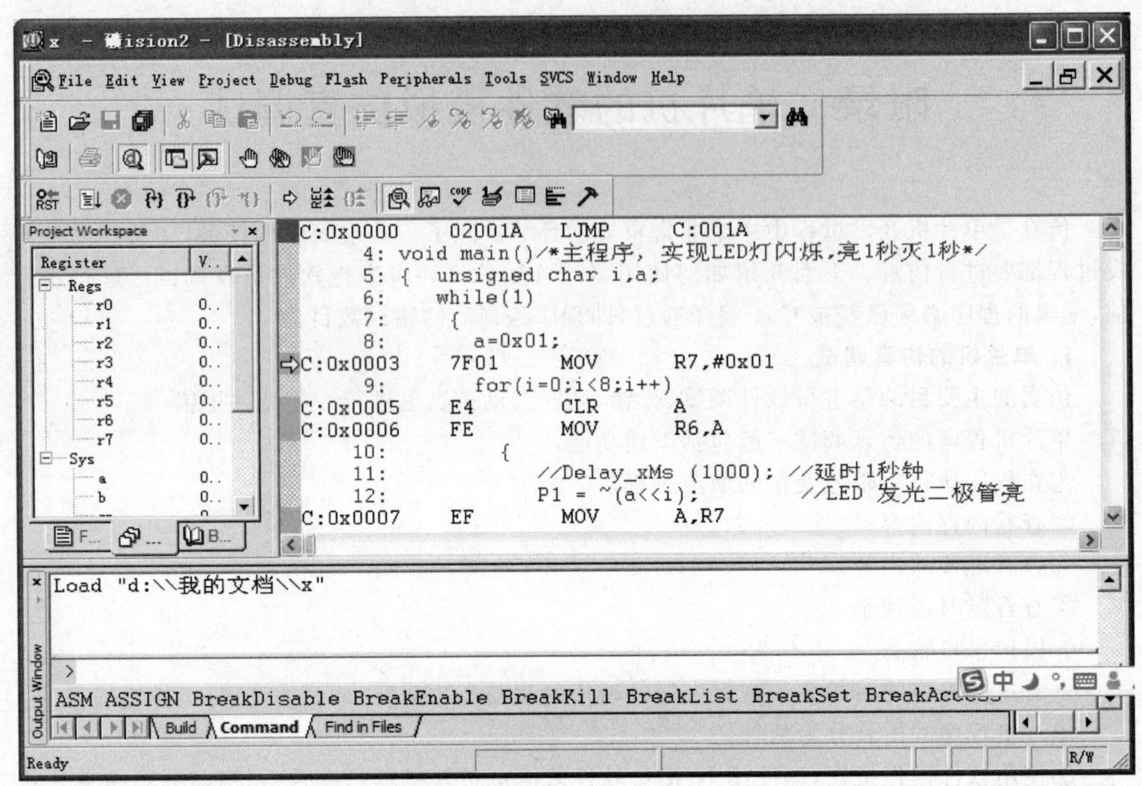

附录图 2 调试窗口

3. 使用 Keil uVision 环境进行仿真调试

(1)查看特殊功能寄存器的值

附录图 2 中，左侧是“Project Workspace”窗口，窗口中“Regs”是单片机内存的相关情况值，“Sys”是系统一些累加器、计数器的值，具体含义如下：

“a”是累加器 A；

“b”是寄存器 B；

“dptr”是数据指针 DPTR；

“states”是执行指令的数量；

“sec”是执行指令的时间累计(单位 s)；

“psw”是程序状态标志寄存器 PSW；

“p”是奇偶标志位。

单击“ ”按钮，会模拟单片机单步执行指令。单片机指令执行的过程中，各特殊功能寄存器的值会有相应的变化。监测这些特殊功能寄存器的值，进而达到调试的目的。

(2)模拟 I/O 口的逻辑输入输出

进入过程如附录图 3 所示，Port0、Port1、Port2、Port3 对应于单片机的 P0、P1、P2、P3 口，共 32 个针脚。附录图 4 是 P1 口的逻辑输出界面，单击“ ”按钮，引脚的电平状态会随着指令的执行过程进行变化。

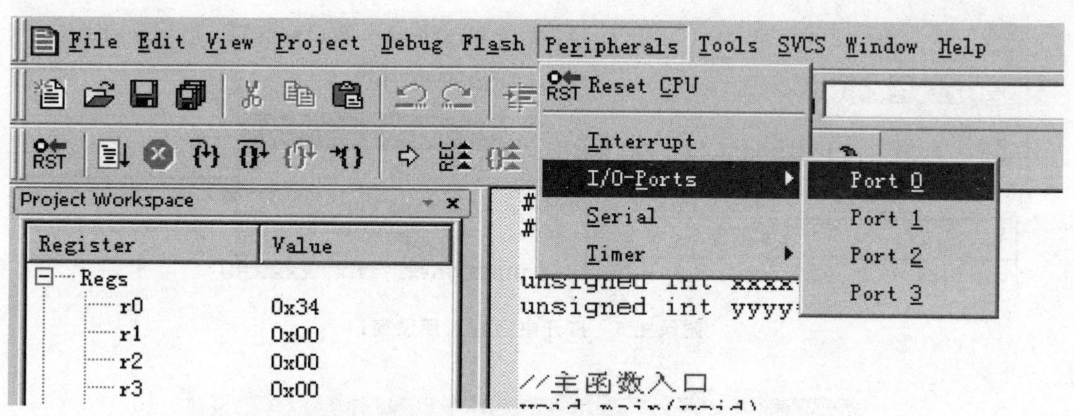

附录图 3　监测输出信号的逻辑输出

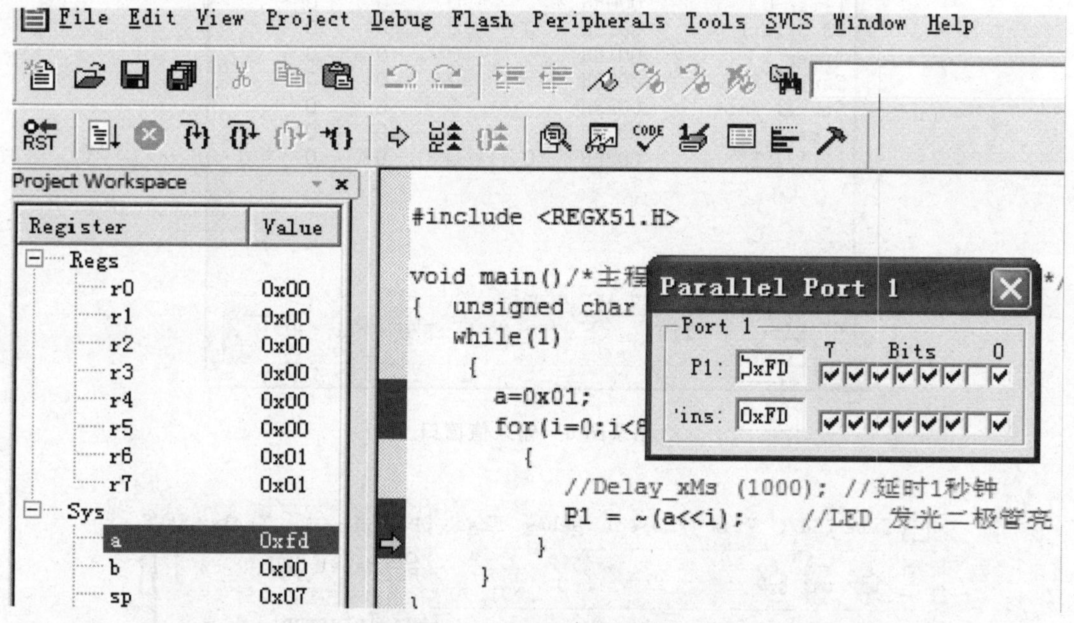

附录图 4　P1 口的逻辑输出界面

从上图看到的是输出，如果想要模拟在某个引脚输入逻辑值，用鼠标单击“ins”对应的引脚，改变其到要求的逻辑值即可。

(3)中断输入的设置

进入过程如附录图 5 所示，打开的中断输入预设窗口如附录图 6 所示。选择不同的 Int Source 会有不同的 Selected Interrupt 的变化，通过选择与赋值达到模拟中断信号输入的目的。

(4)串口的设置与仿真

进入过程如附录图 7 所示，该菜单项可以打开串口的设置与仿真窗口。设置串口通信参数的窗口如附录图 8 所示。

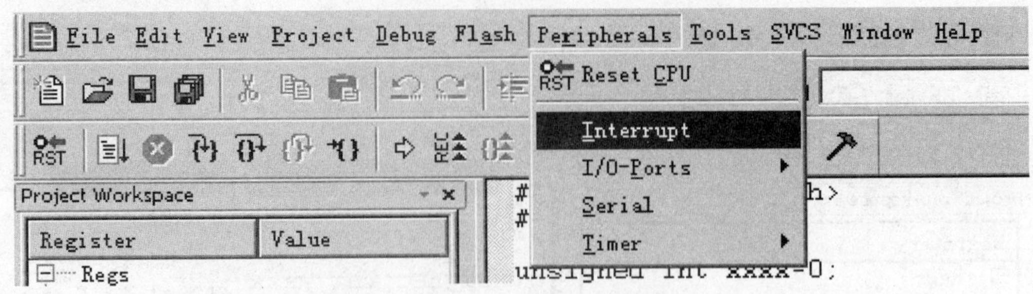

附录图 5　打开中断输入预设窗口

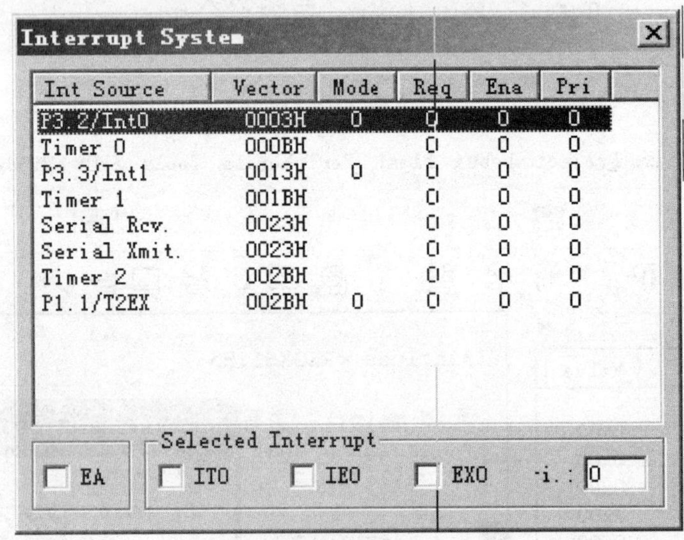

附录图 6　输入值窗口

附录图 7　串口的设置与仿真窗口

单击菜单中快捷方式“”按钮将会出现串口检测窗口，可以监测从串口输出的ASCII 码。

(5)定时器的设置与仿真

进入界面如附录图 9 所示，有 3 个定时器和 1 个看门狗，设置定时器的数量与工程选择的单片机种类有关系，51 系列单片机有 2 个定时器、52 系列有 3 个定时器。具体设置如附录图 10 所示。

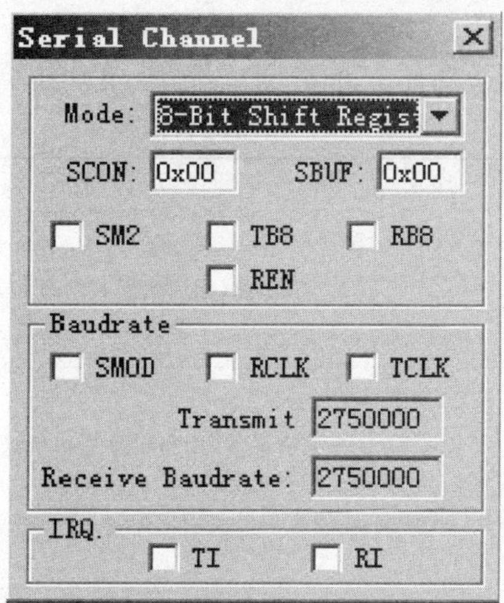

附录图 8　设置串口通信参数的窗口

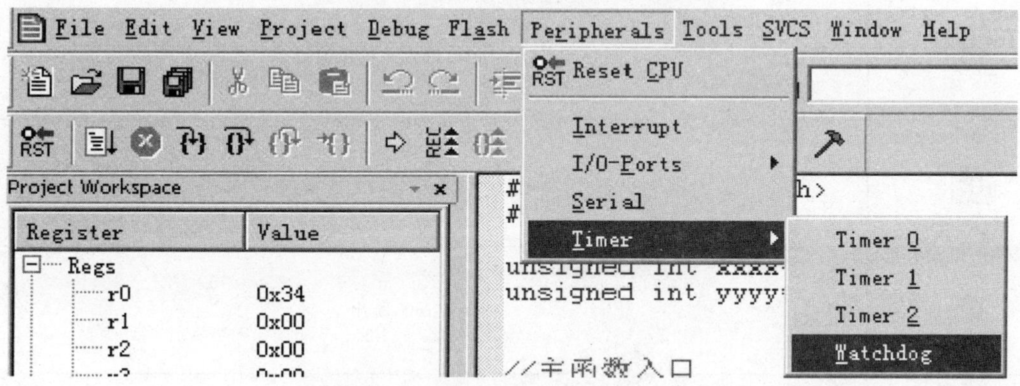

附录图 9　进入定时器的设置与仿真界面

附录图 10　T1 的监控界面

4. 常用的调试按钮

常用的调试按钮如附录表1所示。单击调试按钮，单片机会模拟执行对应的功能。

附录表1 常用的调试按钮

按钮	功 能
 RST	Reset，相当于单片机复位按钮
	全速运行，相当于单片机的通电执行
	停止全速运行
	step into，进入并单步执行
	step over，逐步执行一个过程
	step out，跳出
	执行到断点处

5. 查看C语言程序编译后生成的汇编代码

这是一个很实用的功能。单击菜单中的“  ”按钮，功能是启动Disassembly Windows。单击该按钮后可以查看C代码编译后生成的汇编代码，如附录图11所示。可以看出此时在编辑框内除了C语句外，还同时出现了汇编语句，而且汇编代码与C语句是对应的。

```
C:0x0000    02001A    LJMP     C:001A
     4: void main()/*主程序，实现LED灯闪烁,亮1秒灭1秒*/
     5: {  unsigned char i,a;
     6:    while(1)
     7:      {
     8:        a=0x01;
C:0x0003    7F01      MOV      R7,#0x01
     9:        for(i=0;i<8;i++)
C:0x0005    E4        CLR      A
C:0x0006    FE        MOV      R6,A
    10:          {
    11:             //Delay_xMs (1000); //延时1秒钟
    12:           P1 = ~(a<<i);        //LED 发光二极管
C:0x0007    EF        MOV      A,R7
C:0x0008    A806      MOV      R0,0x06
C:0x000A    08        INC      R0
C:0x000B    8002      SJMP     C:000F
C:0x000D    C3        CLR      C
C:0x000E    33        RLC      A
C:0x000F    D8FC      DJNZ     R0,C:000D
C:0x0011    F4        CPL      A
C:0x0012    F590      MOV      P1(0x90),A
    13:        }
C:0x0014    0E        INC      R6
C:0x0015    BE08EF    CJNE     R6,#0x08,C:0007
C:0x0018    80E9      SJMP     main(C:0003)
```

附录图 11　查看 C 代码编译后生成的汇编代码

参考文献

[1] 宋彩利,孙友仓,吴宏岐.单片机原理与C51编程[M].西安:西安交通大学出版社,2008.
[2] 王静霞.单片机应用技术(C语言版)[M].北京:电子工业出版社,2009.
[3] 刘文涛.MCS－51单片机培训教程(C51版)[M].北京:电子工业出版社,2005.
[4] 张永枫.单片机应用实训教程[M].北京:清华大学出版社,2008.
[5] 徐玮.C51单片机高效入门[M].北京:机械工业出版社,2006.
[6] 靳孝峰.单片机原理与应用[M].北京:北京航空航天大学出版社,2009.
[7] 马忠梅.单片机的C语言应用程序设计[M].北京:北京航空航天大学出版社,1999.
[8] 沙占友.集成化智能传感器原理与应用[M].北京:电子工业出版社,2004.
[8] 郭天祥.新概念51单片机C语言教程[M].北京:电子工业出版社,2009.